INHALT

Wozu dieses Buch lesen?   6

1 Was Unglück und Unzufriedenheit im Beruf mit uns anrichten   10

1.1 Mein Albtraum – Claudias Geschichte   10

1.2 Die eigene Unzufriedenheit verstehen – eine wichtige
Erkenntnis   12

1.3 Endstation Arbeitsunfähigkeit – zwei noch wichtigere
Erkenntnisse   13

1.4 Skepsis – ist Jobglück überhaupt vorstellbar?   15

1.5 Lebensglück – die vierte und wichtigste Erkenntnis   19

2 Kein schöner (Arbeits-)Land?   26

2.1 Die Überzeugungen mancher Unternehmen – wie doof
ist das denn?   26

2.2 Die gesellschaftlichen Überzeugungen – wie konnte uns
das passieren?   28

2.3 Die individuellen Überzeugungen – Selbsttäuschung
leicht gemacht   44

2.4 Die Jobglücks-Formel – huch, ist das einfach!   53

2.5 Die Relativität der Realität – und dann sind da noch meine
Erwartungen   55

2.6 Steigere deine Jobglücks-Kompetenz – die Wiederholung
macht's!   60

3 Wie werde ich glücklich im Job?   **66**

3.1 Die vier „relevanten" Faktoren des Jobglücks –
wie, es sind nur vier? 66

3.2 Die Entscheidung über Jobglück oder -unglück 73

3.3 Die Unglücksfaktoren – was uns Bauchschmerzen bereitet .. 81

3.4 Die Glücksfaktoren – Vitamine für die Zufriedenheit 90

3.5 Die drei Gefühlszustände der Zufriedenheit – kann ich
zu 67 Prozent zufrieden sein? 95

3.6 Die Glücksstudien – und warum erfahre ich das nicht sofort? 98

4 Kann ich in jedem Unternehmen zufrieden werden?   **104**

4.1 Die Glückspyramide der Unternehmen – kleine oder große
Chance auf Jobglück? 106

4.2 Unternehmen am Boden der Glückspyramide – Jobglück
unter erschwerten Bedingungen 110

4.3 Unternehmen an der Spitze der Glückspyramide –
glückliche Unternehmen mit großartiger Führung 123

4.4 Zwei entgegengesetzte Unternehmenswelten –
unterschiedlicher könnten Geschwister nicht sein 146

4.5 Der Schnelltest – unter Wasser ist es kälter 148

4.6 Mein eigener Anteil an meinem Jobglück und -unglück 152

DR. ACHIM POTHMANN

JOBGLÜCK

humboldt

Für das Wichtigste in meinem Leben: meine Familie

5 So verbessere ich konkret mein Jobglück   **160**

5.1 Ändere deine Betrachtung der Arbeitswelt! 161
5.2 Suche dir eine Tätigkeit, die zu dir passt! 166
5.3 Investiere in dein tägliches Jobglück! 174
5.4 Erkenne deinen eigenen Anteil! 188
5.5 Achte auf dich! 200
5.6 Passe deine Erwartungshaltung an! 201

**6 Los geht's – Fang an, dann klappt es auch mit deinem
   Jobglück!**   **207**

Die Geschichte hinter dem Buch   **209**

Danksagung   **212**

Literatur   **214**

Anmerkungen   **216**

Register der neuen Begriffe   **222**

WOZU DIESES BUCH LESEN?

Millionen Menschen sind unzufrieden mit ihrem Job. Sie sind dauerfrustriert, oder schlimmer noch: Sie haben innerlich bereits aufgegeben und gekündigt.

Sie ärgern sich immer wieder, manche sogar täglich, über das, was auf der Arbeit passiert. Oder über das, was auf der Arbeit eben nicht passiert. Woche für Woche, Monat für Monat, Jahr für Jahr kann es einem so gehen. Die Freitagabende erlebt man als Erlösung, die Sonntagabende werden zur Trauerfeier. Das geht so lange so weiter, bis man sich an den täglichen Frust gewöhnt hat. Dann scheint Arbeit mit Spaß rein gar nichts mehr zu tun zu haben. Wen soll es dann wundern, wenn die vorherrschende Überzeugung „Arbeit ist schrecklich" lautet?

Die Arbeit mit Spaß in Verbindung zu bringen erscheint bereits prinzipiell irgendwie unlogisch. Arbeit ist schließlich ein Muss. Wie soll man etwas gerne machen oder dabei glücklich sein, wenn man es tun muss? Für viele Menschen passt das nicht zusammen. Unser Gehirn rebelliert, wenn es die Worte „Zufriedenheit" und „Arbeit" zusammenbringen soll. Das gilt erst recht für die Worte „Job" und „Glück". Dem Gehirn ist recht gleichgültig, ob wir von „Jobglück" oder „Jobzufriedenheit" sprechen, beides wird als wenig vorstellbar eingestuft und bemisstraut. Daher benutze ich die beiden Wörter der Einfachheit halber synonym, auch wenn streng genommen durchaus ein Bedeutungsunterschied besteht.

Warum eigentlich passen Arbeiten und Glücklichsein nicht zusammen? Wie kommen wir oder zumindest die Mehrzahl aller Berufstätigen zu so einem vernichtenden Urteil über die eigene berufliche

Beschäftigung? Warum sind wir bei dem Begriff „Jobglück" so skeptisch? Offenbar hat sich diese Skepsis tief in das Denken unserer Gesellschaft eingegraben, aber warum? Diesen Fragen möchte ich in diesem Buch unter anderem nachgehen.

Bedenken wir, dass wir im Job viel Lebenszeit verbringen. Oft genug verbringen die meisten von uns sogar mehr Zeit am Arbeitsplatz und mit den Kollegen als mit den Kindern und dem Partner. Wenn man dann auch noch den Ärger mit nach Hause nimmt, ist es nicht verwunderlich, dass ein Teil dieses Frustes in das Familienleben hineinwirkt und das Privatleben negativ prägt.

Läuft es dann in der Familie nicht mehr ganz so rund und es kommt zu familiären Problemen, lesen wir Lebens- und Erziehungsratgeber. Doch die wenigsten machen sich bewusst, dass diese Probleme auch etwas mit dem Dauerfrust im Job zu tun haben können. Und so suchen sie privates Seelenheil, ohne zu erkennen, wo die Probleme häufig beginnen: im Jobfrust. Welche Auswirkungen der Jobfrust allerdings auf das Leben hat, darüber schweigt die Ratgeberliteratur zu häufig.

Eine Empfehlung, mit der wir es immer wieder zu tun haben, lautet: „Work-Life-Balance". Wer im Job unzufrieden ist oder sich beruflich belastet fühlt, müsse nur für genügend Ausgleich durch außerberufliche Aktivitäten sorgen. Was zunächst überzeugend klingt, kann jedoch meiner Meinung und Erfahrung nach nicht die Lösung sein. Was hilft es uns, wenn wir die Arbeit als lebensbelastenden Tatbestand ansehen, den wir im Privatleben durch Freizeitausgleich zu neutralisieren versuchen? Steckt in der Vorstellung, dass in der Freizeit intensiv ein Gegenpol zur Arbeit geschaffen werden muss, nicht etwas Abwertendes? Verbirgt sich nicht schon hinter dem Wunsch nach einem Ausgleich eine Geringschätzung der eigenen beruflichen Tätigkeit?

Was bringt es etwa, wenn man sich aufgrund eines Ratschlages durch die Work-Life-Balance-Literatur nun auf ein teures Wellness- oder Action-Wochenende begibt? Man findet vielleicht kurzfristig sein Seelenheil wieder, aber spätestens am Montagmorgen erfährt man denselben Terror, vor dem man am Freitagnachmittag geflüchtet ist.

*Ein Wellness-Wochenende beschert kein dauerhaftes Glück-
lichsein. Es lenkt bloß vom Problem und seiner Ursache ab.*

Die Work-Life-Balance-Kultur hindert uns, ein bejahendes Verhältnis
zum Job aufzubauen. Ich werde Ihnen zeigen, dass jemand, der in seinem Job glücklich ist, mit hoher Wahrscheinlichkeit auch eine höhere
Lebenszufriedenheit erreicht als jemand, der im Beruf frustriert ist und
sein Seelenheil ausschließlich im Privatleben sucht. Ich bin überzeugt
und möchte Sie davon überzeugen: Jobglück ist für jeden möglich – in
fast jedem Unternehmen. Die meisten von uns wissen nicht mehr, welche Einflussmöglichkeiten sie auf ihr Arbeitsglück haben. Lassen Sie
uns diese Möglichkeiten gemeinsam ausfindig machen!

Bei der Suche nach Jobglück gibt es viel zu gewinnen. Wer sich beim
Gedanken an die Arbeit endlich wieder wohlfühlen möchte, dem gra-
tuliere ich, dieses umfassende Trainingsprogramm für mehr Jobglück
gefunden zu haben.

Es ist mehr als ein Lebensratgeber für den härtesten Fall im Leben,
nämlich die Arbeit. Es beschränkt sich nicht darauf, den Leser schritt-
weise zum Ziel zu führen. Tatendrang und Aktionismus allein führen
nämlich nicht zum Ziel. Wer viel macht, aber an seinen Denkgewohnheiten nichts ändert, dessen Probleme werden sich früher oder später
wieder einstellen. Nur wer sich eine neue innere Haltung aneignet, ändert seine Handlungen dauerhaft. Eine glücksorientierte Einstellung
muss unser Ziel sein, darauf kommt es an – und genau das ist es, was
Sie sich mithilfe dieses Buchs erarbeiten werden.

Insofern ist dieses Buch kein typischer Ratgeber, sondern ein „Hal-
tungsgeber". Es geht um eine innere Veränderung, die unser Arbeitsleben grundsätzlich ändert. Mit der richtigen Haltung klappt es mit
dem Job. Und: Wer es im Job schafft, glücklich zu sein, schafft es überall; sogar in seinem Privatleben! So gelangen wir zu mehr Lebenszufriedenheit.

Ich muss Sie aber auch vorwarnen: Ich werde Ihr Gehirn von rechts nach links und wieder zurückdrehen. Ich werde es schütteln, Sie provozieren und mit Erkenntnissen aus den unterschiedlichsten Wissenschaftsbereichen wie der Gehirnforschung, der Neuropsychologie und der Kognitionspsychologie konfrontieren. Ich werde Ihre tief im Unterbewusstsein verankerten Überzeugungen aufdecken und zeigen, welche Irrtümer damit verbunden sind. Sie werden erkennen, wie wir als Gesellschaft so manche Betrachtungsweise über die Arbeitswelt angenommen haben, ohne festzustellen, wie wir uns mit diesen Überzeugungen dabei selbst tagtäglich bildlich gesprochen „ins Knie schießen". Offensichtlich sind wir zum Thema Arbeit tatsächlich im wahrsten Sinne des Wortes „unglücklich programmiert"!

Deshalb noch einmal die ausdrückliche Warnung vor der Lektüre dieses Buchs: Es verändert – es verändert Sie! Sie sind danach nicht mehr der- oder dieselbe. Sie sind glücklicher!

Denn es ist möglich, im Job zufrieden zu sein. Und ebenso häufig ist der Frust im Job unnötig. All dies mit Ihnen zu verändern und Ihre Glückskompetenz zu steigern, das ist das Ziel dieses Buches.

Ich wünsche Ihnen viel Freude beim Lesen!

Achim Pothmann

1 WAS UNGLÜCK UND UNZUFRIEDENHEIT IM BERUF MIT UNS ANRICHTEN

1.1 Mein Albtraum – Claudias Geschichte

Beginnen wir unsere Suche nach dem Jobglück mit Claudias Geschichte. Ihren Namen habe ich wie in allen Beispielgeschichten in diesem Buch geändert. Claudia ist eine meiner früheren Mitarbeiterinnen, die sich bei einem europaweit agierenden Textildiscounter beworben hatte. Ihr wurde die Leitung einer Filiale in der Nähe ihres Wohnortes versprochen. Hierfür unterschrieb sie einen Arbeitsvertrag. Die vereinbarte Einarbeitung in das Aufgabengebiet der Filialleitung blieb aus, und sie fand sich wenig später in einer Filiale am gefühlten Ende der Welt wieder, 150 Kilometer von ihrem Wohnort entfernt. „Tja, was willst du machen, wenn das Unternehmen es so will? Wenn du direkt zu Beginn schon den Mund aufmachst, verlierst du möglicherweise alles."

Also schwieg Claudia. Sechs Tage die Woche schuftete sie im gefühlten Nirgendwo, weit entfernt von Ehemann und Kind. Die Pension, in der sie untergebracht wurde, war preiswert. Sehr preiswert. Sie arbeitete im gefühlten Nirgendwo. Eingearbeitet wurde sie ebenfalls nirgendwo.

Aber da es sich ja bloß um eine „Einarbeitungs"-phase handeln sollte, sagte sie nichts und machte ihre Arbeit so gut wie möglich. Irgendwann wurde sie aus der Filiale in eine noch weiter entfernte Filiale versetzt. Ihre Arbeit wurde härter und nach eigenen Angaben „erhöhte sich die Taktzahl immens". Die Einarbeitung zur Filialleiterin blieb aus.

Nach unzähligen Übernachtungen in billigen Herbergen wurde sie schließlich in die Nähe ihres Wohnortes versetzt. Endlich zu Hause. Statt aber als Filialleitung zu fungieren, war sie sozusagen alles in Personalunion: von der Warenannahme, dem Abladen von Europaletten, dem Auffüllen der Regale, dem Putzen der Geschäftsräume, den Abschlüssen der Tageskasse bis hin zur Sonntagsarbeit machte sie alles. Fast immer war sie allein im Geschäft.

Arbeiten bis der Arzt kommt?

War es die Arbeitsüberlastung oder war es Zufall? Wie dem auch sei, Claudia wurde krank. Aber sie meldete sich nicht krank, sondern biss sich durch. Schließlich gab es kein Personal, das ihre Ausfallzeit hätte kompensieren können. Die Arbeitssituation verschlechterte sich weiter. Claudias Bitte um personelle Unterstützung führte zu nichts.

Als ihr Gesundheitszustand ein kritisches Maß erreicht hatte, rief Claudia von ihrer Arbeit aus in der Zentrale ihres Arbeitgebers an. Sie betonte, nun wirklich dringend zum Arzt zu müssen. Sie musste sich mit der Auskunft begnügen, dass es keinen Ersatz für sie gäbe. Weder Bedauern noch Trost oder Hilfe kamen. Wieder wurde sie mit *nichts* konfrontiert.

Noch am selben Tag brach Claudia hinten im Geschäft zusammen. Ein Kunde fand sie in einer für sie lebensbedrohlichen Situation und rief Gott sei Dank den Notarzt. Im Krankenhaus wurde ein Herzinfarkt diagnostiziert.

Drei Tage später, Claudia lag noch im Krankenhaus, erhielt sie ihre Kündigung. Unnötig zu erwähnen, dass ich mehrmals schlucken musste, als Claudia mir ihre Geschichte erzählte.

Beschädigtes Vertrauen

Claudia hat nach diesem desaströsen Erlebnis im Job sicherlich ihren Glauben an die Arbeit und ihr Vertrauen an alle Arbeitgeber dieser Welt verloren. Es ist davon auszugehen, dass die folgenden Arbeitgeber es wesentlich schwerer bei ihr haben werden, Vertrauen und Motivation aufzubauen. Claudias Skepsis wird bei der gemachten Erfahrung riesig sein *müssen*.

1.2 Die eigene Unzufriedenheit verstehen – eine wichtige Erkenntnis

Finden Sie Claudias Geschichte heftig? Ich finde sie unerträglich. Leider ist sie kein Einzelfall. Jeder kennt jemanden, der so etwas oder Ähnliches schon mal aus erster Hand gehört oder schlimmstenfalls selbst erlebt hat. Außerdem werden jährlich Zahlen, Daten und Fakten erhoben, die die Zufriedenheit der Arbeitnehmer in unserer Gesellschaft widerspiegeln.

Im Jahr 2016 leisteten etwa nach der Gallup-Studie[1] 70 Prozent der Mitarbeiter in ihren Jobs nur noch Dienst nach Vorschrift und 15 Prozent der Mitarbeiter hatten bereits innerlich gekündigt. Hingegen arbeiteten gerade einmal die restlichen 15 Prozent der deutschen Angestellten mit hoher Bindung an das eigene Unternehmen.

Wenn wir die Gruppe der Unzufriedenen und die der total Frustrierten zusammenfassen, kommen wir zur ersten wichtigen und erschreckenden Erkenntnis:

85 Prozent der Erwerbstätigen sind in ihrem Job unzufrieden.

85 Prozent, das sind über 30 Millionen Erwerbstätige in Deutschland (ohne Berücksichtigung der Selbstständigen). Konkret heißt das: Es schleppen sich über 30 Millionen Menschen Tag für Tag frustriert zur Arbeit! Diese Erkenntnis ist mehr als bitter. Sie sollte uns wachrütteln.

Bei dieser überwältigenden Zahl von unzufriedenen Arbeitnehmern ist es nicht verwunderlich, dass die sozialen Netzwerke sonntags überschwemmt werden mit Aussagen wie:

- „Ich habe schon einmal angefangen, den Montag scheiße zu finden!"
- „An alle, die jetzt noch gute Laune haben: Morgen ist Montag!"
- „Montag hat angerufen. Er kommt schon morgen, der Arsch!"
- „Noch ist Sonntag, aber ich fühle mich schon durch den Montag belästigt."
- Der Montag sagt im Gegenzug: „Ich kann doch nichts dafür, dass ich immer nach dem Super-Sonntag komme!"

1.3 Endstation Arbeitsunfähigkeit – zwei noch wichtigere Erkenntnisse

Wir haben gesehen: Der Montag hat einfach einen schlechten Ruf, an dem schwer zu rütteln ist. Kein Wunder, dass wir Autos, die immer wieder zur Werkstatt müssen, „Montagsautos" nennen – unmotivierte Monteure müssen wohl an einem Montag daran rumgewerkelt haben. Der Montag ist ein Symbol für das ganz große, wöchentlich grüßende Arbeitsungeheuer, dem wir nicht entfliehen können.

Wen verwundert es, dass es so ist? Es gibt mittlerweile genügend Studien, die bestätigen, dass die Arbeitswelt unsere Psyche immer mehr belastet. Der Stressreport Deutschland 2012 stellte hierzu, wie ich finde, etwas förmlich und nüchtern fest, dass die „psychische Belastung" in den Unternehmen in Deutschland „zunehmend an Bedeutung gewinnt".[2] Daher fällt unsere zweite Erkenntnis leider noch erschreckender aus:

Arbeit wird belastender und stressiger!

Richtig spannend wird es, wenn wir uns die Frage stellen, inwieweit die Belastungen im Job und der damit einhergehende Arbeitsfrust mit Krankheit zu tun haben könnten. Wird jemand eher krank, wenn er im Job unglücklich ist? Werden glückliche Arbeitnehmer seltener krank?

Der oben zitierte Stressreport formuliert es zunächst schon einmal eindeutig für den Fall, dass jemand psychischen Belastungen ausgesetzt ist: „Ein Zusammenhang zwischen psychischer Belastung und Erkrankung besteht. Welchen Anteil die arbeitsbedingte psychische Belastung an psychischen Störungen und anderen Erkrankungen hat, kann gleichwohl noch nicht auf Prozent und Promille beziffert werden."[3]

Zum Glück wird in der Gallup-Studie dieser Zusammenhang genauer in den Blick genommen. Untersucht werden die Arbeitsunfähigkeitstage von Mitarbeitern im Verhältnis zum Grad der Bindung des Mitarbeiters zum Unternehmen, also der Motivation, fürs Unternehmen gut zu arbeiten. Tatsächlich gibt es einen direkten Zusammenhang zwischen der Zufriedenheit der Mitarbeiter und dem Aufkommen von Arbeitsunfähigkeit. Wir können sagen:

> *Je zufriedener ein Mensch in seinem Beruf ist, desto seltener wird er krank!*

Das ist eine krasse Erkenntnis. Jobzufriedenheit trägt also offensichtlich zur Gesundheitsvorsorge bei. Leider bedeutet es im Umkehrschluss: Dauerhaft unzufriedene Arbeitnehmer sind eher, häufiger und länger krank![4]

Vor dem Hintergrund unserer ersten Erkenntnis, dass sich mehr als 30 Millionen Menschen tagtäglich mies gelaunt zur Arbeit schleppen, kommen wir zur dritten wichtigen und erschreckenden Erkenntnis:

> *Millionen Menschen sind im Job frustriert und riskieren dadurch ihre Gesundheit!*

Vielleicht haben Sie auch schon einmal folgende Situation erlebt: Sie beobachten, wie sich ein Bekannter oder Freund über einen lang andauernden Zeitraum Dauerfrust und Stress im Job zumutet. Sie bekommen schon das ganz konkrete Gefühl, dass das irgendwann schiefgehen muss. Sie denken: „Das hält er nicht mehr lange durch" oder „Wenn das so weitergeht, wird ihn diese Situation in die Knie zwingen". Und in der Tat, etwas später wird er arbeitsunfähig. Ob der Ausfall durch Rückenschmerzen, durch Magenprobleme oder durch pochende Dauerkopfschmerzen ausgelöst wird, ist hier nicht wirklich entscheidend.

Tatsache ist: Die Vorboten, Anzeichen und Symptome einer Erkrankung werden nicht genug beachtet. Allen Leuten im Umfeld ist klar, dass die Person aufgrund der dauerhaften Überlastung und des dadurch entstehenden Dauerfrusts krank geworden ist. Leider ist es dem Betroffenen selbst oft nicht klar. Oder er will es nicht wahrhaben.

Der Volksmund sagt bei Rückenproblemen: „Er hatte in seinem Job ein zu schweres Kreuz zu tragen" oder „Es lastete zu viel auf seinen Schultern". Über diejenigen, die eher zu Magenprobleme neigen, sagt der Volksmund: „Er regte sich so über seinen Job auf, dass ihm die Galle hochgekommen ist" oder „Der Stress in seinem Job ist ihm auf den Magen geschlagen". Zu Kopfschmerz-Kandidaten sagt man: „Du machst dir einen zu großen Kopf über deine Arbeit."

Wenn ein Mensch permanent überlastet ist, sich schikaniert, erniedrigt und unmenschlich behandelt fühlt oder unter widrigsten Bedingungen arbeitet, dann muss er etwas ändern, anstatt darauf zu hoffen, dass sich früher oder später etwas ändert. Es kommt sehr viel infrage, das der Änderung bedarf, sei es das Arbeitsumfeld oder noch wichtiger: die eigene Haltung beziehungsweise die eigene Gewohnheit, von der Arbeit schlecht zu denken.

Insofern muss ich Ihnen ein zweites Mal gratulieren, dass Sie dieses Buch in den Händen halten. Sie investieren damit nicht nur in Ihr eigenes Jobglück, sondern sogar in Ihre eigene Gesundheit, denn Sie werden sich, wenn Sie Ihre Änderungsmöglichkeiten erkannt haben, eine Haltung aneignen, die wirkliches Jobglück ermöglicht und die eigene Gesundheit fördert.

1.4 Skepsis – ist Jobglück überhaupt vorstellbar?

Die Geschichte mit Claudia ging übrigens wie folgt weiter: Claudia bewarb sich in unserem Unternehmen. Von 1996 bis 2016 führte ich die SchuhHouse-Geschäfte in Nordrhein-Westfalen, bevor ich sie an einen anderen Gesellschafter übergab, um mich meiner Beratertätigkeit intensiver zu widmen. Ich berate zwar Unternehmer unter anderem in glückbringender Führung, doch ich widme mich seit vielen Jahren auch meiner großen Leidenschaft und Herzensangelegenheit: der Steigerung der Glückskompetenz von Mitarbeitern.

Doch bleiben wir bei Claudia! Sie las auf unserer Internetseite als erstes und in großen Lettern „Werde glücklich bei uns – wir sind es auch!" Sie las auch, dass wir für unser außergewöhnliches Unternehmensklima mehrfach ausgezeichnet wurden und sie las über viele Betriebsausflüge und Betriebsfeiern, die seit Jahren regelmäßig stattfinden. Auch die Kommentare der früheren Mitarbeiter fielen ihr auf der Internetseite auf. Die ehemaligen Mitarbeiter haben Briefe und Postkarten geschrieben und selbst im Nachhinein bestätigt, wie nett es bei uns war. Dennoch war Claudia skeptisch und traute den Aussagen nicht wirklich.

Ich habe sehr häufig erlebt, dass ich als Unternehmer, der ein glückliches Arbeitsumfeld versprach, von den meisten Bewerbern eher kritisch beäugt oder ungläubig bestaunt wurde. Doch im Laufe der Zeit konnten die Bewerber feststellen, dass ich es nicht nur ehrlich meinte, sondern dass diese Vision von den Angestellten tatsächlich gelebt wurde. Die Angestellten sahen, dass ein glückliches Miteinander am Arbeitsplatz tatsächlich möglich ist und konnten ihre anfängliche Skepsis abbauen.

Wir können uns das so vorstellen: Da kommt jemand zu uns, der eine Brille trägt. Diese hat einen grauen Schleier, eine Art Schmierfilm auf den Gläsern. Dieser Grauschleier ist durch schlechte Erfahrungen in den vorherigen Jobs allmählich und unbemerkt entstanden und zu einer dicken Kruste geworden. Das können Enttäuschungen gewesen sein wie schlechte Behandlungen durch die Vorgesetzten. Vielleicht wurde auch am Gehalt zulasten des Mitarbeiters herumgeschraubt, oder es herrschten schlimme Arbeitsbedingungen und mangelndes Verständnis des Arbeitgebers für die Belange des Mitarbeiters. Dass Erfahrungen dieser Art einen Menschen gegenüber einem Unternehmen und Vorgesetzten skeptisch werden lassen, ist nur zu verständlich.

Claudia hat ja auch schlimme Erfahrungen gemacht, die ihr den Blick vernebelt haben. Im Job glücklich sein zu können, das passte nicht mehr in ihr Denksystem. Die Skepsis blieb.

Claudia schaute sich also unsere Internetseite an. Wir haben ein ausführliches Bewerbungsgespräch geführt, und sie konnte in ihren zukünftigen Arbeitsbereich einen Nachmittag lang hineinschnuppern. Und obwohl sie das alles gemacht hat und sogar leibhaftig erlebt hat, wie toll unser Klima ist, konnte sie dennoch das Ganze immer noch nicht glauben. Die Skepsis blieb. Das negative Denksystem, das sie gewohnt war, erwies sich als schwer erschütterbar.

Diese Erfahrung haben wir in unserem Unternehmen leider häufig gemacht: Jobglück galt als Widerspruch in sich.

Deshalb erhielt jeder neue Mitarbeiter eine ausführliche Einführung in unsere glücks- und werteorientierte Unternehmenskultur, und das Ganze auch noch vom Chef persönlich, also von mir.

In diesem Gespräch erklärte ich jedem neuen Mitarbeiter, dass wir nun seine Brille putzen und dann eine Lupe aufschrauben würden. Ich erklärte das Konzept der „gegenseitigen Fürsorge", des „vertrauensvollen Umgangs" und beschrieb unsere Unternehmenswelt anhand von vielen lebensnahen Beispielen. Jedes Einzelne trägt dazu bei, die Brille etwas zu säubern und den Blick dafür zu entwickeln, was bei uns so besonders ist. Und schwupp – ist auch schon die Lupe auf der Brille.

Man sollte meinen, alle „Neuen" wären auf Anhieb von unserer Welt völlig begeistert gewesen. Aber nein, einige benötigten noch mehrere Wochen und weitere Beweise dafür, dass wir diese Werte und diese positive Haltung tatsächlich auslebten.

Bei Vielen aber strahlten die Augen. Sie berichteten nach dem Gespräch ihren Partnern und Partnerinnen mit großer Euphorie, in welch tollem Unternehmen sie gelandet sind.

Jobglück und ein gutes Miteinander – zu schön, um wahr zu sein?

Eine neue Mitarbeiterin erzählte mir, dass ihr Partner nach ihrem begeisterten Vortrag ungläubig und voller Skepsis zu bedenken gab: „Schatz, du bist in einer Sekte gelandet!"

Ja, so eine Arbeitskultur ist für viele von uns kaum zu glauben. Da sprechen wir über unser Selbstverständnis, darüber, wie wir miteinander umgehen und zusammen arbeiten – und viele reagieren mit totalem Unglauben.

Mich beschäftigt nicht nur die Frage, warum die Menschen gegenüber der Idee, dass Arbeit auch toll sein kann, so unheimlich skeptisch sind. Mich hat immer fasziniert zu erfahren, warum die meisten Menschen von der Vorstellung, dass Arbeit nerve und man mit ihr nicht glücklich werden könne, so hartnäckig überzeugt sind.

2013 wurden wir wegen unserer werteorientierten Unternehmensführung für eine Auszeichnung nominiert. Bevor wir diese Auszeichnung erhielten, wurde unser Unternehmen allerdings von mehreren Gutachtern eingehend durchleuchtet und auf Herz und Nieren geprüft.

Bis zu diesem Zeitpunkt hatten wir wie auf einer kleinen Insel gelebt und unsere Unternehmensphilosophie als Unternehmensgeheimnis behandelt. Nun traten wir damit erstmalig nach außen, in die Öffentlichkeit, und unser Konzept (und auch unsere Arbeitspraxis) stand auf dem Prüfstand. Und so fragte ich nach mehreren Stunden der Analyse vorsichtig nach einem Feedback.

Das Feedback war überwältigend. Die Gutachter bestätigten, dass sie schon mehrere hundert Unternehmen kennengelernt und geprüft hätten, aber keines von einem vergleichbar werteorientierten Wesen durchdrungen gewesen sei wie unseres.

Was war das für eine wohltuende Lobhudelei. Ein Kompliment jagte das nächste. Sie können mir glauben, dass uns dies mit großem Stolz erfüllte. Jeder von uns fühlte sich, als wenn er mit einer kleinen Krone auf dem Kopf auf ein Podest gestellt worden wäre. Doch dann kam das berühmte „Aber".

Einer der Gutachter endete nämlich mit den Worten: „Aber ich weiß nicht, Herr Dr. Pothmann, ob Sie die Auszeichnung bekommen werden!" Glauben Sie mir, da ist mir die gerade verliehene Krone direkt wieder vom Kopf gefallen, und es hat mich von meinem soeben gemauerten Podest wieder heruntergeschlagen. Ich war entsetzt, und meinem Körper konnte man die Frage „Warum?" förmlich ansehen.

Der Gutachter sagte weiter: „Ich will Ihnen das auch erklären: Wir werden unser Gutachten der Jury vorlegen. Diese Jury besteht aus Mitgliedern der Gewerkschaften, aus Arbeitgeberverbänden und anderen Institutionen. Und in dieser Jury gibt es drei Menschentypen: Der erste Menschentyp wird mit großer Überzeugung sagen, das, was er da im Gutachten liest und von den Gutachtern hört, könne es nicht geben. Der zweite Typ wird sagen: ‚Mag ja sein, dass es das gibt. Aber ich kann es mir beim besten Willen nicht vorstellen.' Der dritte Typ wird sagen: ‚Es ist großartig, dass es Unternehmen gibt, die so etwas leben."

Er schloss mit dem Resümee, dass er sich eben nicht sicher sei, wie die Mehrheitsverhältnisse dieser drei Menschentypen in der Jury seien.

Es ist schon verrückt: Nur, weil die meisten Menschen solche Formen der Zusammenarbeit noch nie erlebt haben, lehnen sie allein schon die Vorstellung davon kategorisch ab.

„Das kann gar nicht sein, so etwas kann es gar nicht geben", ist deren Überzeugung. Sie halten lieber an dem Gedanken fest, dass Arbeit blöd oder im besten Fall okay sein könne. Selbst die zweite Gruppe, die zwar einräumt, dass es so etwas geben kann, hat immense Probleme, sich dies vorzustellen.

Nun, hier geht es ja nicht um unser Unternehmen, sondern um die Frage, warum die Menschen lieber an ihrer negativen Überzeugung zur Arbeit festhalten wollen, statt nach dem Jobglück aktiv zu greifen. Warum tun sich selbst solche Fachleute mit dem Gedanken schwer, dass Zusammenarbeit in einem Unternehmen auch den Beteiligten Freude bereiten kann, dass Arbeit auch Energie geben kann, statt sie nur abzusaugen?

Wir werden uns der Frage, warum das Thema Jobzufriedenheit so viel Misstrauen erregt, später ausführlich widmen. Zuvor will ich Sie im nächsten Abschnitt noch mit einer weiteren Erkenntnis konfrontieren.

1.5 Lebensglück – die vierte und wichtigste Erkenntnis

Bei genauem Hinschauen ist Arbeitszeit nicht ein Teil der Lebenszeit, sondern vielmehr der überwiegende Teil im Erwachsenenleben. Ziehen wir von den 24 Stunden am Tag acht Stunden für die Nachtruhe ab, bleiben nur noch 16 Stunden übrig. Rechnen wir auch noch die Arbeitszeit sowie den Weg zur Arbeit mit Heimweg ab, bleiben vier bis sechs Stunden übrig. Das ist die Zeit, die wir für Familie, Beziehung, Freunde und Hobbys haben. Und ja, essen müssen wir auch noch. Ganz zu schweigen vom Haushalt, der sich nicht von alleine macht.

Die meiste Zeit verbringen wir also mit unserer Arbeit, mit den Kollegen und unseren Vorgesetzten. Wenn Sie so wollen, arbeiten wir unter der Woche viel mehr, als dass wir unserem Privatleben nachgehen. Lassen Sie den Gedanken mal auf sich wirken: Wir verbringen mit unseren Arbeitskollegen und Vorgesetzten in der Woche mehr Lebenszeit, als wir mit unserem Lebenspartner teilen. Obwohl das einleuchtend ist, macht man es sich viel zu selten bewusst. Doch wenn man sich auf diese Bewusstwerdung einlässt, erkennt man, wie sehr unser privates Glück von dem, was wir von unserer Arbeit halten, abhängt: „Wer mit seiner Arbeit zufrieden ist, weist eine überdurchschnittliche Lebenszufriedenheit auf!"[5]

Denken wir die Sache weiter, können wir sagen: Je höher Ihre Arbeitszufriedenheit ist, desto höher ist der Grad Ihrer Lebenszufriedenheit.[6] Das führt uns zur vierten und zugleich wichtigsten wie auch erschreckendsten Erkenntnis:

Je frustrierter Sie im Job sind, desto frustrierter sind Sie in Ihrem ganzen Leben!

Diese Erkenntnis ist der Knaller! Dass die Arbeitszufriedenheit sehr starke Auswirkungen auf das gesamte Lebensglück hat, ist die größte aller vier wichtigen Erkenntnisse. Die gute Nachricht: Hin und wieder merken wir selbst, dass es so ist. Die schlechte Nachricht: Wir ziehen sehr selten Konsequenzen aus dieser Erkenntnis. Wir lassen uns dabei die Chance entgehen, glücklich im Beruf zu werden und damit dem ganzheitlichen Lebensglück näher zu kommen. Die Wahrscheinlichkeit, berufsbedingt (oder durch den als unangenehm empfundenen Arbeitsalltag in stärkerem Maße) krank zu werden, steigt. Beides ist nicht gut für uns: ständiges Kranksein wie auch eine Unzufriedenheit, die einen Schatten auf unser ganzes Leben wirft. Zugegeben: Wir können es verschmerzen, mal zwei Wochen lang krank zu sein, aber ständig unglücklich zu sein, als wäre Unglück ein Normalzustand, das hat schon eine ganz andere negative Qualität. So etwas führt zur Totalpleite unseres Lebens. Die Jahre, die wir mit dem Unglücklichsein im Beruf und im Privaten verbracht haben, bekommen wir leider nicht mehr zurück. Wir müssen einen Weg finden, positivere Denk-, Handlungs- und Haltungsoptionen wahrzunehmen. Wir müssen unsere negative Programmierung durch eine belebende Programmierung ersetzen. Das ist harte Arbeit, doch die gute Nachricht ist: Wir alle haben es selbst in der Hand, und wir sind in der Lage dazu. Wir schaffen das!

Was machen Menschen nicht selten, wenn sie im Leben frustriert sind? Sie lesen einen Lebensratgeber. Sie können aus hunderten von Lebenshilfe-Angeboten wählen. Alle versprechen Ihnen mehr Lebensglück. Und raten Sie mal, welcher Themenbereich in diesen Lebensratgebern häufig fehlt! Ja, unfassbar, es fehlt häufig das Thema Arbeit. Es fehlt ausgerechnet der Lebensbereich, von dem wir gerade gelesen haben, dass er unsere Lebenszufriedenheit erheblich beeinflusst.

Wenn das Thema Arbeit mal angerissen wird, dann wird gesagt, dass zu viel Arbeit nicht gut sei und dass wir einen Ausgleich zur Arbeit finden müssten. Im Prinzip unterschreibe ich diese Feststellung, doch ich weiß, dass sie leider nicht hilfreich ist. Jede Maßnahme zum Ausgleich, jede Work-Life-Balance-Unternehmung hilft uns nämlich nur kurzfristig. Sie ändert am grundsätzlichen Unfrieden, der zwischen uns und dem Berufsleben steht, überhaupt nichts.

Denn wenn wir uns vor Augen führen, dass wir bei der Arbeit die meiste Lebenszeit verbringen, müssen wir davon ausgehen, dass es besser ist, glücklich bei der Arbeit zu werden, dass es besser ist, die Arbeit gerne zu machen, als sie ungern zu machen und anschließend nach einem schlechten Arbeitstag einen Work-Life-Balance-Dienstleister aufzusuchen. Ich will sagen: Machen Sie ruhig regelmäßig Yoga, aber wenn Sie es versäumen, in Erwägung zu ziehen, sich eine für Sie passendere Arbeitsstelle zu suchen, wird Ihnen das Yoga langfristig nicht helfen.

Es ist unfassbar, geradezu eine gesellschaftliche Tragödie, dass Sie in einer Buchhandlung regalweise Bücher über die Gestaltung und Optimierung Ihres Lebens finden, aber nur wenig Aufbauendes zum Thema Zufriedenheit im Job. Und wenn Sie mal etwas finden, dominieren in der Buchhandlung zynische Buchtitel wie: „Mein Chef ist ein Arschloch, Ihrer auch?" oder „How to survive Scheißjobs".

Machen wir uns nichts vor, wenn wir die meiste Zeit bei der Arbeit und mit unseren Arbeitskollegen verbringen und nachgewiesen ist, dass Jobfrust unser Lebensglück verringert, so müsste der Schwerpunkt in der Ratgeber-Literatur genau umgekehrt sein.

Machen wir uns bewusst, wie eine Unglücksspirale durch Unzufriedenheit im Job zustande kommt: Wenn Sie frustriert von der Arbeit nach Hause kommen, raten Sie mal, wie es weitergeht? Werden Sie freudestrahlend Ihren Kindern und Ihrem Partner in die Arme fallen? Werden Sie für alle ein offenes Ohr haben und gelassen den Feierabend mit Ihren Liebsten genießen?

Nein, natürlich nicht. Ihre miese Laune lassen Sie (wenn auch ungewollt) an Ihrem Partner oder an Ihren Kindern aus. Die sind dieses Verhaltensmuster mittlerweile von Ihnen gewohnt und reagieren entsprechend genervt. Und so erleben Sie im schlimmsten Fall jeden Tag einen solchen Partnerschafts- und Familienterror. Damit wir nicht an falscher Stelle nach Problemlösungen suchen, sollten wir uns vergegenwärtigen:

Bevor wir Lösungen für vermeintliche Probleme im Privaten suchen, sollten wir klären, ob Jobfrust nicht unser eigentliches Problem ist.

Stellen wir uns vor, Sie hätten es geschafft, Ihre Arbeitszufriedenheit wiederherzustellen. Dann gehen Sie erstens nicht mehr mit mieser Laune zur Arbeit und kommen zweitens auch mit guter Laune nach Hause zurück. Sie können jetzt tatsächlich Ihren Kindern und Ihrem Partner strahlend und liebevoll in die Arme fallen. Es fiele Ihnen leichter, sich der Probleme des Tages anzunehmen und gemeinsam zu ihrer Lösung beizutragen. Sie hätten im Ergebnis weniger Probleme und würden überzeugt sagen können:

Wer es im Job schafft, glücklich zu sein, schafft es überall, sogar in seinem Privatleben!

Wir sind nicht zu blöd, um im Job zufrieden zu werden. Wir haben als Gesellschaft eine Prägung angenommen, die hinderlich für uns ist. Weil eben so viele von uns auf das Arbeitswelt-Bashing abfahren, haben wir den Eindruck gewonnen, es sei normal, unglücklich zur Arbeit zu gehen. Wir haben über Jahrzehnte eine „Denke" angenommen, ohne sie wirklich zu überprüfen. Aber wie können wir unsere Denke über die Arbeit ändern?

Um diese Frage zu beantworten, müssen wir uns erst deutlich machen, wie fundamentale Veränderungsprozesse überhaupt funktionieren. Ich beschreibe Ihnen einmal einen solchen Prozess anhand eines uns allen bekannten Beispiels: der Finanzkrise.

Schon lange vor den ersten Katastrophenmeldungen war klar, dass es Länder in der Europäischen Gemeinschaft gibt, die jahrzehntelang mehr Geld ausgegeben haben als eingenommen und dadurch immense Schulden aufhäuften. Erst, als Staaten wie Portugal, Spanien und Griechenland kurz vor der Pleite standen, wurde verkündet, dass wir in einer Finanzkrise stecken. War sie vorhersehbar? Ja, offensichtlich. Aber warum hat niemand diese Entwicklung ernst genommen und frühzeitig Gegenmaßnahmen eingeleitet?

Um dies zu verstehen, müssen wir begreifen, wie Veränderungsprozesse funktionieren. In der Veröffentlichung „Das Buch des Wandels" beschreibt der Zukunftsforscher und Autor Matthias Horx genau diesen Veränderungsprozess und dass dieser immer in drei Schritten abläuft.[7]

Erster Schritt: Wenn überhaupt irgendetwas an Veränderung, an Verbesserung erreicht werden soll, müssen wir als erstes erkennen, dass es ein Problem wirklich gibt – in unserem Beispiel eben, dass es überhaupt eine Krise in den Staatshaushalten der besagten Länder gibt. Ohne Anerkennung dieser Krise, gibt es keinerlei Veränderungsbereitschaft. Erst wenn wir akzeptieren, dass wir in einer (Finanz-) Krise stecken, erst dann kommen wir zu Schritt zwei.

Zweiter Schritt: Wir müssen uns fragen, woher diese Krise eigentlich kommt. Wir stellen uns diese Frage nicht, wenn wir der Auffassung sind, dass wir gar keine Krise haben. Also, wie gesagt, wir müssen erst anerkennen, dass wir in einer Krise stecken (Schritt 1) und dann sind wir erst bereit herauszufinden, wie wir in diese Krise hineingeraten sind.

Dritter Schritt: Im dritten Schritt ist die Frage zu beantworten, welcher Weg aus der Krise wieder herausführt. Hier wird deutlich: Zu verstehen, wie wir herauskommen, setzt voraus, dass wir verstanden haben, wie wir hineingeraten sind, also woher die Krise kommt. Das wiederum geschieht erst, wenn wir uns selbst eingestehen, dass wir überhaupt eine Krise haben.

Bei der Finanzkrise ist der erste Schritt über viele Jahre verweigert worden. Über Jahrzehnte wurden das Anhäufen von Schuldenbergen als normal angesehen. Natürlich haben einige wenige angemerkt, dass dies langfristig nicht gut gehen kann. Die Mehrheit blieb leider dabei, dass es halt so ist, wie es ist, es machen ja schließlich alle (Länder) so.

Man hätte auch Jahre vorher die Krise anerkennen und sich fragen können, woher sie kommt. Wenn man aber hoch verschuldete Haushalte nicht als kritisch ansieht, beginnt man auch nicht mit Schritt zwei und kommt schon gar nicht zu Schritt drei, wirklich etwas zu verändern.

Auf die Idee, aufzuhören, mehr Geld auszugeben, als man einnimmt, hätte jeder kommen können. Nur muss man eben erst darauf kommen, dass es eben nicht normal sein darf, Defizithaushalte anzuhäufen. Man hätte ruhig früher den negativen Zustand, der sich im kollektiven Bewusstsein als normaler Zustand getarnt hatte, auf den Prüfstand stellen sollen.

Dieser von Horx beschriebene Mechanismus von Veränderungsprozessen gilt für gesellschaftliche wie für einzelne Unternehmen, die etwa in einer wirtschaftlichen Krise stecken. Aber er gilt auch für Partnerschaften und einzelne Personen, die in einer Jobkrise stecken.

Nach diesem Schema ist dieses Buch aufgebaut. Wir erkennen erstens an, dass wir ein Problem haben. Zweitens fragen wir uns, woher es kommt, und im dritten Schritt suchen wir die Lösung, die uns aus der Krise herausführt.

Solange wir aber darauf beharren, dass Arbeit schrecklich ist, wir täglich dabei Frust einsacken und bereit sind, ihn hinzunehmen und ihn sogar als normal anzusehen, haben wir auch kein Krisengefühl und damit auch keine wirkliche Veränderungsbereitschaft.

Wenn wir glauben, dass es normal ist, dass Arbeit keinen Spaß macht, kommen wir erst gar nicht zu Schritt zwei, also zur Frage, warum wir keinen Spaß an der Arbeit haben. Und wir kommen dann schon gar nicht zur Frage, wie wir es ändern können.

Wir sollten uns endlich der Tatsache stellen, dass es so nicht weitergehen kann und wir in einer tiefen Jobzufriedenheits-Krise stecken. Wenn wir diese Krise aber nicht sehen (wollen), müssen wir eben weiterhin darin stecken bleiben – tragisch, aber selbst verursacht.

Der Weg zum Jobglück wird kein einfacher sein. Wir müssen unsere tief verborgenen Hemmnisse anschauen, die uns daran hindern, unser Jobglück zu entfalten. Dazu werde ich mit Ihnen eine Reise durch Ihre Psyche machen. Sie werden sich Ihre eigene Grundprogrammierung zum Thema Arbeit ansehen können und erkennen, welche Auswirkungen sie auf Ihre Zufriedenheit hat. Bitte erwarten Sie nicht auf den ersten Seiten dieses Buches Tipps zum Glücklichwerden. Sie müssen zunächst den Mechanismus dazu verstanden haben. Wie wir zufrieden werden, hat etwas mit Grund-„Einstellung" zu tun. Sie muss „eingestellt" werden. Deshalb beschreibe ich unser Vorgehen auch gerne als eine Reise durch unsere „Zufriedenheits-Psyche", durch unser Bewusstsein und durch unsere tief verankerten Überzeugungen zum Thema Arbeit.

Beginnen wir nun unseren Veränderungsprozess in Richtung Jobzufriedenheit mit dem ersten Schritt, und zwar mit der Frage: Sind wir in einer Jobzufriedenheits-Krise? Mehr dazu im nächsten Kapitel.

2 KEIN SCHÖNER (ARBEITS-)LAND?

Wie kommen wir als Gesellschaft überhaupt zur Grundüberzeugung, Arbeit sei ein leidiges, aber notwendiges Übel? Warum ist diese Überzeugung so tief in unserer Gesellschaft verankert?

Vor allem interessiert uns aber auch die Frage, welche Irrtümer sich aus diesen gesellschaftlichen Überzeugungen ergeben. Die Irrtümer zu identifizieren, ist der Schlüssel, das Problem zu erkennen und die Krise anerkennen zu können.

2.1 Die Überzeugungen mancher Unternehmen – wie doof ist das denn?

Machen wir uns nichts vor: Es gibt viele Unternehmen, die eher unmenschlich mit der Ware „Humankapital" umgehen. Dieser neue eingedeutschte Ausdruck beschreibt treffend, worum es in vielen Personalabteilungen tatsächlich nur noch zu gehen scheint. Es ist nicht mehr der Mensch und die Beziehung zum eigenen Unternehmen. Der Mitarbeiter wird auf einen Geldwert reduziert. Es wird in diesem Kontext so getan, als gäbe es keinerlei Verpflichtung menschlicher Art, sondern nur eine Aufgabe: Die kurzfristige Gewinnmaximierung mithilfe der angestellten Menschen.

Dieser Wahnwitz wird mittlerweile öffentlich gemacht. Da gibt es Bücher über die Führungsmethoden namhafter Lebensmitteldiscounter[8], die unglaubliche Zustände beschreiben. Dass solche Beispiele nicht gerade förderlich in Sachen Arbeitszufriedenheit sind, erschließt sich von selbst.

Aus meiner Sicht „leben" viele Unternehmen (leider) Überzeugungen, die sich als eklatante Irrtümer herausstellen. Zwei dieser grundlegenden Überzeugungen sollten wir uns bewusst machen:

Die erste Überzeugung ist: „Unternehmen können nur erfolgreich sein, wenn Mitarbeiter durch Druck, Verbreitung von Angst, der Androhung von Sanktionen motiviert und angetrieben werden."

Mit anderen Worten: Zur Steigerung der Leistungen der Mitarbeiter werden Druck, Macht und andere bedenkliche Methoden, wie Einschüchterung und Denunzierungen systematisch angewendet.

Um das bereits an dieser Stelle zu verdeutlichen: Dies ist gegen meine eigene Überzeugung und Praxis als Unternehmer. Aber viele Unternehmen, die dies so praktizieren, sind leider auch erfolgreich damit. Sie kommen dummerweise nicht darauf, dass es auch ohne Druck- und Machtausübung und damit menschlicher funktioniert. Wie schade!

Die zweite Überzeugung und der damit einhergehende riesige Irrtum ist: „Viele Unternehmen glauben, Mitarbeiter müssen nur *funktionieren*."

Hier interessiert der menschliche Faktor, die Menschlichkeit, nicht wirklich, sondern nur die reine Arbeitskraft. Denkt ein Unternehmen so, überrascht es nicht, dass niemand sich dem Unternehmen zugehörig fühlt, sich mit ihm identifiziert und bei der Arbeit wirklich zufrieden ist.

In den nachfolgenden Kapiteln hören Sie noch einiges von Unternehmen mit dieser Denke. Solange der Glaube anhält, dass ein Verlassen dieser „menschenunfreundlichen und rein gewinnoptimierten Führungsmethode" den wirtschaftlichen Erfolg ruiniere, wird sich der Umgang mit den Mitarbeitern solcher Unternehmen nicht verbessern. Was für ein Irrglaube!

Aber auch Unternehmen, die bereits verstärkt auf Mitmenschlichkeit setzen, tun sich häufig noch schwer damit. Es gibt kaum verlässliche Vorerfahrungen im Sinne von Führungsmodellen. Das Ziel ist klar: der Mitarbeiter soll sich wohl und zugehörig fühlen, unklar ist hierbei der Weg.

Selbst wenn Unternehmen gute Rahmenbedingungen zur Verfügung stellen und sich um ihre Mitarbeiter bemühen, gibt es interessanterweise dennoch Mitarbeiter, die ausgesprochen unzufrieden sind. Wie ist das zu erklären?

Kann es sein, dass die gesellschaftliche Überzeugung „Arbeit nervt, man kann mit ihr nicht glücklich werden" sich auch durch andere Einflüsse in die Köpfe der arbeitenden Bevölkerung eingeschlichen hat?

2.2 Die gesellschaftlichen Überzeugungen – wie konnte uns das passieren?

Ein erheblicher Einflussfaktor auf die individuelle Arbeitszufriedenheit oder -unzufriedenheit ist die Verankerung von wertenden Urteilen über Arbeit in unserer Gesellschaft. Wir können es unsere „gesamtgesellschaftliche Programmierung" nennen, unser „Mind set" zum Thema Arbeit oder einfach nur die tief in unserer Gesellschaft verankerten „Überzeugungen" und „Glaubenssätze". Wie wir es auch immer nennen, wir sprechen über unsere gewohnheitsmäßigen Denkweisen, die in unserer Gesellschaft verankert sind. Es sind die festgefahrenen Gedankenmuster, die wir nicht bewusst als unsere „Programmierung" wahrnehmen. Wir stellen sie daher auch nicht infrage. Dennoch wirken sie aber tagtäglich in Form von Wert-„Urteilen".

Nun müssen wir uns bewusst machen, dass die Gesellschaft nicht immer mit ihren Überzeugungen und damit auch mit ihren Wert-„Urteilen" richtig liegen muss. Es ist möglich, dass eine Gesellschaft eine feste Überzeugung über Jahrzehnte gelernt und verinnerlicht hat, diese aber für die Menschen selbst schlecht oder zumindest aus heutiger Sicht schädlich ist.

Einige dieser unglücklichen Überzeugungen werden wir uns nun näher anschauen müssen:

Der Arbeit-ist-Mühsal-Irrtum

Zu arbeiten ist klasse, es macht Spaß und gibt Energie. Die meisten Menschen lieben ihre Arbeit und freuen sich jeden Morgen auf einen weiteren beglückenden Arbeitstag. Voller Vorfreude beginnen sie ihn, und genauso strahlend verlassen sie ihre Arbeitsstätte. Wir sind froh, dass wir sie haben und dankbar dafür, dass wir durch sie ein gutes Leben führen können.

Na, wenn sich beim Lesen dieser Zeilen bei Ihnen Skepsis einstellt, können Sie Ihre vesteckte Überzeugung erahnen. Das Gefühl der Skepsis wird vom Gehirn ausgelöst. Es rebelliert und schlägt Alarm, weil das, was Sie gerade gelesen haben, gegen Ihre inneren (versteckten) Werturteile verstößt.

Dies wird den meisten Leserinnen und Lesern so gehen. Wenn ich behaupten würde, Arbeit wäre so, wie gerade beschrieben, würden Sie mich als Autor wahrscheinlich für verrückt erklären und als Utopisten ansehen, und in jedem Fall würden Sie mir jegliche Kompetenz zum Thema Jobzufriedenheit absprechen.

Hätte ich hingegen behauptet, Arbeit sei anstrengend und belastend, sie mache keinesfalls Spaß, sondern bringe eher Dauerfrust, dass Arbeit mehr Mühsal als Leichtigkeit bedeute und sowieso immer zu gering bezahlt sei, dann würden viele von Ihnen innerlich wahrscheinlich nicken. Sie würden sich von mir voll und ganz verstanden fühlen. Sie würden zu dem Urteil kommen, dass ich als Autor von der Materie Ahnung habe. Und Sie, liebe Leserinnen und Leser, würden darüber hinaus die Bestätigung erhalten, mit Ihrer skeptischen Haltung über Arbeit genau richtig zu liegen.

Wie schön wäre das für mich, aber würde es Ihnen bei Schritt eins des Veränderungsprozesses helfen, oder wäre es für Sie eine Bestätigung, besser in der Fruststarre zu bleiben?

Sie ahnen, jetzt geht es wirklich ans Eingemachte. Wir müssen uns mit den versteckten Überzeugungen, die in unserer Gesellschaft leider sehr verbreitet sind, beschäftigen.

Die erste Überzeugung, die viele von uns gesamtgesellschtlich einverleibt bekommen haben, ist die, dass Arbeit Mühsal ist. Arbeit ist demnach immer etwas Verschleißendes, etwas dem Körper Schadendes. Der daraus resultierende Lohn gleicht mehr Schmerzensgeld als gerechtem Lohn. Die Arbeitstage sind der blanke Horror. Man schleppt sich von Wochenende zu Wochenende, von Urlaub zu Urlaub, irgendwie über das Jahr und rettet sich in die Rente. Schon montags ersehnt man den fernen Freitagnachmittag und mittwochs „feiert" man Bergfest.[9]

Es ist anzunehmen, dass spätestens seit der Industrialisierung im 19. Jahrhundert der Stachel der manifesten und latenten Ausbeutung von menschlicher Arbeitskraft in unserem Fleisch steckt. Die gesellschaftlich tradierte Überzeugung heißt: „Arbeit ist Mühsal und sowieso Ausbeutung!"

In unseren gesellschaftlichen Überzeugungen ist die Arbeit als Mühsal tief und fest verankert, ohne dass es uns in dieser Form bewusst ist.

Damit ist nicht gesagt, dass in der heutigen Arbeitswelt pauschal betrachtet alles besser und einfacher ist, als es noch vor 100 Jahren bei unseren Urgroßmüttern und Urgroßvätern war. Es stellt sich vielmehr die Frage, ob die Erfahrungen von vor 100 Jahren, dass Arbeit kräfte- und körper(ver)zehrend ist und eine einzige Mühsal darstellt, in unseren Genspeicher aufgenommen wurde oder zumindest in unserem gesellschaftlichen Gedächtnis als Vermächtnis implantiert wurde.

Früher haben unsere Vorfahren 60 Stunden an sechs Tagen in der Woche gearbeitet. Jahresurlaub beschränkte sich auf wenige Tage. Krankheit wurde so manches Mal mit Kündigung geahndet. Man schleppte sich lieber krank zur Arbeit, als die finanzielle Existenz seiner Familie zu gefährden.

Arbeitsschutz, Mutterschutz oder andere, später im Interesse des Menschen entstandene Instrumente waren noch unbekannt. Im Alter von 60 waren die Menschen damals bereits verbraucht.

Ein konkreteres Beispiel: Wenn in den 60er-Jahren ein Arbeiter in einem Motorenwerk eines Automobilherstellers einen Motorblock in die Karosserie hineinwuchtete, war das Raubbau am Körper des Arbeiters. Nach zehn bis 15 Jahren war der Arbeiter körperlich ruiniert. Genau das haben wir erlebt. Sie selbst haben es vielleicht bei Ihren Großeltern mitbekommen, dass die Arbeit sie einfach verschlissen hat. Demnach ist es zumindest eine völlig korrekte Schlussfolgerung, dass Arbeit Mühsal bedeutet und kräftezehrend ist. Und diese Überzeugung ist in unsere DNA eingebrannt. Und heute kommt „der Arbeiter" vom Montageband nach Hause und hat auch „schwer" gearbeitet, obwohl er die Motoren im Pilotensessel sitzend, mittels Lastenkran und Joystick per Hydraulik in den Motorraum hat hieven lassen.

Beeindruckend, was die Gewerkschaften über viele Jahrzehnte für den Arbeitnehmer erreicht haben: In der Zeit von Mitte der 50er- bis Mitte der 70er-Jahre wurde die wöchentliche Arbeitszeit von 48 Stunden weiter auf 40 herunterverhandelt. In dem Zeitraum von 1960 bis Anfang der 80er-Jahre wurde der Urlaubsanspruch etwa in der Metallindustrie von damals drei Wochen auf sechs Wochen pro Jahr verdoppelt. Sie haben sich Themen wie Arbeitsschutz, Mutterschutz und Modellen der Teilzeitbeschäftigung angenommen und vieles mehr erreicht. Natürlich fiel es ihnen nicht einfach so zu. Nein, die Gewerkschaften mussten es für ihre Mitglieder erstreiten, und das hörten wir täglich in den Medien. Diese Berichte klangen nicht nach dem Motto „Arbeit ist so leicht, lass uns mal die Löhne erhöhen und den Urlaub verdoppeln". Nein, es geschah immer vor dem Hintergrund, dass Arbeit belastet und von daher verkürzt werden muss.

Deshalb schwingt aus meiner Sicht bis zum heutigen Tag mit, dass Arbeit ja so schrecklich ist. Arbeit sei immer noch so verschleißend wie vor hundert Jahren. Aber ist das wirklich so? Egal, die Überzeugung steckt offensichtlich noch immer in unseren Körpern oder besser gesagt in unserem Unterbewusstsein. Und deshalb wird Arbeit auch noch so schrecklich bewertet.

Natürlich dürfen wir nicht vergessen, dass in den letzten Jahren in den Jobs die Anforderungen vielfältiger wurden, die Komplexität gestiegen ist und der psychische Druck zugenommen hat – keine Frage. Auch haben heutige Arbeitgeber Probleme aufgrund der einseitigen Beanspruchung des Körpers: Schreibtischarbeit führt zu Haltungsproblemen, unser Körper ist auch nicht dafür gemacht, hunderttausende Mausklicks am Tag durchzuführen. Hier geht es allerdings um die Frage des totalen Verschleißens des menschlichen Körpers. Dieser Tatbestand hat in den letzten Jahrzehnten tatsächlich in vielen Branchen stark abgenommen, aber die unbewusste Überzeugung steckt noch in uns. So kommt es zum Beispiel, dass viele heutige Arbeitnehmer lieber über ihren Tennisarm – auch „Mausarm" genannt – und das „Malochen" am Schreibtisch klagen, als eine ergonomische Computermaus zu bestellen, die die Sehnen des Unterarms schont.

Solche Mäuse funktionieren gut. Aber sie funktionieren nicht, wenn man über das Malochen schimpft, anstatt ein solches besseres Arbeitsgerät zu bestellen oder zu beantragen.

Machen wir uns nichts vor. Die körperliche Arbeit ist heute immer noch anstrengend. Keine Frage. Aber früher war es grausam, heute ist es das nicht mehr. Unser Problem ist, dass wir Arbeit immer noch durch die Brille der Grausamkeiten betrachten, obwohl sie längst nicht mehr grausam, sondern vielleicht „nur" noch anstrengend ist. Aber war die körperliche Arbeit nicht immer anstrengend? Muss deswegen Arbeit immer noch ein Fluch sein?

Warum kann Arbeit nicht ein bestmöglicher Weg sein, um sich eine gute Wohnung, genug Essen, ein Auto, Hobbys und noch vieles mehr leisten zu können?

Wenn wir die Sache genauer betrachten, sehen wir im Gegenteil, dass manche Arbeitnehmer sogar einen „Luxusarbeitsplatz" innehaben. „Luxusarbeitsplatz" bedeutet: Arbeitnehmer haben gute flexible Arbeitszeiten, verdienen gutes Geld, haben keinen hohen Arbeitsdruck und können auch während der Arbeitszeit schon einmal das ein oder andere Private erledigen. Kurzum: Sie arbeiten unter fantastischen Bedingungen. Und trotzdem beobachten wir, dass auch diese Arbeitnehmer extrem unzufrieden sein können. Sie fühlen sich nach sieben Stunden freiester möglicher Arbeitsgestaltung und dem Luxus, während des Arbeitstages private Dinge erledigt zu haben, dennoch total ausgelaugt und kaputt.

Ich möchte es noch einmal betonen: Je nach Aufgabe ist die Arbeit auch heute noch anstrengend. Es erfordert viel Motivation und Kraft, ihr gerecht zu werden. Aber: Sie hat in jedem Fall das Gesicht der Mühsal und Körperaufzehrung verloren, oder?

Arbeit muss heutzutage nicht mehr als körperaufzehrende
Mühsal wie vor 100 Jahren gesehen werden.

Der Work-Life-Balance-Irrtum

Seit vielen Jahren geht durch den Buchmarkt ein Heer von Büchern, die uns darüber aufklären wollen, wie eine Ausgewogenheit von Arbeitsleben und privaten Bedürfnissen zu erreichen sei. Doch nicht nur in der Ratgeberliteratur, auch in den Erholungsangeboten, die uns täglich anspringen, geht dieses Gespenst um. Die Gegenüberstellung von Arbeit und Leben erinnert – wie bereits angedeutet – an einen Boxkampf zwischen Gut und Böse, zwischen den größtmöglichen Gegensätzen überhaupt, zwischen schwarz und weiß.

Eine Gegenüberstellung von Privatleben und Arbeit selbst ist nicht falsch. Fatal ist eben, dass schon allein der Begriff Work-Life-Balance suggeriert, Arbeit sei so schrecklich belastend, dass man im Privatleben ein Gegengewicht produzieren müsse, um sie ertragen zu können. Mit anderen Worten: Es gibt zu diesem Thema hunderte von Büchern, die eindrucksvoll und eindeutig darlegen, dass Arbeit so belastend ist, dass ein jeder hierzu ein Gegengewicht schaffen muss. Ich habe keinesfalls etwas gegen Achtsamkeitskurse oder Selbstverwirklichung, doch es ist schade, wenn Achtsamkeit und Selbstverwirklichung zu einem schlichten Gegenmittel gegen die Arbeit verkommen. Sich in Achtsamkeit zu üben ist gut, aber sie sollte auch am Arbeitsplatz willkommen sein. Ist es wirklich so abwegig, dass ein Angestellter am Arbeitsplatz gegenwärtig ist und sich dem Augenblick, etwa einem Kundengespräch, achtsam hingibt? Und ist es wirklich völlig ausgeschlossen, dass jemand sich im Beruf selbst verwirklicht? Dass er hier etwas erreicht, was seiner Seele Auftrieb gibt? Mit dem richtigen Job geht das.

Natürlich stimmt diese unheilvolle Trennung von Arbeit und Leben nicht. Arbeit und Leben gehören zusammen. Die Trennung halte ich für die Erfindung einer Industrie, die aus der Unzufriedenheit der arbeitenden Menschen Nutzen zieht. Aus meiner Sicht ist es verheerend, das Thema Arbeit in so ein grauenvolles und falsches Licht zu rücken.[10] Das Urteil, Arbeit sei schrecklich, wird in einen Betonklotz einzementiert und so dauerhaft konserviert. Arbeit wird gegen das Leben ausgespielt, als handele es sich um Folter. Die Last der Arbeit soll durch meditative Retreats oder durch ein wahnwitzig aufgepumptes und actiongeladenes Leben vom Freitag- bis zum Sonntagabend und in den Urlauben überstrahlt werden.[11] Oder man entscheidet sich für ein Wellness-Wochenende, die Möglichkeiten sind unbegrenzt.

Ein Wellness-Wochenende ist nicht die Lösung, sondern nur die Ablenkung vom Problem der Unzufriedenheit im Job.

Während es noch in meiner Jugendzeit hieß, „Wir arbeiten, um zu leben" heißt es heute wohl eher: „Wir leben so intensiv wie möglich, um so die grausame, lebensbelastende Arbeit zu vergessen."

Und so bekommen wir unter anderem durch die lebensberatende Literatur eindrucksvoll vermittelt, dass Arbeit schrecklich sei und unser Leben belaste.

Es wirkt bei genauerer Betrachtung sogar leicht schizophren[12]: Auf der einen Seite sind wir nur glücklich außerhalb der Arbeit, und auf der anderen Seite verbringen wir aber die meiste wache Lebenszeit bei der Arbeit. Schon vom Ansatz aller denkbaren Lösungsmöglichkeiten müsste doch einleuchten, dass die Freizeit, wie auch immer sie gestaltet sein mag, kein effektiver Ausgleich zur Arbeit sein kann. Es macht überhaupt keinen Sinn, den kleinen Teil des Privatlebens zu optimieren, auf den Urlaub oder die Rente zu warten, aber den Großteil der beruflichen Lebenszeit innerlich abzulehnen und zu verdrängen.

Der „Je-bekloppter-die-Gesellschaft-umso-bekloppter-die-Arbeit"-Irrtum

Seit vielen Jahren hören wir immer wieder etwas von einem gesellschaftlichen Wertewandel. Aus meiner Sicht ist damit viel eher der Verfall unserer Werte gemeint, als der Wandel unserer Werte. In diesem Zusammenhang konnten wir in der letzten Zeit von einigen Bundespolitikern in den Nachrichten hören, wie sie diese Entwicklung als „Teilverrohung der Gesellschaft" bezeichneten.

Wie es scheint, sind wir in einer Ellenbogengesellschaft mit neuen Lebensprinzipien angekommen. Mehr als jeher gelten Prinzipien wie „Dreistigkeit siegt!" oder „Der Ehrliche ist der Dumme!". Das gesellschaftliche Klima scheint sehr viel vergifteter zu sein als je zuvor. Wenn sich aber eine Gesellschaft in diese Richtung entwickelt, muss man sich bewusst machen, dass solche neuen Lebensprinzipien nicht nur existieren, sondern dass auch diese Ellenbogengesellschaft in unseren Unternehmen vertreten ist. Auch dort werden rohe Verhaltensweisen gelebt.

Kann der Mitarbeiter dann überhaupt noch wissen, warum er unzufrieden ist? Liegt es am schlechten Job, dass er die Arbeit als schlimm empfindet, oder an den Kollegen und Vorgesetzten mit den „neuen" Lebensprinzipien?

Mit anderen Worten: Wenn es durch den verheerenden Werteverfall in der Gesellschaft dazu kommt, dass sich die Menschen in den Unternehmen schlechter behandeln, dann ist es nicht verwunderlich, dass die arbeitende Bevölkerung wieder mal zum Schluss kommt und sich ihre Überzeugung manifestiert, dass Arbeit das Schrecklichste auf Erden sei. Doch man muss sehen, dass die schlechte Entwicklung nicht in der Arbeitswelt ihren Anfang genommen hat, sondern dass hier ein gesellschaftlicher Trend „importiert" wird.

Der „Papa-hat-gesagt"-Irrtum

Stellen wir uns einmal eine typisch deutsche Familiensituation[13] vor: Morgens beim Frühstück kann jeder in der Familie Vater schon ansehen, dass ihn etwas Ungutes erwartet: Die schreckliche Arbeit. Die Mutter versucht ein wenig aufbauend zu wirken, weil sie möchte, dass es allen in der Familie gut geht. Vater ist muffig, wirkt angespannt und verabschiedet sich mit den Worten: „Ich muss jetzt zur Arbeit."

Was bekommen die Kinder in einer solchen Familie mit? Jetzt kann man die Meinung vertreten, dass Kinder in ganz jungen Jahren die Tragweite oder Ernsthaftigkeit des Lebens nicht wirklich erfassen können. Richtig und falsch. Richtig ist, Kinder können in jüngsten Jahren nicht genau erfassen, warum Mutter oder Vater schlecht drauf sind. Falsch wäre es aber anzunehmen, dass es den Kindern nicht auffallen würde, wenn es den Eltern oder einem der beiden schlecht ginge.

Kinder haben ein feines Gespür für solche Stimmungen. Die Kinder in dieser Familie würden bereits sehr früh erlernen, dass es Vater immer, wenn er an seine Arbeit denkt oder dort hinmuss, nicht gut geht. Nicht etwa, dass der Vater dies den Kindern so vermitteln will.

Er ist zuverlässig, fleißig und integer. Auf ihn können sich seine Kollegen und Vorgesetzten verlassen. Er macht eigentlich alles richtig.

Abends sitzt die Familie beim Abendbrot zusammen. Die Mutter fragt: „Wie war der Tag?" Er murmelt: „So wie immer." Die Kinder sehen, dass der Tag nicht gut gewesen sein kann, Papas Gesichtsausdruck und überhaupt, der ganze Körper sagen es. Die Kinder lernen das Unglücklichsein im Beruf.

Was ist das Gegenteil von Arbeit? Es ist der Urlaub. Wenn man schon so viele Opfer für die Arbeit bringen muss, dann muss es auch einen entsprechenden Ausgleich geben. Der Jahresurlaub mit der Familie soll alle Wunden wieder heilen. Aber auch das Thema Urlaub ist mit Stress behaftet. Schon allein der Kampf um die gewünschten Urlaubszeiten („Wer macht wann und wie lange Urlaub?" ... „Eltern mit schulpflichtigen Kindern gehen vor" und so weiter) endet so manches Mal im Krieg zwischen den Kollegen.

Schon Wochen vor dem Urlaub gibt es nur noch ein Thema: „Bald geht es endlich los!" Alle sehnen sich nach diesem Urlaub. Eine Woche vor der Abreise ist es dem Vater anzusehen. Er kann nicht mehr. Es ist ihm unmöglich und unzumutbar, noch zu arbeiten. Er hat keine Energie mehr. Er scheint leer zu sein. Er schleppt sich die letzten Tage zur Arbeit.

Endlich ist es so weit. Die längste Wartezeit hat immer irgendwann einmal ein Ende: Der erste Urlaubstag ist furios. Glück pur. Die Aussicht auf zwei endlos scheinende Wochen Urlaub, Ausspannen, Spielen, Lachen und Glücklichsein lassen alle entspannen. Alles ist großartig: Sommer, Sonne, Strand, abends ein Rotwein, das ist der Himmel auf Erden!

Die erste Woche ist ein Traum für alle. Leider aber geht dieser Traum viel zu schnell vorbei. Wo ist die erste Woche geblieben? ... Es ist ja nur noch eine Woche Urlaubsvergnügen übrig. ... Sieben Tage? Was? Haben wir etwa schon Halbzeit? ... Ach du lieber Himmel, nächsten Montag geht der ganze Sch ... wieder von vorne los! In sieben Tagen ist alles vorbei! ... In sechs Tagen, in fünf Tagen ... Noch im Urlaub kippt die Stimmung in Arbeitslethargie.

Vielleicht empfinden Sie diese Beschreibung als überzogene Karikatur? Hören Sie sich mal in Ihrem Bekanntenkreis um, wie die wirklichen Erfahrungswerte sind.

Können Sie sich vorstellen, wie solche Eindrücke auf unsere Kinder wirken müssen? Was müssen Kinder glauben, die in so einem Haushalt groß werden? Die werden sicher der festen Überzeugung sein *müssen,* dass mit Arbeit nichts als Frust zu gewinnen sei. Arbeit sei schrecklich und laste wie ein Fluch auf uns. Ein weit verbreiteter Spruch der Eltern hierzu ist: „Kind, genieß die Schulzeit, danach kommt nur noch die Arbeit!"

Damit haben die Kinder eine Prägung zum Thema Arbeit erfahren, die sie zu der festen Überzeugung kommen lässt, dass Arbeit nur grauenvoll sein kann und man mit ihr nicht glücklich wird. Und diese Überzeugung erhielten sie fatalerweise schon lange, bevor sie selbst einen Job begonnen haben. Eine schreckliche Prägung, die vielleicht ihr gesamtes Arbeitsleben beeinflussen wird.

Apropos Kinder, stellen Sie sich vor, diese Kinder wurden in den 60er-, 70er- oder 80er-Jahren geboren. Dann sprechen wir nicht von Ihren Kindern, sondern von Ihrer eigenen Kindheit und damit auch vielleicht von Ihrer eigenen Prägung! Ja, Sie dürfen sich ruhig mit diesem Gedanken konfrontieren. Wie waren Ihre Eindrücke, wenn Papa oder Mama zur Arbeit gingen oder über Arbeit sprachen? Wie ist Ihre Prägung? Welche leben Sie Ihren Kindern vor, ohne dass es Ihnen aufgefallen ist?

Lassen Sie uns noch eine weitere typische Familiensituation analysieren: Eines der Kinder befindet sich nach seinem Schulabschluss in einer Lebensphase, in der es darum geht, sich für einen beruflichen Weg zu entscheiden. Reflexartig predigen die Eltern (und auch alle anderen), es solle unbedingt einen Beruf wählen, in dem es glücklich werden kann, der ihm oder ihr Spaß macht.

Tagtäglich und über viele Jahre haben die Eltern aber dem Kind vorgelebt, wie sie dies selbst eben nicht gelebt haben. Und so erwidert das Kind: „Wenn ihr das so wichtig findet, warum ärgert ihr euch dann täglich über euren Job? Warum wechselt ihr ihn dann nicht?"

Auch hier gibt es einen typischen Elternreflex: „Das geht nicht, weil ..." und dann kommen viele wichtige Begründungen, warum man an diesem Arbeitsfrust-Schicksal leider festhalten müsse.

Was meinen Sie, glauben diese Kinder? Das, was die Eltern sagen („Such dir einen Job, der dir Freude bereitet") oder das, was sie seit Jahren von ihren Eltern mit jeder Faser ihres Körpers vorgelebt bekommen („Heute war's wie immer schei ... ")?

Was, wenn die ganze Gesellschaft findet, dass Arbeit nervt?

Vier stichhaltige Gründe haben wir identifiziert, warum viele Menschen bewusst oder unbewusst zu der Überzeugung gelangt sind, dass Arbeit nervt und man mit ihr nicht glücklich werden kann:

1. Diese Überzeugung ist in unserem Unterbewusstsein über Jahrzehnte eingebrannt und so ist die Mühsal tief und fest dort verankert worden.
2. Wir mussten erkennen, dass selbst die Work-Life-Balance-Literatur, die es auch nur gut mit den arbeitenden Menschen meint, den Gedanken gänzlich vernichtet, dass Arbeit auch etwas Gutes sein oder gar glücklich machen kann. Arbeit ist so schrecklich, dass es angeblich eines Gegengewichtes bedarf, um im Leben „überleben" zu können.
3. Die wahnwitzigen neuen Lebensprinzipien wie „der Ehrliche ist der Dumme" oder „Dreistigkeit siegt" schleichen sich in unsere Gesellschaft und damit auch in die Unternehmen ein. So erleben die Menschen in den Unternehmen diesen Wahnsinn (die „Teilverrohung") und können schwerlich unterscheiden, ob der Wahnwitz durch den Job oder durch die Wertelosigkeit der agierenden Menschen entsteht.
4. Und zu guter Letzt müssen wir auch noch verkraften, dass die Überzeugung „Arbeit kann nicht nett sein" durch viele Eltern vorgelebt und von der nachfolgenden Generation verinnerlicht wird. Auch sie handeln mit guten Vorsätzen, aber ohne zu erahnen, wie fatal diese Prägung für ihre Kinder ist.

Was aber passiert, wenn eine Mehrheit eine Minderheit mit einer Meinung konfrontiert? Wie geht diese Minderheit mit der Mehrheitsmeinung um? Bleibt sie bei ihrer Meinung, oder passt sie sich der Mehrheit an?

Diese Frage wurde im Rahmen vieler Konformitätsexperimente untersucht.[14] In einer dieser vielen Studien ging es um eine Gruppe von zehn Personen. Neun von ihnen waren vorab informiert, nur eine war die eigentliche Testperson. Sie wusste nichts davon, dass die anderen neun Teilnehmer keine Probanden waren.

Im Versuchsaufbau erhielt die gesamte Gruppe einige unterschiedlich lange Streichhölzer und hatte deren Länge zu beurteilen. Die Aufgabe der neun eingeweihten Mitspieler war es, dem zehnten Testspieler, also dem einzigen Probanden, steif und fest vorzugaukeln, dass alle Streichhölzer exakt die gleiche Länge hätten. Dann wurde beobachtet, wie der Proband damit umging. Obwohl die Streichhölzer erkennbar unterschiedlich lang waren, war zu beobachten, dass bei vielen Testpersonen und der immer gleichen Versuchsanordnung die jeweilige Testperson signifikant häufig die Meinung der neun anderen übernahm, obwohl dies offensichtlich falsch war!

Ähnliche Ergebnisse wurden bei einem anderen Versuch erzielt. Da ging es um neun Personen, die dem zehnten steif und fest vorzumachen hatten, dass die mathematische Aufgabe 4 mal 7 gleich 27 ist. Auch hier „knickten" signifikant viele Probanden ein. Unsinn setzt sich leider oft durch, wie wir feststellen müssen.

Neun Menschen in einer Gesellschaft meckern darüber, wie dämlich ihr Job ist. Was glauben Sie, zu welchem Ergebnis der zehnte kommt? Da muss man sich schon mal die Frage stellen, wie eigenständig wir unsere Meinungen und Haltungen einnehmen.

In diesem Zusammenhang möchte ich Sie mit einer weiteren Betrachtungsweise zu „versteckten Überzeugungen" vertraut machen:

Nach dem Prinzip der Resonanz – Gleiches zieht Gleiches an – gestaltet sich das Erleben am Arbeitsplatz genauso, wie wir es vorher vehement glaubten!

Wenn Ihnen der Begriff „Resonanz" nicht ganz so vertraut ist oder eher esoterisch erscheint, dann ersetzen wir diesen Begriff mit der sich „selbst erfüllenden Prophezeiung". Aus der Psychologie kennen wir den Umstand, dass, wenn wir nur intensiv genug etwas wiederholen und an etwas glauben, die Tendenz besteht, dass sich dieser wiederholte Gedanke oder der intensive Glaube an etwas tatsächlich realisiert! Wir bekommen nicht das, wovon wir nachts träumen oder was wir uns wünschen, sondern das, wovon wir überzeugt sind! Unsere Überzeugungen realisieren sich!

Jetzt erahnen Sie wahrscheinlich, was eine solche Überzeugung in der Gesellschaft mit der Gesellschaft und jedem Einzelnen von uns macht. Was sehen wir an einem Arbeitsplatz, wenn wir im Kopf haben: „Arbeit ist schrecklich"? Dann hilft uns das Gesetz der Resonanz genau, für diese Überzeugung Beweise zu finden. Zum einen erwarten wir zukünftig nichts Gutes mehr, nehmen zum anderen auch augenblicklich nichts Gutes mehr wahr. Gutes wird überzeugungsgemäß weggefiltert. Negatives springt uns aber förmlich an: „Worauf du deine Aufmerksamkeit lenkst, ist, was du kriegst!"[15]

Worauf muss sich ein Sportler konzentrieren, um zu siegen? Mehr auf die sehr wahrscheinliche Niederlage (nur einer steht am Ende oben auf dem Treppchen), oder auf die Überzeugung vom Sieg? Was meinen Sie?

Worauf konzentrieren sich arbeitende Menschen? Auf ihre Überzeugungen zur eigenen Arbeit. Und wie war die noch gleich?

Das Erschreckende an unserer eigenen Steuerung – an unserem Gehirn – ist, dass es in sich schlüssig bleiben möchte. Das bedeutet, dass unser Gehirn permanent mit der Aufgabe beschäftigt ist, unsere Überzeugungen (Glaubenssätze) beweisen zu müssen. Dabei ist es egal, wie sinnvoll oder unsinnig unsere Überzeugungen sind. Das Gehirn verteidigt sie! Eine Wahnsinnsaufgabe!

Wie absurd das werden kann, können Sie an der Bewertung von Vorgesetzten sehen. Zur Bestätigung der Überzeugung, dass Vorgesetzte unfähig sind, werden in der Wahrnehmung der Mitarbeiter Fehler von Vorgesetzten zehnmal stärker wahrgenommen, als man seine eigenen Fehler wahrnimmt. Man kann auch sagen: Fehler von Vorgesetzten wirken auf den Mitarbeiter zehnmal intensiver, als seine eigenen

Fehler. Diese eigenen Fehler werden hingegen eher verdrängt oder als nicht folgeträchtig trivialisiert. Noch besser: Die eigenen Fehler nimmt man im Durchschnitt nur zu einem Zehntel wahr. Damit liegt der Unterschied zwischen der Bewertung des Verhaltens einer Führungskraft und des eigenen Verhaltens bei Faktor 100! Einseitiger kann die Wahrnehmung nicht sein.

Bei einer solch verzerrten Wahrnehmung des Gegenübers und der eigenen Person findet unser Gehirn reihenweise „Beweise" dafür, dass der Vorgesetzte tatsächlich ein Idiot ist.

Dieses Phänomen erklärt auch, warum viele Menschen erst einmal skeptisch über ein Jobglück sind. Zufriedenheit in der Arbeit sprengt den Vorstellungsrahmen, der sich aus den eigenen Überzeugungen über lange Zeit gebildet hat. Da das Gehirn aber die eigene Überzeugung um jeden Preis beweisen und schützen will, schlägt es Großalarm, wenn da so eine verrückte Idee, wie „Glück im Job" wider jede Überzeugung um die Ecke kommt. Sofort wird vom Gehirn eine stark emotionalisierte Gegenmaßnahme eingeleitet: „Das kann doch nicht sein!", und es findet Gegenbeweise, die die Grundüberzeugung wieder zu bestätigen suchen.

Kein Wunder, dass bezüglich der Jobzufriedenheit so viel Skepsis herrscht. Es ist wie mit dem Placebo-Effekt. Da gibt man Menschen, die unter starken Schmerzen leiden, ein „Medikament" ohne wirksame Inhaltsstoffe, und erreicht damit (statistisch nachweisbar) tatsächlich eine Schmerzlinderung oder gar Genesung. Meist wird Zucker oder Stärke in Tablettenform, in Kapseln oder anderer Form verabreicht. Wichtig ist dabei, dass der davon Patient überzeugt ist, dass dieses Medikament Wirkung bringen wird. Mittlerweile gibt es sogar wissenschaftliche Abhandlungen über Placebo-Operationen an Gelenken, die, obwohl sie nur zum Schein durchgeführt wurden, dennoch positive Wirkungen zeigten.

Hieran können wir erkennen, welch tiefgreifende und spektakuläre Wirkung allein die ureigene Überzeugung auf uns selbst und auf die anderen Menschen hat. Die Wirkung von Überzeugungen und Glaubenssätzen läuft bei jedem von uns unbemerkt im Hintergrund unseres Bewusstseins ab, gemein oder?

Es gibt eine herrliche neuropsychologische Untersuchung[16], um zu zeigen, wie unbewusst wir zum einen auf Überzeugungen und zum anderen auf unbewusst wahrgenommene Reize reagieren:

In einer Firmenkantine steht ein großer Kaffeeautomat, an dem sich jeder Mitarbeiter gegen Bezahlung bedienen darf. Die Bezahlung erfolgt nicht per Münzeinwurf in den Automaten, sondern man bezahlt den Kaffee auf Vertrauensbasis, freiwillig in eine separate Münzdose. Sie ahnen es sicherlich schon. Einige bezahlen wirklich, andere nicht. Dann wurde der Versuchsaufbau leicht verändert. Am Kühlschrank, neben dem Kaffeeautomaten wurde ein kleiner Aufkleber angebracht, auf dem nur ein Augenpaar abgebildet war. Das Ergebnis war durchschlagend. Wesentlich mehr Mitarbeiter bezahlten den Kaffee!

Ein Aufkleber kann nicht schauen – logisch. Er ändert auch objektiv nichts an eigenen Grundwerten oder Moralvorstellungen. Das Spannende an dem oben beschriebenen Experiment war, dass die meisten Testpersonen den Aufkleber nach eigenem Bekunden nicht gesehen haben. Nur eine kleinere Gruppe nahm ihn wahr, erkannte aber die Bedeutung nicht und wusste schon gar nicht, welche Auswirkungen der kleine Aufkleber auf das eigene Verhalten haben wird.

Und dennoch hat dieser Aufkleber das Handeln von Menschen wesentlich beeinflusst. Neuropsychologisch wurde durch den Aufkleber im Gehirn der Testpersonen der Schalter „soziale Kontrolle" umgelegt. Mit anderen Worten: „Benimm dich ordentlich, du wirst beobachtet". Deswegen haben mehr Personen den Kaffee bezahlt, den sie ohne Aufkleber vielleicht „kostenlos" genossen hätten.

Hand aufs Herz: Wenn schon ein solch kleiner und unbedeutender Aufkleber einen so großen Einfluss auf unser Verhalten ausüben kann, dann können Sie erahnen, wie stark die Überzeugung „Arbeit ist schrecklich" auf unsere tägliche Arbeitszufriedenheit Einfluss nimmt und uns täglich herunterzieht. Wir müssen uns ernsthaft fragen: Kann man sich diesem Überdruck der Massenmeinung wirklich entziehen?

Wir können das Ganze auch mal mit einem Bildnis verdeutlichen. Stellen Sie sich vor, Sie möchten Sonnenblumen züchten. Sie benötigen dazu zunächst ein Feld mit fruchtbarem Boden. Nehmen wir aber an, dass der Boden nicht fruchtbar, sondern durch und durch mit Giftstoffen verseucht ist. Leider ist Ihnen das nicht aufgefallen. Sie waren von der Qualität Ihres Bodens fest überzeugt und kamen deshalb auch nicht auf den Gedanken, ihn vor dem Aussäen zu überprüfen. Sie säen hochwertigen Sonnenblumensamen, pflegen das Feld und sorgen dafür, dass dem Wachstum nichts im Weg steht. Aber nichts wächst. Das, was dabei herauskommt, sind keine goldgelb strahlenden Sonnenblumen, sondern eher ein deprimierendes Ergebnis – wie frustrierend. Genauso verhält es sich mit unserer Zufriedenheit im Job.

Was bitte soll aus unserer Arbeitszufriedenheit werden, wenn die Grundlage der Nährboden aus Überzeugungen, Glaubenssätzen, Resonanzen und sich selbst erfüllenden Prophezeiungen von vorne herein – traditionsbedingt – verunreinigt, vergiftet oder unfruchtbar ist?

Wir als Gesellschaft sind offensichtlich in Sachen Arbeit „unglücklich programmiert".

Irgendwie erscheint die Arbeit wie eine leichte Erkrankung. Man fühlt sich zwar schlecht, bleibt aber nicht zu Hause. Dieses Sich-schlecht-Fühlen ist zwar chronisch, reicht aber noch nicht aus, um etwas verändern zu müssen. Es fühlt sich eben „normal" an, man hat sich daran gewöhnt. Man schleppt sich hin. Es reicht nicht, um eine Gesundheitskrise, sprich Krankheit, festzustellen.

Mir ist sehr wichtig zu betonen, dass ich mich nicht für klüger halte, als Sie es sind! Dass Sie sich mit diesem Thema beschäftigen und dieses Buch in Ihren Händen halten, ist ja ein wichtiges Indiz dafür, dass Sie wie ich nach Antworten suchen und Ihnen auch der Schiefstand zur Einstellung zur Arbeit längst aufgefallen ist.

An dem Beispiel mit dem Kühlschrankaufkleber neben der Kaffeemaschine erkennen wir, dass es hier nicht um Klugheit oder Dummheit geht, wer sich wie beeinflussen lässt. Wir sind nicht „blöde", nur weil unser Gehirn anstrebt, an seiner Programmierung mit aller Kraft und mit subtilen Methoden festzuhalten. Mittlerweile glaube ich zutiefst, dass sich der Einzelne kaum oder nur mit größter Kraftanstrengung von der gesamtgesellschaftlichen Überzeugung über Arbeit distanzieren kann.

2.3 Die individuellen Überzeugungen – Selbsttäuschung leicht gemacht

Während wir eben noch im Kollektiv unterwegs waren, um zu untersuchen, welche Überzeugungen wir als Gesellschaft bezüglich Arbeitszufriedenheit haben und welche Irrtümer damit verbunden sind, konzentrieren wir uns nunmehr nur noch auf uns selbst. Was läuft bei jedem einzelnen von uns individuell sozusagen innerseelisch ab?

Konkret: Warum glauben Sie persönlich und wie kommen Sie zu der Überzeugung, dass Arbeit an sich einfach nur blöd ist?

Um es schon vorweg zu sagen: Weil wir uns unsere (schreckliche) Arbeitsrealität so machen! Mir ist völlig klar, dass ich jetzt maßlos provokant auf Sie wirken muss. Aber lesen Sie selbst und überzeugen Sie sich, wie wir uns hinsichtlich unseres Jobglücks regelmäßig selbst sprichwörtlich ins Knie schießen und dann täglich, Woche um Woche, Jahr um Jahr mies gelaunt zur Arbeit humpeln.

Der Gehalts- und Status-Irrtum

Beginnen wir damit, unsere Überzeugungen über Gehalt und Glück unter die Lupe zu nehmen. Fünf Aspekte werden wir dazu durchleuchten und unser Gehirn mächtig zum Glühen bringen. Auch hier erwartet uns so manche das Glück irreführende Überraschung.

1. Der Mehr-Einkommen-gleich-mehr-Zufriedenheit-Irrtum

Ein weit verbreiteter Glaube ist, dass mehr Geld auch mehr Glück bedeutet. Zunächst würden die meisten dieser Äußerung zustimmen. Passt, oder?

Fachleute, die sich mit dem Thema Zufriedenheit und Einkommen intensiv auseinandergesetzt haben, sagen aber etwas ganz anderes: „Wenn Menschen die Armutsgrenze hinter sich gelassen haben, trägt ein höheres Einkommen fast nichts mehr zu ihrem Glück bei!"[17]

Wie bitte? Ihr auf Konsistenz – besser gesagt: auf Sturheit – getrimmtes Gehirn müsste nun Alarmstufe Rot einleiten, rebellieren und sagen, „Das kann doch gar nicht sein"! Aber ich schieße noch ein Zitat zur Verstärkung hinterher: „Obwohl Länder reicher werden (also das

Einkommensniveau der Bevölkerung in den Ländern real steigt, Anm. d. V.), wird die Bevölkerung nicht glücklicher!"[18]

Und natürlich habe ich zur Beweissicherung auch noch einige Studien parat: Richard Layard verweist in seinem Buch[19] auf eine Studie, die zeigt, dass, obwohl in den Jahren 1965 bis 2000 das Pro-Kopf-Einkommen in den USA um unglaubliche 110 Prozent real (!) gestiegen ist, die Zahl der „sehr glücklichen Menschen" gleichzeitig aber beinahe konstant geblieben ist. Das Einkommen verdoppelt sich, die Zufriedenheit aber nicht, das erscheint uns paradox.

Genau dieses Phänomen wurde bereits in den 1970er-Jahren von dem amerikanischen Wirtschaftswissenschaftler Richard Easterlin beschrieben und ist seitdem in die Wirtschaftsliteratur als sogenanntes „Easterlin-Paradoxon" eingegangen.[20]

Mehr Einkommen bedeutet nicht automatisch mehr Glück.

Möglicherweise wird Ihr Gehirn jetzt einwenden, dass dies doch nur in den USA so möglich sei. Schließlich hört man immer wieder davon, dass die Amerikaner eher oberflächlich seien und allesamt ihren hauseigenen Psychiater brauchen. Wenn Sie aber einmal nach Deutschland schauen, wird Ihnen in dem eben bereits zitierten Glücksatlas eine sehr ähnliche Auswertung präsentiert. Darin heißt es: „Während das reale Bruttoinlandsprodukt pro Einwohner in den vergangenen Jahren um mehr als zwanzig Prozent angestiegen ist, ist die empfundene Lebenszufriedenheit (…) sogar eher abgesunken!"[21]

Kommen Sie schon, geben Sie es ruhig zu: Dieses Paradoxon hat Ihr Gehirn schwer getroffen, oder? Denn rein logisch betrachtet sollte doch ein höheres Einkommen auch höhere Glückswerte bescheren, oder?

2. Der schlimme Gewöhnungseffekt

Einige von Ihnen haben vielleicht schon mal von Lottomillionären gehört, die nur wenige Monate nach Auszahlung ihres Gewinns genauso glücklich oder unglücklich waren, wie vor dem Gewinn. Und genau so ist es auch. Man nennt es den Gewöhnungseffekt. Der wirkt natürlich auch bei Gehaltserhöhungen: „Mit der Zeit verliert sich dieses materiell begründete Glück (...). Langfristig hat eine Ausweitung des Einkommens somit nur einen begrenzten Effekt![22]"

Nach etwa vier Monaten empfindet der Lottomillionär das gleiche Glück, wie vor dem Gewinn! Dieser Gewöhnungseffekt ist nicht nur bei Lottomillionären untersucht worden und regelmäßig nachweisbar. Was glauben Sie, wie lange wohl das Glück über eine Lohnerhöhung über 2,4 Prozent wirkt, wenn die Millionen schon nach vier Monaten vergessen sind?

Als wäre dies alles nicht schon genug, um zu wissen, warum wir so schwierig mit Gehalt zufriedenzustellen sind. Es kommt noch ein weiterer Aspekt hinzu: Es ist die Anspruchsinflation.

3. Die Anspruchsinflation treibt uns erst recht ins Unglück

Dem „Gewöhnungseffekt" folgt die Inflation der Ansprüche. Selbst nach einem Millionengewinn im Lotto wollen wir mehr. Es muss mehr sein, mehr werden. Wie es scheint, gibt es kein Genug! Bildlich gesprochen wollen wir nicht nur den kleinen Finger; wir tendieren dazu, sofort die ganze Hand abzureißen. Und das, ohne zu erkennen, dass die „abgetrennte Hand" uns vielleicht täglich ernährt. „Einkommen ist wichtig für Glück, aber immer mehr Einkommen führt nicht zu immer mehr Glück."[23]

4. Gehaltseinschätzung: Die Unfähigkeit zur Selbsteinschätzung garantiert Jobfrust

Im Zusammenhang mit den gesellschaftlichen Irrtümern habe ich Ihnen schon erläutert, dass wir dazu tendieren, eigene Fähigkeiten höher einzuschätzen als die der anderen. Nennen wir es mal die Unfähigkeit zur Selbsteinschätzung oder konkreter: die Tendenz zur Selbstüberschätzung. In aller Regel schätzen wir uns im Job selbst besser ein, als die anderen es tun. Wir möchten demzufolge natürlich auch mehr Geld verdienen, es passiert aber nicht. Eine weitere Quelle zur permanenten Unzufriedenheit?

Tatsache ist, dass die Selbsteinschätzung nicht wirklich zuverlässig funktioniert. „Diese Selbsteinschätzung ist schön für unser Selbstwertgefühl, aber schlecht für unsere Gehaltszufriedenheit."[24]

In der Psychologie wird dieser Effekt als „Above-Average-Effekt" bezeichnet. Er beschreibt die menschliche Tendenz, sich selbst als überdurchschnittlich gut wahrzunehmen. So ergaben Untersuchungen mit Autofahrern, dass 90 Prozent der Befragten sich als überdurchschnittlich gute Fahrer bezeichneten und – bei einer Befragung unter amerikanischen Professoren – 94 Prozent davon überzeugt waren, besser als der Durchschnitt der Kollegen zu sein. Bei der Bewertung der eigenen Arbeitsleistung zeigt sich leider auch der „Above-Average-Effekt".

Mathematisch ist es unmöglich, dass fast alle über dem Durchschnitt liegen. Aber wer würde sich schon bei seiner Arbeit als unterdurchschnittlich sehen wollen und sich deshalb ein geringeres Gehalt zusprechen? Ich weiß, dass man sich mit solchen Feststellungen unbeliebt macht. Aber ich weiß auch, wie hilfreich es ist, die eigenen Gehaltsvorstellung zu hinterfragen, denn wir können hierdurch zufriedener werden: „Wenn es um unser eigenes Gehalt geht, setzt bei uns oft jeder Sinn für Realität aus."[25]

Konkreter formuliert:

*Wenn ich mich andauernd besser im Job einschätze als meine
Kollegen, aber alle gleich (oder ähnlich) viel verdienen,
rase ich direkt auf die Enttäuschung und den Arbeitsfrust zu.*

5. Das Tödliche am Gehaltsvergleich

Eine weitere höchst ungünstige Eigenschaft, die uns endgültig unser Gehalts- und Jobglück vermiesen könnte, ist der Vergleich. Wir vergleichen uns. Fast immer, in fast allen Lebenslagen und erst recht beim Gehalt, leider!

Die Zufriedenheit mit dem Gehalt hängt weniger mit der Höhe der Vergütung zusammen, sondern mehr mit dem Glauben, im Vergleich mehr als die anderen zu verdienen. Es geht also häufig nicht um die Frage, ob wir verdienen, was uns zusteht, sondern darum, dass wir mehr als die anderen verdienen, weil wir – natürlich! – mehr als die anderen leisten. So denken wir jedenfalls. Jetzt wird auch klar, warum das Gehalt häufig als zu gering eingeschätzt wird. Es wird immer Kollegen geben, die vermeintlich „schlechter" sind, aber mit einem höheren Einkommen dafür auch noch belohnt werden. Ein berühmter dänischer Philosoph fand passende Worte hierzu: „Das Vergleichen ist das Ende des Glücks und der Anfang der (eigenen, Anm. d. V.) Unzufriedenheit."[26]

Unser Wahn, zu vergleichen, fördert unsere Unzufriedenheit im Job und unsere Gewohnheit, Arbeit abzuwerten.

Moderne psychologische Experimente untermauern genau diese Erkenntnis: Man stelle sich beispielsweise vor, man werde vor die Entscheidung gestellt, entweder ein Jahreseinkommen von 30.000 Euro zu beziehen, während die anderen nur über ein geringeres Einkommen von 15.000 Euro verfügen. Oder man stelle sich vor, ein Jahreseinkommen von 60.000 Euro zu beziehen, während die anderen ein höheres Einkommen von 120.000 Euro erhalten. Obwohl die zweite Wahlmöglichkeit ein doppelt so hohes Gehalt offeriert (60.000 statt 30.000), stellt diese Frage die meisten Menschen vor keine leichte Aufgabe. Tatsächlich entschieden sich 50 Prozent (!) der Befragten für nur halb so viel Einkommen (30.000 Euro statt 60.000).[27] Und das nur, um unbedingt zu denen zu gehören, die im Vergleich besser wegkommen, auch wenn sie dadurch insgesamt für ihr Leben weniger im Portemonnaie haben. Ist das nicht unglaublich?

In einem Buch von Volker Kitz und Manuel Tusch[28] wird das gleiche Phänomen identifiziert und darüber hinaus auch neurowissenschaftlich bestätigt. Statt eines Höchstbetrages an Lohn für die eigene Arbeit, wählen Personen lieber die Variante mit geringerem Einkommen, wenn sie damit aber *über* den Einkommen ihrer Mitmenschen liegen.

Mit bildgebenden Verfahren haben Wissenschaftler während der Untersuchung die Durchblutung des Probandengehirns gemessen. Dabei wurde die starke Durchblutung des sogenannten Belohnungssystems dann nachgewiesen, wenn der Proband das Gefühl entwickelte, dass die jeweils anderen deutlich weniger Gehalt erhielten als er selbst. Bei gleicher Entlohnung wurde das Belohnungssystem kaum aktiviert.

Wir können darüber hinaus feststellen, dass, sofern man sich benachteiligt fühlt, es latent zu einem Gefühl von Neid kommt. Der Neider sieht eben nur das schöne Blumenbeet vom Nachbarn, nicht aber den Spaten, der darin steckt. Und hierbei ist zu beachten, dass eine Neid-Kultur immer auch eine Frust-Kultur bedeutet.

Na, rebelliert Ihr Verstand immer noch? Spaß beiseite. Wir müssen einsehen, dass wir auch unter dem Gesamtaspekt der Gehaltszufriedenheit unglücklich programmiert sind!

Nicht nur der Irrglaube, dass mehr Gehalt automatisch mehr Jobzufriedenheit bedeute, ist ein Problem. Wir gewöhnen uns, wenn wir eine Gehaltserhöhung erreicht haben, zu schnell an ein höheres Gehaltsniveau und schrauben unsere Ansprüche danach gerne noch etwas höher. Dass wir uns im Vergleich zu Kollegen auf derselben Hierarchiestufe als überdurchschnittlich fit im Job einschätzen und wir es von daher als ungerecht empfinden, „nur das gleiche Gehalt zu erhalten", ist für uns unbefriedigend. Dass wir uns aber überhaupt vergleichen, ist meist ein Schritt Richtung Unglück. Dasselbe gilt natürlich auch für das Thema „Status".

Nun will ich Sie nicht dazu anstiften, Ihren Chef um eine Gehaltskürzung zu bitten, um glücklicher zu werden. Nicht im Entferntesten! Auch will ich nicht, dass Sie grundsätzlich darauf verzichten, eine Gehaltserhöhung bei Ihrem Chef zum Thema zu machen. Aber die Frage muss erlaubt sein, in wie vielen Fällen wir uns mit unseren Überzeugungen, Vorstellungen und Ansprüchen hinsichtlich des Gehalts einen Gefallen tun.

Der Opferhaltungs-Irrtum

Stellen wir uns einmal folgende typische Situation im Arbeitsleben vor: Der Chef betritt ein Büro, in dem drei Mitarbeiter arbeiten. Ihnen ist ein Fehler unterlaufen, an dem alle drei Anteil haben. Der Chef macht seinem Ärger Luft. Er hält einen fünfminütigen Vortrag und beschreibt, wie blöde dieser Fehler für ihn und das Unternehmen ist. Er meckert, motzt herum und haut so richtig seinen Ärger heraus. Dann dreht er sich auf dem Absatz um und verlässt die Tür zuschlagend das Büro.

Die drei Mitarbeiter sitzen zunächst sprachlos da. Schauen wir uns mal an, wie jeder einzelne jetzt reagiert.

Die erste Person wird sagen: „So ein Arsch!" Der Mitarbeiter regt sich darüber auf, was für ein gemeiner Kerl der Chef doch ist. Er habe ja schließlich gemeine Sachen gesagt. Das hätte er nicht tun dürfen. Der Mitarbeiter fühlt sich in hohem Maße ungerecht angemacht, als Opfer der Situation und vor allem als Opfer des Chefs.

Die zweite Person wird sagen: „Der Alte spinnt heute wieder! Der hatte wieder seine wirren fünf Minuten." Der Mitarbeiter lässt aber nichts an sich herankommen. Kaum, dass der Chef gegangen ist, ist für ihn die Sache auch schon wieder erledigt.

Die dritte Person wird sagen: „Leute, also der Tonfall ging gar nicht, aber mal Spaß beiseite, sachlich gesehen hat er recht. Da haben wir echt Mist gebaut."

Eine solche Situation oder ähnliche Vorfälle haben Sie vielleicht schon selbst erlebt oder zumindest von anderen erzählt bekommen. Welche der drei Personen in dieser Geschichte möchten Sie sein? Und nun Hand aufs Herz: Wer von den Dreien sind Sie wirklich?

Wenn Sie sich die jeweiligen Reaktionen vor Augen führen, so werden Sie feststellen, dass jeder der drei Mitarbeiter rein objektiv betrachtet die gleiche Situation erlebt hat. Aber was heißt hier objektiv? Wir erkennen schnell, dass bei jedem der Beteiligten die Wahrnehmung und die anschließende Reaktion offensichtlich höchst subjektiv und damit höchst individuell erfolgt ist!

Wie durch einen unsichtbaren Filter aus Einstellungen, Tagesstimmungen, Glaubenssätzen und Überzeugungen wurde der Auftritt des Chefs sehr unterschiedlich wahrgenommen.

Wie Sie schon wissen, kann bei einer negativen Überzeugung unmöglich eine positive Bewertung der Situation erfolgen. Dafür sorgt unser Gehirn, das immer konsistent sein möchte.

Als Gesprächsanalytiker bin ich geschult, anhand verbaler Reaktionen abzuleiten, welche Stimmungen und ganz besonders welche Programmierung und welche Überzeugungen bei meinem Gesprächspartner vorliegen. An dem, was die Beteiligten äußern, ist abzulesen, welche Überzeugung ihre Wahrnehmung bisher beeinflusst hat.[29]

Entscheidend ist an dieser Stelle die Frage: Bei welchem der drei Angestellten nimmt die Arbeitszufriedenheit den größten Schaden?

Wem hat der Ausraster des Chefs nicht nur die Laune, sondern sogar den ganzen Arbeitstag ruiniert? Wer von den Dreien humpelt am Abend mies gelaunt nach Hause?

Während sich die zweite und dritte Person nicht die Laune haben verderben lassen, meckert die erste Person eine ganze Menge. Sie sieht sich als Opfer des Chefs. Ihr Tag ist gelaufen. Ihr Tag war für die Tonne.

Und jetzt kommt die alles entscheidende Frage: Wer hat entschieden, dass er nach Hause humpelt? Wer hat entschieden, sich die Laune verderben zu lassen?

Zwar hat das Verhalten des Chefs eine Rolle gespielt, und er hat es verdient, unter vier Augen auf seinen Tonfall hingewiesen zu werden. Doch (im richtigen Ton) muss jeder Mensch über Fehler bei der Arbeit reden können. Ein Mitarbeiter nimmt das Verhalten, besonders natürlich die Entgleisungen von Vorgesetzten oft zum Anlass, sich den Tag vermiesen zu lassen, doch muss es wirklich so oft sein? Kann es sein, dass man sich nicht sofort als Opfer wahrnehmen muss?

Nein, das muss man zum Glück nicht. Man unterschätzt die eigenen Reaktionsmöglichkeiten. Man muss sich nicht entscheiden, von nun an bedrückt zu sein. Man kann unterscheiden zwischen der Sachebene, auf der der Vorgesetzte recht hatte, und der sprachlichen Ebene, auf der der Vorgesetzte falsch lag. Die Kritik kann man auf der Sachebene annehmen und einen Weg suchen, mit dem Chef über die verbale Entgleisung zu sprechen. Zu gewinnen ist, dass der Chef seine ungeschickte Art, Kritik zu äußern, überdenkt und ändert. Zu gewinnen ist außerdem, dass der Mitarbeiter einen tatsächlichen Fehler bei der Arbeit erkennt und weitere Fehler dieser Art zu vermeiden lernt. Zu gewinnen ist darüber hinaus noch etwas sehr Wichtiges: Der Mitarbeiter entscheidet sich, nicht unglücklich zu werden. Nur so kann er ein sachliches Problem (Fehler bei der Arbeit) und ein Beziehungsproblem (Kommunikation Chef–Mitarbeiter) lösen.

Diese simple Geschichte zeigt doch eindrucksvoll, wie viel Macht jeder von uns über seine eigene Arbeitszufriedenheit hat.

Wir haben bei weitem mehr Macht über unsere eigene Arbeitszufriedenheit, als wir glauben.

Sie wissen inzwischen von der Angewohnheit unseres sturen Gehirns, für Beständigkeit zu sorgen, indem es uns dazu bringt, Gewohnheiten und Altbekanntes zu bestätigen. Arbeit ist „schrecklich". Ein nörgelnder, gemeiner Chef bestätigt dieses (Vor-)Urteil. Man ist in der Opferrolle. Wieder einmal ist man da, wo man sich bisher gedanklich stets eingerichtet hat. Doch wir treten auf der Stelle, wenn wir auf unsere Gewohnheiten und auf unser Gehirn hören. Je öfter wir unseren schlimmen Gewohnheiten widersprechen, umso höher wird die Wahrscheinlichkeit, dass unser Gehirn andere Signale durch den Körper schickt und wir weniger Stress spüren. Wir reagieren dann seltener als Opfer, bis wir uns nichts mehr vermiesen lassen und auf Konflikte für alle Seiten konstruktiv reagieren. Wir gehen dann öfter unbelastet nach Hause.

Ungewohnt: Das (Glücks-)Zepter selbst in die Hand nehmen

Ich möchte Ihnen ein weiteres Beispiel geben: Da ist ein Mitarbeiter in einem Ingenieurbüro, lange Jahre schon etabliert und aus seiner Sicht auch anerkannt. Er möchte eine höhere und besser dotierte Stelle. Das Problem: Er wird nicht berücksichtigt. Jüngere ziehen an ihm vorbei, und irgendwann ist ihm klar, dass er eine höhere Position nicht bekommen wird. Nach Jahren des Wartens weiß er, dass es in dieser Firma für ihn nicht weitergehen wird. Er ist frustriert, schleppt sich täglich zur Arbeit und ist wegen fehlender Chancen im Unternehmen unmotiviert. Die Folge: Die Arbeitsleistung sinkt, der Frust und gleichsam der Druck auf ihn wird immer größer.

Warum hat er Frust? Weil da jemand täglich zu ihm gemein ist? Nein, weil er immer noch da ist! Weil er immer noch in der unbefriedigenden Situation verbleibt. Weil er über Jahre versäumt hat abzuhauen und sich etwas anderes zu suchen.

Aber, wer hat entschieden, dass er da sitzen bleiben und Frust einsacken soll? Wer hat entschieden, dass er angeblich keine Alternative hat? Wer hat ihn zum Opfer der Situation gemacht? Wer sollte die Schuld an dieser Arbeitsunzufriedenheit tragen? Seine Geschäftsführer, seine Kollegen?

Nein, es muss hier nicht die Schuldfrage gestellt werden, sondern es muss gehandelt werden – er muss handeln. Und genauso wenig müssen wir hier die Schicksalsfrage dieses Mannes diskutieren.

Wer überzeugt ist, dass er bei Kollegen und Vorgesetzten Opfer ist und keine Alternative hat, kann im Job nicht zufrieden werden.

Natürlich kann man die Kollegen und den Chef nicht mal eben ändern, aber seinen Anteil an der Situation sehen; und seinen eigenen Anteil zu verändern, das ist möglich. Sich aber in eine Opferrolle zu verkriechen, das ist fatal.

Wer hat jeden Tag die Macht, darüber zu entscheiden, wie er etwas sieht, erlebt und bewertet? Das bist *du* … sorry, das sind *Sie*!

2.4 Die Jobglücks-Formel – huch, ist das einfach!

Ich möchte Ihnen nun eine Formel vorstellen, die wir benötigen, um zwei weiterer unserer hartnäckigen „Irrtümern" auf die Schliche zu kommen. Chip Conley hat sogenannte Lebensweisheiten in mathematische Formeln umgesetzt und das Thema Unzufriedenheit auf die folgende Formel gebracht[30]:

Unzufriedenheit = Erwartungshaltung – Realität

Da wir uns aber mit dem Thema Zufriedenheit beschäftigen, habe ich sie zu einer „Jobglücks-Formel" umgestellt:

Job(Z)ufriedenheit = Job(R)ealität – (E)rwartungshaltung
Abgekürzt: Z = R – E

Die Zufriedenheit eines Menschen im Job ist die Differenz zwischen der erlebten Realität und der eigenen Erwartungshaltung an diese Realität. Sie sind zufrieden, wenn Ihre Arbeitsrealität mehr bietet, als Ihre Erwartung fordert.

Ein Beispiel aus dem Privatleben: Sie sind super zufrieden, wenn Sie ein Drei-Sterne-Hotel gebucht haben (Erwartungshaltung) und in einem Vier-Sterne-Hotel untergebracht werden (Realität). Umgekehrt sind Sie enttäuscht, wenn Sie ein Vier-Sterne-Hotel bezahlt haben, aber in einem Drei-Sterne-Hotel Ihren Urlaub verbringen müssen.

Auch wenn die Formel auf den ersten Blick ein wenig trivial klingt, sie ist ganz im Gegenteil der absolute Knaller! Sie können mit ihr nahezu alle Lebenssituationen und Ihr gesamtes Lebensglück analysieren.

Ob Sie nun Erwartungen an die Partnerschaft, an Ihre Kinder, an Kollegen oder an Ihre Vorgesetzten hegen – am Ende entscheidet immer die Frage: Passen Ihre Erwartungen zur tatsächlichen Situation und Person oder sind sie zu hoch? Wenn sie zu hoch sind, ernten Sie Enttäuschung und Unzufriedenheit, so einfach ist das.

Im Kontext dieses Buches muss ich sicher nicht ausdrücklich erwähnen, dass diese Formel ganz besonders für die Zufriedenheit im Job von größter Bedeutung ist. Schon an der Frage Ihrer Zufriedenheit mit dem Gehalt können Sie sehr genau erkennen, dass sie zuverlässig funktioniert.

Wenn Sie die Formel vereinfachen wollen, können Sie sagen:

Glück = Haben – Wollen

Wenn Sie es ein wenig philosophischer lieben, kann ich mit diesem Zitat dienen: „Es gibt nur zwei – und nur zwei – Wege, auf denen jeder und jede von uns versuchen kann, glücklicher zu werden: das, was wir haben, dem anzunähern, was wir wollen, und das, was wir wollen, dem anzunähern, was wir haben."[31]

Ich gebe zu, dieses Zitat muss man unter Umständen zweimal lesen. Aber erkennen Sie nicht auch, dass es irgendwie absurd erscheint, wenn wir zwar der Überzeugung anhängen, dass die Arbeit, der wir nachgehen, ätzend ist, aber wir die Erwartungen – wider jede Erfahrung – hochschrauben? Wir erwarten, vom Chef ordentlich behandelt zu werden. Wir möchten zuvorkommende, wertschätzende Kollegen haben und einer anspruchsvollen Tätigkeit nachgehen. Wir möchten gefordert, aber nicht überfordert werden. All das möchten wir.

Obwohl wir uns sicher sind, dass die Arbeit eher nur suboptimale Zufriedenheit bringt, ist unsere Erwartungshaltung nahezu immer größer als unsere „Realität". Dann ist doch auch klar, dass wir niemals wirklich zufrieden werden können!

Nur so lässt sich die Unzufriedenheit der Arbeitnehmer mit einem „Luxusarbeitsplatz" erklären. Ihre Erwartungshaltung ist immer noch größer, schöner und aussichtsreicher, als es die Realität hergibt. Trotz fantastischer Arbeitsbedingungen stellt sich Frust ein.

So verhält es sich aber auch umgekehrt: Es gibt Menschen, die in objektiv schlimmen Jobs dennoch halbwegs Zufriedenheit ausstrahlen. Die individuelle Erwartungshaltung ist so niedrig, dass selbst schreckliche Unternehmen und deren Führungsetagen es nicht vermögen, die Mitarbeiter in die Unzufriedenheit zu treiben. Wer nichts oder kaum etwas erwartet, kann nicht so schnell enttäuscht werden.

Offensichtlich ist unsere Zufriedenheit im Berufsalltag von zwei Variablen anhängig: zum einen von der Realität und zum anderen von unserer Erwartungshaltung.

Variablen? Soll das etwa bedeuten, dass die Realität *und* unsere Erwartungen an sie variabel sind? Lässt sich etwa beides ändern?

2.5 Die Relativität der Realität – und dann sind da noch meine Erwartungen

Schauen wir uns diese Veränderbarkeit mal genauer an und beginnen zunächst mit der Variabilität unserer Erwartungshaltung:

Der „Ich-kann-meine-Erwartungen-nicht-verändern"-Irrtum

Vor einigen Jahren habe ich auf einer unserer vielen Weihnachtsfeiern eine Äußerung von mir gegeben, über die sich eine Mitarbeiterin sehr geärgert hat. Sie sprach mich später darauf an und erklärte mir ihre Enttäuschung.

Ja, rein sachlich hatte sie recht. Was ich auf der Weihnachtsfeier gesagt habe, war nicht besonders einfühlsam – kurz gesagt: blöde! Leider half meine Entschuldigung nicht wirklich. Das Bauchgrummeln blieb hartnäckig.

Da eine weitere Entschuldigung[32] auch noch nicht ausreichte, ihre Zufriedenheit wiederherzustellen, musste das „Restproblem" wohl an anderer Stelle liegen. Und so fragte ich sie: „Du, sag einmal, wir arbeiten jetzt schon mehr als zehn Jahre zusammen, oder?" „Ja!", sagte sie.

„Wir haben bisher immer einen super Umgang miteinander gepflegt, waren immer fair zueinander. Du weißt schon, dass ich dich und euch nicht gemein behandeln möchte, sondern immer versuche, mich ordentlich euch gegenüber zu verhalten." Sie: „Ja, ja, ja, ja, ja! Das stimmt, da hast du recht. Genau."

Auf unsere Situation zurückkommend, fuhr ich fort: „Jetzt habe ich einmal etwas echt Blödes gesagt. In tausenden von Situationen habe ich mich dir gegenüber ordentlich verhalten. Liege ich dann aber einmal daneben und entschuldige mich dafür, bleibst du verschnupft. Was erwartest du von mir? Einen Übermenschen, der nie einen Fehler macht?"

Es wurde offensichtlich, dass das eigentliche Problem in ihrer astronomischen Erwartung an mich als Chef bestand. Deswegen „musste" sie unzufrieden bleiben. Es war die zu hohe Erwartung an mich. Ziehen wir von der guten Realität eine viel zu hohe Erwartungshaltung ab, dann kommt dennoch Unzufriedenheit heraus. So simpel kann das sein.

Sie wurde ihren Frust nur los, in dem ihr klar wurde: „Hey, der Typ ist kein Übervater, kein Überchef und auch kein Übermensch." Schraubte sie ihre Erwartungen auf ein realistischeres Maß herunter, erkannte sie, dass sie mit mir gut sprechen und fantastisch zusammenarbeiten konnte, so wie in letzten zehn Jahren.

An diesem kleinen Beispiel ist gut zu erkennen, dass die Erwartungshaltung in hohem Maße relativ ist und in jedem Fall auch für jeden individuell veränderbar, also variabel. Allerdings geht das nur, wenn man mal seine eigene Erwartungshaltung hinterfragt!

Apropos Führungskraft und die Erwartungshaltung. Erinnern Sie sich noch an die Themen „Selbsteinschätzung" und „angemessenes Gehalt"? (In Kürze: Ein Mitarbeiter tendiert dazu, die Auswirkungen seiner eigenen Fehler durch zehn zu dividieren und trivialisiert sie dadurch. Die Fehler seiner Führungskräfte multipliziert er hingegen mit zehn und bauscht sie damit auf.)

Wir können vor diesem Hintergrund unschwer erahnen, dass Mitarbeiter dazu neigen, ihre Erwartungshaltung an ihre Vorgesetzten eher zu hoch anzusetzen. Mit Blick auf unsere Formel ($Z = R - E$) wissen wir auch, wie zerstörerisch übertrieben Erwartungen für unsere Zufriedenheit sind. Am Ende „muss" der Mitarbeiter unzufrieden werden.

Jetzt sollte klar sein, dass die Erwartungshaltung keine fixe Größe ist. Wir können sie verändern. Sie ist wirklich eine Variable. Nach der Formel $Z = R - E$ können wir offensichtlich das Maß unserer eigenen Zufriedenheit selbst beeinflussen!

Hand aufs Herz: Wer hatte das wirklich auf seinem Radar? Und noch einmal:

Die eigene Erwartung ist veränderbar und kann auf die jeweilige Realität eingestellt werden!

Wir müssen uns Folgendes noch vor Augen halten: Früher war Arbeit hierarchisch strukturiert, es galt, der Autorität Gehorsam entgegenzubringen. Es ging um Pflichterfüllung. Den eigenen Körper zu schinden galt als notwendig. Heute hingegen finden wir viele Individualisierungstendenzen. Die Menschen wollen sich bei der Arbeit selbst verwirklichen. Sie haben weniger Lust auf Autoritätshörigkeit wie früher. Sie lehnen solch ein Gehabe eher ab. Heute lieben wir möglichst viele Freiheiten und können nur schwer mit Ungerechtigkeiten umgehen und leben.

Die Tendenz zur Individualisierung, zur Freiheit und Selbstverwirklichung erhöht leider auch die Erwartungshaltung an den Job und an die Führungskräfte. Noch vor wenigen Jahrzehnten war die Erwartungshaltung geringer. Die arbeitenden Menschen waren absurderweise zufriedener. Die Rahmenbedingungen waren schlechter, die Erwartungshaltung war glücklicherweise noch viel geringer, und so konnten die Menschen leichter ihre Jobzufriedenheit finden.

Über die letzten Jahrzehnte scheint die Erwartungshaltung vieler Menschen an die eigene Verwirklichung im Beruf enorm gestiegen zu sein. Da die Realität nicht im gleichen Tempo mitgewachsen ist, verwundert es nicht, dass die gestiegenen Erwartungen automatisch Unzufriedenheit nach sich ziehen.

Nicht erfüllte Erwartungen sind Gift für das Jobglück.
An die Realität angeglichene Erwartungen sind Vitamine.

Wenn ein Mensch zu viel erwartet, drücke ich es als Gesprächsanalytiker so aus:

Was auch immer er erwartet,
er wartet, er wartet und wartet,
Bis er enttäuscht ist.
Was hat ihn ent-täuscht?
Wo hat er sich ge-täuscht?
Etwa in seiner Er-wartungs-Haltung?

Der Realitäts-Irrtum

Dass die Realität so ist, wie sie ist und nicht veränderbar sei, wurde uns schon früh vermittelt. Sie gilt als festgeschrieben und ist weder flexibel noch relativ zu verstehen. Dies scheint eine weit verbreitete Überzeugung zu sein.

Erinnern wir uns aber noch einmal an das Beispiel mit dem meckernden Chef. Da gab es drei Mitarbeitertypen, die ihn sehr unterschiedlich wahrnahmen: Der erste Mitarbeiter war sauer, dem zweiten war es egal und der dritte betrachtete die Situation sachlich reflektiert.

Objektiv haben alle drei dieselbe Realität erlebt, keine Frage. Aber dennoch hatten alle drei Beteiligte ihre eigene Sicht auf dieses Ereignis. Die erste Person fühlte sich als Opfer und ließ sich den Tag verderben, während die dritte Person die Situation analysierte und in der Lage war, die Beziehungs- von der Sachebene zu trennen.

Würde man die drei Mitarbeiter befragen, würden wir sehr unterschiedliche Geschichten hören. Der erste würde über eine Horrorsituation und einen insgesamt versauten Tag berichten. Aus ihm spricht die geschundene Opferseele.

Die dritte Person in unserem Beispiel würde berichten, dass der Chef das Team auf einen berechtigten Fehler hingewiesen, sich aber im Ton vergriffen habe.

Wer hat die Situation richtig eingeschätzt? Welche Realität ist richtig? Wie wir sehen konnten, ist sie offensichtlich relativ. Das größte Glückspotenzial hat der dritte Mitarbeiter.

Die Wahrnehmung der Realität ist relativ!

Um dies noch besser zu verstehen, schauen wir uns mal die Verarbeitungsweise unseres Gehirns an. Vielen hilft es, sich die Funktionsweise ganz grob (und an dieser Stelle ausnahmsweise ziemlich unwissenschaftlich dargestellt) wie folgt vorzustellen:

Unser Gehirn ist umspannt von vielen Filtern, so, als wenn man mehrere Mützen auf dem Kopf trägt. Diese Mützen oder Filter stellen unsere Überzeugungen dar und entscheiden, in welchem Gehirnareal das Wahrgenommene verarbeitet und damit auch interpretiert werden soll.

Jeder diese Filter wirbt für eine Überzeugung. So können wir etwa einen Filter zum Thema Arbeit besitzen, der die Programmierung trägt: „Arbeit ist schrecklich" oder „Ich bin sehr kritisch, wenn es um meine Arbeit geht".

In der beschriebenen Situation mit dem motzenden Chef sorgt der Filter des ersten Mitarbeiters dafür, dass seine Wahrnehmung in die Region des Gehirns geleitet wird, die für Ärger zuständig ist. Der Filter leitet die Wahrnehmung sozusagen unbewusst reflexartig an das Zentrum fürs „Ärgern" weiter. Und noch etwas passiert: Das Gehirn feiert sich und sagt: „Wusste ich's doch! Das ist wieder mal ein Beweis dafür, dass meine Überzeugung richtig ist. Mir macht man nichts vor! Arbeit ist eben schrecklich!"

Und so interpretiert unser Gehirn nicht nur alles Wahrgenommene zu seinen Gunsten, sondern sucht förmlich nach Beweisen für sein eigenes Weltbild. Das Gehirn schafft es sogar, Ereignisse zu ignorieren, die der eigenen Überzeugung widersprechen. Immerzu ist unser Gehirn damit beschäftigt, Beweise für unsere tiefsten Überzeugungen zu suchen und zu finden. Alles Entlastende, das den Überzeugungen widersprechen könnte, wird einfach übersehen oder als Falschmeldung interpretiert. Das Gehirn will eben immer recht behalten.

Unsere Realität ist die Summe aus den eigenen Überzeugungen übers Leben und damit höchst individuell. So gesehen gestalten wir unsere eigene Wirklichkeit über unsere Glaubenssysteme.[33] Anders gesagt: Die Realität ist eben relativ und in einem hohen Maße von meinen inneren verborgenen Überzeugungen abhängig.

Kurz gesagt:

Jeder macht sich seine eigene (Arbeits-)Realität.

Solange unsere innerste Überzeugung von einer „schrecklichen Arbeit" ausgeht, werden wir Beweise über Beweise finden, die genau dies bestätigen. Entlastung, also Gegenbeweise zu diesem Thema, werden in den Gehirnmülleimer mit der Aufschrift „Kann gar nicht sein, ist totaler Quatsch!" verschoben und dann gelöscht.

2.6 Steigere deine Jobglücks-Kompetenz – die Wiederholung macht's!

Zu Beginn dieses Buches habe ich Sie mit den Fragen konfrontiert, warum die Menschen so skeptisch gegenüber der eigenen Arbeit eingestellt sind, warum so viele ihre Arbeit als schrecklich empfinden, warum sie dies als normal ansehen und vor allem, warum sie an dem Dauerfrust festhalten (wollen).

Wir können davon ausgehen, dass es eine ganze Reihe von Unternehmen gibt, die ihre Mitarbeiter tatsächlich schlimm behandeln. Sie geben wenig Anlass für Arbeitszufriedenheit. Sie bestätigen die Überzeugung der Mitarbeiter, dass Arbeit blöd sei. Das will ich auf keinen Fall in Abrede stellen.

Aber es gibt zahllose Jobs, die an sich völlig in Ordnung, die Mitarbeiter aber dennoch im hohen Maße unzufrieden sind. Wie kann das denn sein? Das muss uns doch stutzig machen.

Auf der Suche nach Antworten sind wir über acht gesellschaftlich manifestierte Überzeugungen gestolpert, mithilfe derer wir uns tagtäglich die Arbeitslaune verderben lassen, und die sich allesamt als Irrtümer herausgestellt haben.[34]

Auf der gesamtgesellschaftlichen Ebene fanden wir viele Überzeugungen, die sich als Irrtümer herausstellten. Weil schlechte Gewohnheiten uns wegen ihres Sichwiederholens in Fleisch und Blut übergegangen sind, brauchen wir eine Wiederholung besserer Grundsätze, damit die neuen Gewohnheiten die alten allmählich ablösen können. Daher brauchen wir hier eine Wiederholung unserer Irrtümer:

1. Der Arbeit-ist-Mühsal-Irrtum: Viele tragen die tief in sich verankerte Überzeugung mit sich herum, dass Arbeit Mühsal bedeutet und kräfte- wie auch körperverzehrend ist. Sie leiden selbst bei deutlich verbesserter Arbeitstechnik und Automatisierungen immer noch genau so, als müssten sie den Motorblock noch persönlich in die Karosserie hineinwuchten.

2. Der Work-Life-Balance-Irrtum: Meines Erachtens hat die gesamte Literatur über die Work-Life-Balance diese Einstellung zur Arbeit noch einmal negativ verstärkt. Wenn die Arbeit nahezu das Gegenteil vom Leben ist, dann stimmt da etwas Wesentliches nicht. Die Freizeit kann den „Lebensschmerz der Arbeit" nicht kompensieren. Beides, die Arbeit und die Freizeit, dürfen nebeneinander gleichsam Freude, Zufriedenheit und Glück bedeuten.

3. Der „Je-bekloppter-die-Gesellschaft-umso-bekloppter-die-Arbeit"-Irrtum: Dass die neuen schrecklichen gesellschaftlichen Prinzipien, wie „Dreistigkeit siegt" oder „Der Ehrliche ist der Dumme" sich als neuer Trendsport in der Gesellschaft etabliert haben, macht es nicht wirklich einfacher. Ob die Arbeit oder nur das Verhalten der beteiligten Menschen schrecklich ist, scheint kaum bestimmbar zu sein. Im Zweifel wird der Wahnsinn eher dem Job als dem „wertefernen" Kollegen angelastet.

4. Der „Papa-hat-gesagt"-Irrtum: Zu guter Letzt müssen wir auch noch hinnehmen, dass viele Menschen durch das tägliche Vorleben ihrer Eltern so auf die eigene Arbeit geprägt wurden, dass sie, bevor sie auch nur einen Tag gearbeitet haben, schon eine Meinung und

Überzeugung über diese in sich tragen. Sie glauben sogar, sie hätten sich diese Überzeugung selbst angeeignet. Damit steht bereits zu Beginn der beruflichen Karriere ein Urteil fest, das individuell zementiert und kollektiv untermauert ist.

5. Gehalts- und Status-Irrtum: Mit unserem Gehalt stehen wir auf Kriegsfuß. Es ist immer zu gering. Wir haben ein echtes „Beziehungsproblem" mit unserem Lohn. Er ist nicht deswegen zu niedrig, weil wir zwingend mehr bräuchten[35], sondern weil wir uns im Vergleich mit anderen falsch bewertet fühlen. Weil wir uns nach einer Lohnerhöhung schnell an die neue Höhe gewöhnen, weil unsere Ansprüche tendenziell im Daueranstieg sind und weil wir uns prinzipiell für brillanter als unsere Kollegen halten.

6. Opferhaltungs-Irrtum: Wir lassen kein gutes Haar an der Arbeit. Sie wird zur tagtäglichen Schmach. Ist es dann noch verwunderlich, dass wir uns allesamt als Opfer in einer zur Arbeit gezwungenen Masse wähnen, die eher Schmerzensgeld als anständiges Gehalt erhält?

Die Jobglücks-Formel Job(Z)ufriedenheit = Job(R)ealität − (E)rwartungshaltung hilft zu verstehen, dass die Zufriedenheit von dem Verhältnis von Realität und Erwartungshaltung abhängt. Ist die Erwartungshaltung zu hoch, also größer als was die Realität bietet, stellt sich Frust ein. Zufrieden ist jemand, dessen Realität besser „aussieht", als er sie erwartet hat.

In diesem Zusammenhang konnten wir noch zwei weitere Irrtümer identifizieren, die es uns erschweren, mit Jobglück unbefangen umzugehen.

1. Der Ich-kann-meine-Erwartungen-nicht-verändern-Irrtum: Doch, können Sie! Wenn Sie bedenken, wie viel Frust Sie beispielsweise nur deshalb einsacken, weil Sie von Ihren Führungskräften zu viel erwarten. Sie können sich vor Augen führen, dass es auch nur Menschen sind. Die genauso wie Sie gelegentlich überfordert sind und deshalb blöd rüberkommen. Überprüfen Sie Ihre Erwartungshaltung. Es geht. Sie ist veränderbar.

2. Der Realitäts-Irrtum: Die Realität ist eben nicht so, wie sie ist. Sie ist in hohem Maße relativ und abhängig von eigenen Überzeugun-

gen und Tagesstimmungen. Ohne dass wir es registrieren, lenken die Filter um unser Gehirn die Signale in Gehirnregionen, in denen dann erst die individuelle Interpretation der Wahrnehmung stattfindet. Da kann keiner mehr behaupten, dass Realität objektiv und eindeutig ist. Jeder macht sich seine eigene Realität. Derjenige, der sein Jobglück kritisch betrachtet, wird auch in seiner Realität Beweise finden, die seine Überzeugung bestätigen.

Diese acht aufgeführten „Überzeugungen", auf deren Grundlage wir täglich den vermeintlichen Beweis erhalten, dass unsere Einstellungen zur Arbeit stimmen, sind tatsächlich alles Irrtümer!

Der Irrtum im Zusammenhang mit der Finanzkrise war übrigens einfach. Es wurde jahrzehntelang mehr Geld ausgegeben als eingenommen. Das zu erkennen hat uns dennoch viele Jahre gekostet. Um wie viel ist es wohl schwieriger, eine Krise anzuerkennen und seine Überzeugungen zu verändern, wenn sie nicht auf einem einzigen Irrtum basieren, sondern auf acht? Da haben wir viel zu tun!

Als Gesamtbefund können wir erneut festhalten: Wir sind zum Thema Arbeit im wahrsten Sinne des Wortes „unglücklich programmiert". Wir haben zwar alle einen Beruf erlernt, der uns befähigt zu arbeiten. Wir haben aber nicht gelernt, freudvoll zu arbeiten. Wie schade!

Ich definiere unsere Jobglücks-Kompetenz als Fähigkeit, sich
1. Jobglück überhaupt vorstellen zu können (Grundvoraussetzung),
2. zu verstehen, wieviel Einfluss wir selbst darauf haben und
3. zu wissen, wie wir Jobglück steigern.

Vor dem Hintergrund dessen, was wir bisher über unsere Überzeugungen bezüglich Jobzufriedenheit erfahren haben, müssen wir leider feststellen, dass unsere Jobglücks-Kompetenz bei den meisten Berufstätigen nicht so groß sein kann.

Unsere Jobglücks-Kompetenz, unsere Fähigkeit, im Job glücklich zu werden, ist leider wenig entwickelt. Den meisten ist klar, dass sie selbst bei bester Absicht, Freude bei der Arbeit zu empfinden, nicht an ihrem Gehirn vorbeikommen. Es versucht permanent zu bestätigen, dass die alten Überzeugungen stimmen und „findet" dafür auch permanent

Beweise. Das Gehirn ist stärker darin, immerzu seine eigenen (alten und negativen) Überzeugungen zu beweisen, als das Ziel zu verfolgen, im Job glücklich zu werden.

Ihr Gehirn hat halt lieber recht, als dass es Sie im Job glücklich werden lässt!

Leider befindet sich unser Gehirn in der Rolle eines Gefängnisdirektors: „Das einzige sichere Mittel, jemanden von einem Gefängnisausbruch abzuhalten, ist, dass er nicht weiß, dass er im Gefängnis sitzt!"[36]

Das Fatale an unserer Arbeits*un*zufriedenheit ist, dass wir sie als normal hinnehmen. Viele zweifeln den Zustand des Dauerfrustes nicht einmal an. Und deswegen kommen wir auch nicht darauf, diese inakzeptable Normalität ändern zu wollen. Wir haben nicht erkannt, dass wir im Jobfrust-Gefängnis sitzen.

Wie war das noch einmal mit den Veränderungsprozessen? Die Voraussetzung für Veränderung oder Verbesserung (der erste Schritt zur Veränderung) war das Eingestehen einer Krise, eines echten Problems.

Sie haben es vielleicht schon geahnt. Jetzt müsste es allen klar sein:

Wir stecken in einer riesigen Jobzufriedenheits-Krise!

Viele wollten sie bisher nicht wahrhaben. Sie sehen den Frust als Normalzustand an und kommen nicht auf die Idee, diese unbefriedigende Arbeits- und Lebenssituation zu verändern.

Die einzige Lösung kann nur sein, das eigene Denken über Arbeit zu erkunden und dann zu verändern.

Lassen Sie uns Arbeit anders denken. Erst dann funktioniert es mit der Zufriedenheit. Vor diesem Hintergrund wird auch klar: Bei solch einer Vorbelastung zum Thema Arbeit ist ohne die Anerkennung einer Jobzufriedenheits-Krise (Schritt 1) und der Beantwortung der Frage, wo sie herkommt (Schritt 2), überhaupt kein Jobglück möglich.

Tipps zur Jobzufriedenheit helfen nicht, wenn Ihre Grundhaltung keine Verbesserung zulässt! **Man wird nun mal nicht glücklicher, als man es sich vorstellen kann.**

Nun ist auch nachvollziehbar, warum ich Ihnen bisher alle Tipps zum Glücklichwerden im Job vorenthalten habe und Sie stattdessen intensiv mit Ihren tief verankerten Glaubenssätzen und Überzeugungen konfrontiert habe.

Denn erst, wenn Sie Ihre Mauern in Ihrem „Denkgefängnis" abgerissen haben und die Jobzufriedenheits-Krise anerkannt haben, erst dann, und wirklich erst dann, ist Jobzufriedenheit möglich.

Erst mit einer glücksvolleren Betrachtung von Arbeit können Sie Ihre Jobglücks-Kompetenz steigern.

Nun wird auch deutlich, wie so viel Skepsis gegenüber zufriedener Arbeit entstehen konnte. Warum Claudia, die Gutachter und unsere Bewerber so skeptisch uns gegenüber sein mussten. Niemand von ihnen ist dumm, und ich bin nicht klüger. Aber ich beschäftige mich nunmehr seit über zwei Jahrzehnten mit diesem Thema, befrage viele Menschen dazu und betrachte dieses Thema aus der Sicht eines Mitarbeiters und auch aus der Sicht eines Unternehmers. Denn nur die Betrachtung beider Seiten verschafft einen Überblick.

Apropos Gedanken machen: Ich denke, wir können den zweiten Schritt im Veränderungsprozess, die Frage, wie wir in diese Jobfrust-Krise hineingeraten sind, als geschafft betrachten, nicht wahr?

Auf der Reise durch Ihre Zufriedenheits-Psyche kommen wir nun, sehr geehrte Leserinnen und Leser, an einen Scheidepunkt: Möchten Sie lieber an den alten (Job-)Unglück bringenden Überzeugungen festhalten, oder sind Sie bereit, neuen Boden auf Ihr Sonnenblumenfeld aufzutragen?

Wenn Sie lieber alles so belassen möchten, wie es ist, ist das völlig okay. Sie müssen dieses Buch dann auch nicht weiterlesen. Verschenken Sie es einfach. Wollen Sie aber Jobglück? Dann sollten Sie unbedingt weiterlesen. Es erwartet Sie nämlich als nächstes die Frage: Was macht mich denn nun wirklich im Job zufrieden? Später erwartet Sie das ultimative Trainingsprogramm mit den 50 besten Tipps für Ihr Jobglück.

3 WIE WERDE ICH GLÜCKLICH IM JOB?

Zunächst einmal bedanke ich mich für Ihr Vertrauen und beglückwünsche Sie zu Ihrer Entscheidung, das Buch weiterzulesen. Eine gute Entscheidung, Sie sind auf einem glückbringenden Weg!

3.1 Die vier „relevanten" Faktoren des Jobglücks – wie, es sind nur vier?

Stellen wir uns einmal vor, wie jemand aussieht, der einen Job hat:

Ein exemplarischer Mitarbeiter namens Fred.

Sie müssen jetzt nicht vermuten, ich glaubte, Sie seien von rundlicher Statur. Es geht bei dieser Darstellung nur um die symbolische Abbildung eines exemplarischen Mitarbeiters. Nennen wir ihn mal Fred. Mit seinem Antlitz werden wir in diesem Kapitel arbeiten. Es soll nur zur Veranschaulichung dienen.

Welche Faktoren müssten erfüllt sein, damit Sie oder Fred im Job zufrieden sind? Die meisten würden als erstes das Gehalt nennen. Wenn das passt, ist schon der größte Teil der Zufriedenheit erreicht. So ist die verbreitete Meinung. Das ist auch das erste, was die Leute sagen, wenn sie von einem neuen Job berichten („Die Kohle stimmt!"). Dann nicken alle zustimmend und beglückwünschend („Das ist doch spitze, dann ist ja alles gut!").

Einige würden vielleicht noch betonen, dass ihnen ihr Aufgabengebiet wichtig ist. Der Jobwechsler würde sagen: „Ich kann sogar Homeoffice machen!" oder „Zu meinem Aufgabengebiet gehört sogar die Betreuung von Großkunden!". Wenn die Tätigkeit interessant ist und Spaß macht, dann klappt es auch mit der Jobzufriedenheit.

Manche empfinden darüber hinaus die Arbeitszeiten als wichtigen Faktor für die Zufriedenheit im Job. Ist sie mit dem Familienleben oder dem Freizeitverhalten kompatibel? („Ich kann sogar vor oder nach der Arbeit ins Fitnessstudio!")

Und so kann man zusammenfassend sagen, wenn das Gehalt, das Aufgabengebiet und die Arbeitszeiten im grünen Bereich sind, ist man im Job zufrieden.

Für einige ist die Anzahl der Urlaubstage noch wichtig. Aber dann sind meistens endgültig alle Faktoren, die die Zufriedenheit bestimmen, benannt. Für die allermeisten sind hiermit tatsächlich die wichtigsten Kriterien eines guten Jobs beschrieben. Wie heißt es doch so treffend: „Ohne Moos nix los!" – „Wenn die Kasse stimmt, dann macht nahezu jeder Job irgendwie Spaß." Rational betrachtet ist alles perfekt, oder?

Wenn Sie nicht das Glück haben, so einen Job zu haben, dann geben Sie es ruhig zu: Sie wären glücklich über einen solchen Arbeitsplatz, nicht wahr? Jetzt haben Sie eben zwar noch gelesen, dass das Gehalt nicht wirklich dauerhaft zufrieden machen kann, sei's drum. Die nächste Gehaltsrunde kommt bestimmt. Und wenn dann auch noch die drei anderen Faktoren gegeben sind, dann klappt es auch mit der Jobzufriedenheit.

Und tatsächlich antworten die meisten genauso. Auf meine Frage hin erlebe ich seit vielen Jahren diese Reaktionen. Wenn Gehalt, Aufgabengebiet, Arbeitszeit und Urlaub passen, dann ist alles in Butter. So ist die sehr verbreitete Meinung. Sollten Sie gerade im Geiste nicken und diese Auffassung teilen, dürfen Sie sich sicher sein, der großen Mehrheit anzugehören.

Bildlich müsste man sich, wenn die vier „Glücksfaktoren" im grünen Bereich sind, unseren Mitarbeiter so wie unten abgebildet vorstellen. Er wägt die vier Faktoren für die Jobzufriedenheit rational ab und kommt bei Erfüllung der „relevanten" Faktoren zu dem Ergebnis, dass er zufrieden ist.

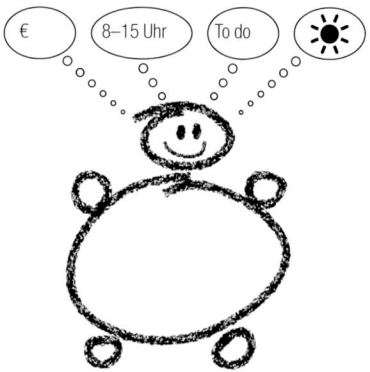

Fred mit den vier „relevanten" Faktoren zum Jobglück in seinem Kopf: Gehalt, Arbeitszeit, Aufgabengebiet und Urlaub.

Aber stellen wir uns einmal vor: Sie arbeiten als Sachbearbeiter in einem Büro mit zwei Schreibtischen. Die vier Faktoren zur Jobzufriedenheit sind erfüllt. Geld und Aufgabengebiet stimmen, Arbeitszeiten und sogar die Urlaubstage sind üppig. Stellen Sie sich nun vor, Sie arbeiten tagtäglich mit Ihrem am Schreibtisch sitzenden Gegenüber und dienstälteren Kollegen zusammen. Und stellen Sie sich bitte auch vor: Egal, was Sie auch immer probieren, der dienstältere Kollege mag Sie einfach nicht. Ist es Ihre Art, ist es Ihre Nase, vielleicht auch nur die Tatsache, dass es Sie gibt? Er hat etwas gegen Sie und lässt es Sie täglich spüren. Sie bekommen mit, dass er hinter Ihrem Rücken schlecht über Sie spricht. Schlimmer noch: Er gibt Ihnen stets die unangenehmeren Aufgaben und hält wichtige Informationen der Vorgesetzten vor Ihnen zurück. Der Kollege lässt Sie regelmäßig auflaufen und nach außen hin dumm dastehen. Ihre Vorgesetzten beäugen Sie schon kritisch. Dieser „Kollege" setzt auch die schöneren Urlaubszeiten für sich durch und blockiert alle Brückentage. Kurzum, Ihnen sitzt tagtäglich ein Horrorkollege gegenüber, der Sie täglich mit Gift bespritzt und Sie gegenüber anderen permanent schlecht aussehen lässt. Die ersten Kollegen aus anderen Büros meiden Sie schon und Sie beobachten, wie andere, wenn Sie sich nähern, aufhören zu tuscheln und so tun, als wenn sie nicht über Sie gelästert hätten. Morgens, beim Aufwachen, haben Sie mittlerweile schon Magenschmerzen. Der Arbeitstag wartet, der Horror auch, und obwohl Sie vorhin noch glaubten, die wichtigsten Faktoren für Ihre Arbeitszufriedenheit seien erfüllt, sind Sie trotzdem unzufrieden. Ach, was sage ich. Von Unzufriedenheit kann gar keine Rede mehr sein. Es ist so viel täglicher emotionaler Terror, dass Sie mittlerweile permanent krankheitsbedingt ausfallen, Sie immer weiter ins Abseits geraten und von da aus direkt ins Burn-out rutschen.

Na, stellen sich bei Ihnen auch die Nackenhaare hoch bei der Beschreibung einer solchen Behandlung durch einen Kollegen? Die vier „relevanten" Faktoren waren doch alle erfüllt?! Wie kann es sein, dass Sie dennoch maximalen Frust schieben?

Schauen wir uns ein anderes Beispiel an: Sie arbeiten bei einem Automobilhersteller und lesen eines Tages beim Frühstück in einer überregionalen Tageszeitung, dass Ihr Betrieb vielleicht bald geschlossen werden soll. Ihre Firmenleitung und Ihr Betriebsrat haben es unterlassen, Sie über dieses eventuelle Szenario zu informieren. Sie fühlen sich hundeelend, betrogen, verraten und verkauft. Ängste überfallen Sie: Was ist mit meiner Zukunft? Was wird aus der Hausfinanzierung? Wie soll ich denn jetzt noch meinem Kind im Studium unter die Arme greifen? Den nächsten Urlaub storniere ich wohl vorsichtshalber. Bekomme ich mit fünfzig noch einen Anschlussjob? Wenn ja, von wem? Ich bin Autobauer.

Sie befürchten einen sozialen Absturz. Sie werden zu wesentlich schlechteren Bedingungen nahezu alles akzeptieren müssen. Noch schlimmer wäre es, wenn Sie nicht mal die Chance auf etwas Schlechteres haben, sondern in Richtung ALG II fallen. Was für eine Horrorvision zehrt ab dem Tag des Zeitungsberichtes an Ihnen.

Jeder Augenblick, privat oder beruflich, wird durch den drohenden Arbeitsplatzverlust überschattet. Sie gehen mit der Angst ins Bett und wachen mit der Angst wieder auf. Sie sind permanent gereizt. Ihre Beziehung ist dadurch auch schon angespannt und belastet. Der Haussegen hängt mittlerweile mächtig schief.

Mit der Zeitungsmeldung über die eventuelle Werksschließung verändert sich alles. Plötzlich ist Ihnen die Sicherheit entzogen worden.

Wie sieht es jetzt mit Ihrer Jobzufriedenheit aus? Es ist doch noch alles da. Alle vier relevanten Faktoren der Jobzufriedenheit sind noch vorhanden. Das Gehalt kommt am Ende des Monats wie immer in gleicher Höhe, die Aufgabe bleibt unverändert und um die Arbeitszeit und den üppigen Urlaubsanspruch müssen Sie sich auch keine Sorgen machen. Und dennoch sind Sie maximal unzufrieden und mies drauf.

Bitte lassen Sie auch das nächste Beispiel auf sich wirken. Fühlen Sie sich ruhig in den Mitarbeiter hinein: Wieder mal sind die vier relevanten Jobglücks-Faktoren erfüllt, sogar üppig. Ihre Freunde beneiden Sie wegen Ihres luxuriösen Arbeitsvertrages. Leider ist Ihr Chef ein Choleriker. Das sind Zeitgenossen, die sich über alle Maße extrem aufregen können, zur Ungerechtigkeit neigen und keine Hemmungen haben, Sie nach Strich und Faden zusammenzubrüllen.

Ihr Chef macht gehörig Feuer. Sie machen zwar die Aufgaben gerne, aber irgendwie müssen die Aufgaben von heute bereits gestern fertig gestellt sein. Ihre Leistung reicht niemals wirklich aus. Besser wäre es, der Chef selbst würde Ihre Aufgaben übernehmen. Sie sind laut Chef halt unfähig, die einfachsten Tätigkeiten unfallfrei zu erledigen. Gerne stellt er Sie vor versammelter Mannschaft oder Kunden bloß. Der Respekt vor Ihrer Person und Ihren Leistungen befindet sich stets auf dem Nullpunkt. Nie können Sie ihm und seinen Erwartungen gerecht werden. Jegliche Form von Anerkennung wird Ihnen versagt. Im Gegenteil, Sie schlucken die täglichen (Psycho-)Prügel.

Bekommen Sie bei dieser Vorstellung schon Schweißausbrüche? Hatten wir nicht vorhin gesagt, dass wir zufrieden sind, wenn die vier „relevanten" Faktoren im grünen Bereich sind? Das hat vielleicht doch nicht gestimmt, nicht wahr?

Ein letztes kleines Beispiel: Sie sind Manager, und Ihre Arbeitsbelastung ist überschaubar. Sie können Ihre Zeit und Ihre Aufgaben selbst bestimmen. Sie sind der Garant für ein gutes Betriebsklima und

allseits menschlich wie fachlich geschätzt. Das Geld stimmt, die Sozial-
leistungen sind perfekt, das Betriebsklima ist klasse und der betriebseigene Kindergarten hält Ihnen familientechnisch den Rücken frei.
Ausnahmslos beneiden alle Sie um diesen Wahnsinnsjob.

Bis hierhin ist alles prima. Doch dummerweise wurde ein wesentlich jüngerer Kollege für eine höher dotierte Stelle Ihnen, Ihrer Berufs-
erfahrung und Reputation vorgezogen. Sie hatten die Stelle schon seit
Langem im Visier. Ihr Chef wusste es und hatte schon mehrfach grünes
Licht signalisiert. Alle anderen sahen Sie schon auf dem höheren Pos-
ten. Doch dann springt so ein junger Hüpfer an Ihnen vorbei, welch ein
Schock! Wie kann das sein?

Sie sind vor allen gedemütigt. Sie sind der Verlierer im Spiel um die
großen „Big-Points". Obwohl Sie in einem arbeitstechnischen Schlaraffenland arbeiten, werden Sie hochgradig frustriert. Dummerweise
verkraften Sie diese Schmach nicht und kommen aus dem Frustloch
nicht wieder heraus. Wie kann es sein, dass Sie nachhaltig unzufrieden
werden, obwohl die vier „relevanten" Faktoren doch mehr als zufrie-
denstellend sind und Ihre Arbeitsbedingungen einem Schlaraffenland
gleichen?

Offensichtlich gibt es Faktoren, die auf die Zufriedenheit einwirken,
die wir bisher noch nicht auf unserem Zufriedenheitsradar hatten. Sie
erscheinen zwar oberflächlich als ein guter Maßstab, wenn es aber um
die echte Zufriedenheit geht, spielen offensichtlich ganz andere Faktoren eine wesentlichere Rolle.

Okay, ich gebe zu, ich habe Sie auf diese Fährte geführt. Sie ahnen
schon längst, dass es mehr Faktoren zu einem Glück im Job geben
muss als nur diese vier sogenannten „relevanten" Faktoren.

Ist das, was uns einfällt, wirklich das, was wir brauchen?

Aber schauen Sie einmal genauer hin: Wenn man fragt, was die Menschen für ihr Jobglück als wichtig ansehen, nennen die tatsächlich
mindestens drei dieser vier Faktoren aus Gehalt, Aufgabe, Arbeitszeit
und eventuell noch die Anzahl der Urlaubstage.

Das bedeutet nicht, dass niemand von selbst darauf kommen würde,
dass es mehr als diese vier Faktoren gibt, die Einfluss auf seine Arbeits-

zufriedenheit haben. Die meisten haben eben nur diese vier Faktoren auf ihrem Zufriedenheitsradar.

Warum ist das so? Weil mal wieder unser Gehirn mit all seinen Filtern am Werk ist. Wir haben über Jahrzehnte Tag für Tag in den Nachrichten gehört, wie sich die Tarifparteien um zwei Prozent mehr Gehalt oder um die wöchentlich zu reduzierende Arbeitszeit streiten. Es ging im Wesentlichen immer nur um die Steigerung von Geldleistungen wie Gehalt, Zuschläge, Rentenhöhe oder um die Reduzierung von Arbeitszeiten, wie die Verkürzung der Wochen- und Lebensarbeitszeit, Renteneintrittsalter und Frührente.

Sie erinnern sich vielleicht noch an die Parolen, die teilweise jahrelang täglich durch die Medien in unsere Gehirne implantiert wurden:
- „Samstag gehört Vati mir" (als es noch die 6-Tage-Woche gab)
- „Fünf Tage sind genug"
- „35 Stunden bei vollem Lohnausgleich" (zu Zeiten der 40-Stunden-Woche)

Nicht, dass Sie mich missverstehen. Ich will diese Tarifauseinandersetzungen überhaupt nicht bewerten. Ich muss aber darauf hinweisen, wie durch die dauernde Berichterstattung über Lohnforderungen und der Forderung nach Arbeitszeitverkürzung die Öffentlichkeit geradezu auf diese Faktoren eingestellt wurde. Wir wurden darauf getrimmt, Arbeit mit diesen Maßgrößen zu „be-werten".

Wenn wir so auf die „vertraglichen Eckdaten" getrimmt sind, und das sind typischerweise die vier „relevanten" Faktoren, dann ist der Filter auch nur auf die Prüfung dieser vier Faktoren eingestellt. Und dann prüft er auch tatsächlich nur diese. Alle anderen werden auf seinem Radar nicht erfasst.

Wie wir an diesen Beispielgeschichten aber haben erkennen können, entstand trotz Zufriedenheit über die vier Faktoren, die Unzufriedenheit aufgrund ganz anderer Faktoren. Mal wurde ein Mitarbeiter von einem Kollegen gemobbt. Ein anderer verlor zwar nicht seinen Job, aber das sichere Gefühl, ihn langfristig innezuhaben. Der Nächste wurde von seinem Chef tyrannisiert, und dem Letzten wurde die versprochene Beförderung versagt.

In dem schon zitierten Glücksatlas finden wir hierzu ein passendes Zitat: „Eine regelmäßige Erkenntnis der Glückforschung lautet entsprechend, dass Menschen nicht immer genau wissen, was sie zufrieden macht, und dass sie manchmal sogar mehrheitlich auch entgegen ihrem Glück handeln!"[37]

Es ist erschreckend, aber wahr. Wir haben die wirklich wichtigen Faktoren, die unsere Jobzufriedenheit beeinflussen, nicht genügend auf unserem Radar. Im Zweifel wissen wir nicht einmal, wie wir zu der Entscheidung kommen, ob wir zufrieden sind oder nicht.

Deshalb müssen wir uns mit den folgenden Fragen näher beschäftigen:

1. Wie entscheiden wir, ob wir glücklich oder unglücklich sind? Ist es ein rationales Abwägen von Einflussfaktoren, die auf das Jobglück wirken? Ist es also eine bewusstc, rational abgewogene Entscheidung? Oder ist es im Gegenteil eine unbewusste Entscheidung, also eine ganz aus dem Bauch heraus getroffene?
2. Was sind schließlich die tatsächlichen Faktoren, die das Jobglück ausmachen?

Bevor wir die weiteren Glücksfaktoren suchen, müssen wir uns erst darüber klar werden, wie ein Mensch überhaupt entscheidet, ob er glücklich oder unglücklich ist. Wir müssen den Mechanismus erkennen, wie wir glücklich werden. Danach suchen wir die weiteren Glücksfaktoren. Lassen Sie uns zunächst mit der ersten Fragestellung, wie ein Mensch entscheidet, ob er glücklich oder unglücklich ist, beginnen.

3.2 Die Entscheidung über Jobglück oder -unglück

Entscheiden wir uns bewusst oder unbewusst, ob wir in unserem Job zufrieden sind? Entscheiden wir dies mithilfe der Ratio, indem wir uns bewusst alle einflussnehmenden Größen vergegenwärtigen, dann überlegt abwägen und dadurch zu einer Entscheidung kommen? Oder entscheiden wir doch eher aus dem Bauch heraus, eben ganz emotional?

Wie war das noch mal gleich mit unserem auf Sturheit getrimmten Gehirn? Wir haben Überzeugungen, Gewohnheiten und Prägungen, die es uns fast unmöglich machen, unbeeinflusst über Arbeit zu urteilen. Wir nehmen sie nur durch unsere gefärbte Brille, durch unsere um das Gehirn gewickelten Filter wahr. Diese wiederum entstanden durch die unbewusste Übernahme gesellschaftlicher Überzeugungen, häuslicher Prägungen in der Kindheit und durch viele andere Einflüsse. Denken Sie nur daran, wie falsch wir alleine hinsichtlich der Gehaltsfrage liegen. Fünf Irrtümer hindern uns, eine unbeeinflusste Meinung über unser Einkommen zu entwickeln.

Dies alles zeigt uns überdeutlich, dass die Entscheidung über unsere Arbeitszufriedenheit nicht rational abgewogen, sondern dass ganz im Gegenteil ganz emotional mit dem Thema umgegangen wird. Und das passiert alles in unserem Unterbewusstsein! Hat das dann noch etwas mit rationalem, abwägendem Entscheiden zu tun? Offensichtlich nicht.

Sigmund Freud und C. G. Jung haben schon Anfang des letzten Jahrhunderts unmissverständlich aufgezeigt, dass Verhalten und insbesondere Entscheidungen zum größten Teil im Unterbewusstsein, also bildhaft gesprochen „aus dem Bauch heraus" getroffen werden.

Wenn früher konstatiert wurde, dass eine Entscheidung zu 80 Prozent dem Unterbewusstsein entspringt und nur zu 20 Prozent Ergebnis eines rationalen Abwägens ist, so propagieren heutige Neurowissenschaftler, dass das Verhältnis von unbewussten zu bewussten Entscheidungen sogar eher 99:1 beträgt![38] Demnach verhalten wir uns fast nur unbewusst.

Erinnern Sie sich noch an das Beispiel mit dem Kaffeeautomaten? Nur durch die Hinzunahme eines Aufklebers mit einem Augenpaar konnte der Anteil an freiwilliger Bezahlung des Kaffees erheblich gesteigert werden. Den Umstand, dass eine solche Kleinigkeit wie ein Aufkleber, die Entscheidung derart beeinflusst, unser Denken so unbemerkt (unbewusst) verändern kann, diesen Umstand muss man sich immer wieder bewusst machen!

Die Entscheidung, ob ein Mensch mit seinem Job zufrieden ist oder nicht, trifft er zum größten Teil „aus dem Bauch heraus"!

So gesehen müsste Fred wie folgt aussehen: Dicker Bauch mit genügend Platz für sein Bauchgefühl und seine Bauchentscheidungen und ein kleiner (bewusst, abwägender) Kopf.

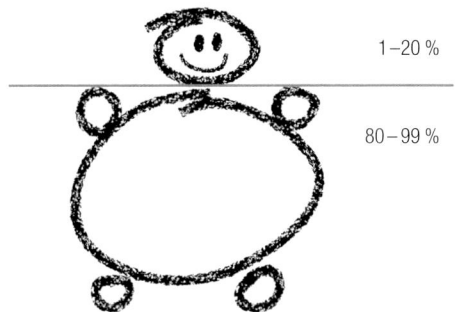

1–20 %

80–99 %

Wie auch Fred, sind wir alle mehr Bauch- als Kopfmenschen.

Jetzt können Sie auch besser nachvollziehen, warum Fred, unser Muster-Mitarbeiter, so einen dicken Bauch hat. Er entscheidet über seine Zufriedenheit eben aus dem Bauch heraus.

Während meines Studiums, vor vielen Jahren, als noch nicht jedermann mit einem Handy ausgestattet war, begleitete ich als Skilehrer und Reiseleiter Winterskireisen in die Alpen.

Ich war mit einem Team von vier Skilehrern und meinem Lieblingskollegen Frank unterwegs. Die Reisegruppe sammelte sich in Münster am Busbahnhof, auf der Rückseite des Bahnhofsgeländes. Der Bus war abfahrbereit. Zwei Teilnehmerinnen waren mit dem Zug aus Bremen angereist und fragten Frank, ob sie noch einmal kurz zur Toilette könnten. Frank, charmant wie er ist, hatte natürlich nichts dagegen. Wenige Minuten später ging er durch den Bus und überprüfte, ob alle Mitreisenden im Bus saßen. „Plus 2" dachte er sich, und gab das „Go" für die Abfahrt. Wir mussten pünktlich los, da in Köln der zweite Teil der Gruppe auf uns wartete.

Und so ging es los. Wir waren vielleicht eine Dreiviertelstunde unterwegs, als mir Franks kreideweißes Gesicht auffiel. Er saß wie versteinert mit Schweißperlen auf der Stirn apathisch da. „Frank, was ist los?", fragte ich. Ihm war Sekunden vor meiner Frage bewusst geworden, dass die zwei Frauen ja gar nicht gleichzeitig unsere Bustoilette benutzen konnten, also dort auch nicht sein könnten. Die zwei mitzuzählen war also völliger Unfug. Die beiden Damen hatten nicht die Bus-, sondern die Bahnhofstoilette gemeint.

Kein Wunder, dass Frank in panische Schockstarre verfiel. Man muss sich mal vorstellen, wie sich die beiden Frauen freitags abends um 23:00 Uhr auf einem fremden, vielleicht menschenleeren Busbahnhof ohne Gepäck fühlen, wenn ihr Bus abgehauen ist. Schlimmstenfalls liegt neben dem Gepäck im Kofferraum auch noch ihr Handgepäck auf ihren Bussitzen, und sie können nicht einmal jemanden anrufen. Na ja, hätte auch nicht viel gebracht. Wir waren nicht erreichbar, und das Büro des Reiseveranstalters hatte nachts natürlich nicht geöffnet.

Wir konnten auch nicht zurückfahren, da die Kölner auf uns warteten. Schon auf der Hinreise zwei Teilnehmerinnen zu verlieren, das war mit Abstand der schlimmste Zwischenfall, den wir uns in der Funktion eines Reiseleiters vorstellen konnten – ein Super-GAU!

Gerade an diesem Punkt der Geschichte bringe ich den Begriff „Zufriedenheit" ins Spiel. Wäre ich an der Stelle der beiden gewesen, meine Entscheidung über meine Zufriedenheit wäre klar. Um bei unserem Thema zu bleiben, wäre mir in diesem Moment auch egal, ob ich zu dieser Entscheidung bewusst oder unbewusst komme: Ich wäre einfach nur stinksauer. Ich würde toben vor Wut. Ich würde mich über diese bescheuerten Reiseleiter maßlos aufregen und nur noch darüber nachdenken, wie ich sie bis zu meinem Lebensende verklage. Ich konnte Frank ansehen, dass er dasselbe dachte. Wir setzten die Fahrt ohne die Zurückgelassenen fort.

Am nächsten Morgen berichteten wir unserem Reiseunternehmen, was passiert war. Natürlich gab es Ärger satt. Aber es hieß auch, es seien zwei Personen mit dem Bus eines konkurrierenden Reiseunternehmens, der auch am Freitagabend in Münster vom Busbahnhof abgefahren war, in der Schweiz angekommen. „Juchhu", dachten wir uns, „das sind unsere, die beiden wollen wir haben". Wir organisierten einen Transferbus quer durch die Schweiz, reservierten für sie das schönste Zimmer im Haus, backten einen Kuchen und bibberten bis zur ihrer Ankunft.

Es stellte sich heraus, dass sich die beiden Damen, sehr klug, noch in der Nacht mit erstaunlicher Vehemenz in den Bus der Konkurrenz gesetzt hatten. Die beiden kamen an, wir entschuldigten uns im Namen des gesamten Teams, aßen gemeinsam den Kuchen und witzelten ab dann die ganze Woche über dieses unglaubliche Erlebnis.

Warum konnten wir schon nach einer Stunde gemeinsam Späße über diesen scheinbaren Super-GAU machen? Warum war schon nach so kurzer Zeit klar, dass die beiden nicht mehr sauer sind?

Spaß beiseite, bei so einem Reisestart kann man als Teilnehmer kaum zufrieden sein, oder? Und dennoch waren sie es – kaum vorstellbar. Auch nicht vorstellbar ist, dass es eine bewusste Entscheidung der beiden Frauen gewesen sein kann. Man sah den Reisebus und somit sofort die Möglichkeit, trotzdem ans Ziel zu kommen: Wie gut, dass unser Bauch auch ein Gefühl der Zufriedenheit entwickeln kann, obwohl sämtliche wissenschaftliche Tatsachen dagegensprechen! Mit anderen Worten:

Wir können zufrieden sein, obwohl (objektive) Gründe dagegensprechen!

Es bleibt festzuhalten:
1. Wir haben viel zu wenig Glücksfaktoren auf unserem Zufriedenheitsradar.
2. Die wirklich relevanten Faktoren für unser Jobglück sind uns nicht genügend bewusst.
3. Welche und wie viele Faktoren wir auch immer abwägen – entgegen der verbreiteten Meinung wägen wir sie nicht bewusst ab! Nein, wir entscheiden es nicht rational, sondern vom Unterbewusstsein gesteuert, aus dem Bauch heraus.

Diese Erkenntnisse machen die Suche nach unseren Glücksfaktoren leider nicht leichter. Wie finden wir denn nun die Glücksfaktoren?

Unsere Unglücksfaktoren kennen wir, doch was ist mit den Glücksfaktoren?

Die Unglücksfaktoren zu finden ist einfach. Es sind die, über die wir vielleicht täglich stolpern und meckern. Da fallen uns aus dem Stehgreif eine ganze Reihe ein. Schwierig ist es hingegen mit den Glücksfaktoren. Da fallen uns zwar ein paar ein, aber unsere kritischen Überzeugungen machen uns die Aufgabe, Positives zu finden, nicht leicht.

Erschwerend kommt hinzu, dass, wenn wir etwas Positives unser Eigen nennen, wir es per Gewöhnungseffekt nicht mehr so sehr zu schätzen wissen. Wir tendieren dazu, es nach einer Zeit nicht mehr als etwas Besonderes zu sehen. Dann ist es irgendwann selbstverständlich.

Fragen Sie heute mal Menschen in unserem Land, wie wichtig ihnen ihre Freiheitsrechte sind. „Wichtig natürlich", bekommen Sie als Antwort. Welche Rechte konkret gemeint sind, fällt den meisten aber nicht direkt ein. Spielen wir das mal durch, und achten Sie bitte darauf, was mit Ihnen (und Ihrem Bauch) bei der folgenden Geschichte passiert:

Stellen Sie sich vor, Sie leben in einem Land im Nahen Osten. Es herrscht ein Regime. Eine Demonstration für mehr Demokratie und mehr Freiheitsrechte steht an und Ihr Partner entscheidet sich, daran teilzunehmen.

Abends nach der Demo warten Sie auf seine Rückkehr. Ihr Partner kommt aber nicht. In größter Sorge erkundigen Sie sich bei Freunden und Bekannten, die auch auf der Demo waren. Sie fragen sich bei Krankenhäusern, Arztpraxen und Polizeistationen durch. Niemand kann Ihnen Auskunft geben. Die Ungewissheit ist grausam. Ihre Kinder sind traurig, weinen immer wieder und können das gar nicht fassen. Sie erfahren schließlich von Menschen, die festgenommen wurden und seitdem vermisst werden. Andere seien schon seit Jahren verschwunden.

Tage später wird Ihnen berichtet, wie jemand gesehen haben will, wie man Ihren Partner in Handschellen abgeführt und auf einen Lkw verladen hat. Wochen und Monate vergehen ohne ein Lebenszeichen.

Die Geschichte hört sich schrecklich an, oder? Jetzt, erst jetzt, nach so einem Szenario können wir uns wirklich vorstellen, wie kostbar das Recht der freien Meinungsäußerung ist. Erst jetzt wird ein Freiheitsrecht konkret und sein unermesslicher Wert erkennbar und, besser gesagt, erfühlbar.

Als ich zunächst nur allgemein von Freiheitsrechten gesprochen habe, haben Sie da sofort an das Recht auf freie Meinungsäußerung gedacht? Hatten Sie dieses Recht sofort auf Ihrem Radar?

Ist das Recht auf freie Meinungsäußerung selbstverständlich, kann man sich dessen sicher sein und muss den Verlust nicht befürchten. Man erkennt die Bedeutung für die Lebenszufriedenheit kaum. Aber wehe, es ist weg!

So ist es auch mit den Faktoren, die unser Jobglück beeinflussen. Sind sie erfüllt, sind sie für uns selbstverständlich. Erleben wir sie jeden Tag, fallen sie uns nicht auf und wir verlieren ihren Wert aus dem Blick. Wir machen uns nicht bewusst, wie wichtig sie für unser tägliches berufliches Seelenheil sind. Erst wenn wir mit dem Verlust einer wertvollen Sache konfrontiert werden, meldet sich unsere Wertschätzung zurück.

Um die Glücksfaktoren zu identifizieren und ihnen einen Wert zu geben, müssen wir genauso vorgehen. Wir müssen sie erst verlieren, damit uns ihr Wert wieder bewusst wird.

Genau so erging es einer meiner Mitarbeiterinnen. Sie kündigte bei uns, um in einem anderen Unternehmen etwas mehr Gehalt zu verdienen. Schon nach wenigen Wochen war sie außerordentlich unzufrieden. Sie beklagte sich, dass im neuen Job der Umgang unter den Mitarbeitern und zum Chef nicht so herzlich und vertrauensvoll sei. Lob und Anerkennung, wie sie es bei uns gewohnt war, gab es nicht. Vieles fehlte, was bei uns selbstverständlich war. Das fiel ihr leider alles erst auf, als es fehlte. Sie hatte die Glücksfaktoren verloren, die zu unserem Selbstverständnis gehören und ihr berufliches Seelenheil bedeuteten. Das wurde ihr erst mit dem Verlust bewusst. Vorher waren sie nicht einmal auf ihrem Radar.

Bei dem, was Sie bisher gelesen haben, dürfte Sie das nicht wundern. Und so zahlte sie monatlich den Preis für den Verzicht auf ihre Glücksfaktoren. Sie ertrug ihre Unzufriedenheit dafür, dass sie etwas mehr Gehalt erhielt. Das war für sie ein schlechtes Geschäft.

Häufig müssen wir erst unsere Glücksfaktoren verlieren, um zu erkennen, wie wichtig sie für unsere Zufriedenheit sind!

Sie kehrte schließlich wieder in unser Unternehmen zurück und wurde eine der größten Befürworterinnen unserer Unternehmenskultur. Sie war nun stärker sensibilisiert dafür, welche Glücksfaktoren wir (aus-)leben, und vor allen Dingen, wie wichtig sie für ihre eigene Arbeitszufriedenheit sind.

Sie musste uns erst verlassen, ihre Glücksfaktoren verlieren, Unzufriedenheit erleben, um zu verstehen, was Jobglück überhaupt ist.

Erinnert Sie dieses Beispiel an das dreistufige Schema von Veränderungsprozessen, das ich Ihnen im ersten Kapitel beschrieben habe und nach dem dieses Buch aufgebaut ist?

Sie musste erst ihre Krise erkennen (Unglück im neuen Job) und sich ihre Jobzufriedenheits-Krise eingestehen. Dann fragte sie sich, wie es dazu kommen konnte (Verlust ihrer Glücksfaktoren). Danach konnte sie erst wieder bei uns anfangen (Maßnahme zum Verlassen der Krise, Herstellung der Glücksfaktoren).

Um nun all unsere Glücksfaktoren zu finden, gehen wir im nächsten Kapitel so vor, wie es unsere Mitarbeiterin am eigenen Leibe erlebt hat: Wir stellen uns eine ganz schreckliche Arbeitswelt vor. Bei unserer Historie dürfte uns das leichtfallen, oder? Dann erkennen wir all die Faktoren, die uns unglücklich machen, so wie es meine Mitarbeiterin erfahren musste. Auch das dürfte leicht sein. Wenn wir dann die Unglücksfaktoren umkehren, sind wir schon bei unseren Glücksfaktoren.[39]

3.3 Die Unglücksfaktoren –
was uns Bauchschmerzen bereitet

Beginnen wir mit unseren Unglücksfaktoren:

Einer der sichersten Unglücksfaktoren ist die Unsicherheit
am Arbeitsplatz.

Wie fühlen Sie sich zum Beispiel, wenn Ihnen heute mitgeteilt wird, dass Ihre Abteilung wahrscheinlich aufgelöst wird und Sie dann an einen anderen Standort, in eine andere Stadt versetzt werden. So erleben es zurzeit viele, die in Konzernen tätig sind, die gerade umstrukturiert werden. In diesem Fall haben sie zumindest die theoretische Chance, an einer anderen Stelle vielleicht gut unterzukommen. Dennoch entsteht ein schlechtes Gefühl im Bauch. Die Ungewissheit besteht meist über Wochen und zermürbt Sie. Noch schlimmer ist es in dem Fall, wenn Sie durch die Medien erfahren, dass Ihr Unternehmen bundesweit 7000 Stellen abbaut. Ab dann geht das große Bibbern los. Stehen Sie etwa auch auf der schwarzen Liste?

In unserer ersten Beispielgeschichte zu Beginn dieses Kapitels, hat schon die bloße Ankündigung einer voraussichtlichen Schließung eines Werkes zum Totalverlust der guten Laune geführt. Der allerschlimmste Fall von Unsicherheit ist aber der, wenn Sie in einem Unternehmen arbeiten, in dem „einfach so", ohne für Sie erkennbaren Grund, einem Kollegen gekündigt wird. Da bleibt für Sie immer der fade Beigeschmack, besser gesagt, das schreckliche Gefühl im Bauch, ob Sie auch irgendwann „einfach so" abserviert werden.

Machen wir uns nichts vor, hier geht es nicht nur um Unsicherheit. Mit Unsicherheit sind stets Ängste verbunden. Ängste sind Gift für unser Jobglück. Es sind echte Unglücksgaranten!

Sie haben es am Anfang dieses Buches gelesen. Einige Unternehmen sind davon überzeugt, dass Mitarbeiter unter Druck besser funktionieren. Deshalb versetzen sie ihre Mitarbeiter permanent in Angst. Die dauernde Suche nach Fehlern ermöglicht es ihnen, permanent zu kritisieren und Mitarbeiter für ihr Fehlverhalten zu sanktionieren. Kritische

Gespräche und Abmahnungen sind dort an der Tagesordnung. Täglich wird dafür gesorgt, dass sich Mitarbeiter nicht sicher fühlen, auch wenn ihnen dieses Gefühl nicht immer als Angstgefühl deutlich wird. Es wirkt! Es wirkt auf den Bauch und endet mit Bauchschmerzen.

Es ist nicht nur die Angst vor dem Verlust des Arbeitsplatzes. Diese leuchtet jedem sofort ein. Es kann auch die Angst vor ungewollten Versetzungen oder allgemein vor ungewollten Veränderungen sein. Oder es ist die Angst vor Willkür, vor der eigenen Ohnmacht bei gemeinem Verhalten durch Vorgesetzte und Kollegen und die Angst vor Schikanen. Verlustängste sind typischerweise bei Personen zu beobachten, die variable Gehaltsanteile erhalten. Sie haben sich an das Niveau gewöhnt und ängstigen sich, dieses zu verlieren. Sämtliche Formen von Besitzstandsrechten sind häufig mit Verlustängsten verbunden.

Wenn Unternehmen, Vorgesetzte oder andere Beteiligte versuchen, Ihnen die Sicherheit zu nehmen und Unsicherheit zu schüren – in welcher Form auch immer – bleibt die permanente Angst im Bauch.

Geschürte Unsicherheit raubt jegliches gutes Gefühl.

Mit anderen Worten: Angst (am Arbeitsplatz) zerstört Glück! Dass Unsicherheit ein Unglücksfaktor ist, ist keine bahnbrechende Erkenntnis.

Aber nehmen wir mal ein ganz trivial erscheinendes Thema wie den Umgang der Mitarbeiter untereinander in einem Unternehmen. Beginnen wir mit dem Umgangston. Wenn Sie täglich angeschrien werden, und das muss nicht unbedingt von Ihrem Chef sein, sondern kann auch durch Kollegen oder vermeintlich „Höherrangige" geschehen, dann werden Sie garantiert nicht glücklich. Ganz im Gegenteil, Kränkungen machen sogar krank. Allein ein dauerhaft schlimmer Umgangston zwischen Ihnen und Ihren Kollegen kann schon das Ende Ihres Jobglücks bedeuten.

Wenn Sie Opfer von Lästereien, Intrigen oder Mobbing werden, dann kennen Sie auch diese Unglücksfaktoren. Von anderen ausgegrenzt oder isoliert zu werden, mit Misstrauen und Missachtung gestraft zu werden und Feindseligkeiten ausgesetzt zu sein, das schreit nach Unzufriedenheit.

Auch Schikanen von Vorgesetzten und Kollegen oder Schuldzuweisungen, die oft nur von der eigenen Unfähigkeit ablenken sollen, schießen Giftpfeile in Ihren Bauch.

Dauerhafter schlimmer Umgang, den man an den kleinsten Verhaltensweisen und hierarchieübergreifend wie hierarchieintern identifizieren kann, zerstört Zufriedenheit und ist ein Unglücksfaktor.

*Mobbing, Lästereien, Intrigen, Missachtung, Schikanen und
ein schlimmer Umgangston sind Unglücksfaktoren.*

Nehmen wir an, Ihnen weht täglich der Wind der Ablehnung entgegen. Es wird nicht nur Ihre Arbeit nicht wertgeschätzt, Sie erhalten auch täglich dafür Kritik. Nichts können Sie dem kritisierenden Kollegen oder Vorgesetzten recht machen. Bestenfalls bekommen Sie „nur" das sichtbare innere Augenrollen der Person zu spüren. „Wie blöd war das denn schon wieder!", meint der Kollege damit. Damit Sie versagen, werden Ihre Zielvorgaben immer so festgelegt, dass Sie diese gerade nicht, auch nicht mit übermäßigem Einsatz, erreichen können. Selbst wenn Sie alles perfekt machen, ist es falsch.

*Fachliche Dauerkritik, persönliche Ablehnung und Anfeindungen
sind Unglücksfaktoren.*

Fachlich keine Anerkennung und Akzeptanz zu erhalten ist schon echt blöd, aber als Person abgelehnt zu werden ist vielleicht noch schlimmer. Persönliche Anfeindungen ertragen zu müssen, immer wieder geringschätzige Kommentare zu hören, das nervt. Nur, weil Sie eine andere Nase, einen anderen Glauben, ein anderes Geschlecht haben oder es einfach nur anders machen, als der Kollege es möchte, diese „Missachtung" zermürbt Sie über die Zeit und zerstört Ihr Jobglück. Ihre Zufriedenheit schwindet nicht sofort, aber im Dauerbeschuss mit solchen kleinen Giftpfeilen gehen Sie auch als kraftvolle Person irgendwann in die Knie.

Sinnfreie Arbeit haucht auch Ihrem Jobglück das Leben aus. Ich möchte hier keine Tätigkeit bewerten. Ich glaube, jede Aufgabe in einem Unternehmen ist relevant, für Unternehmensprozesse wichtig und von daher nicht sinnlos. Aber wie fühlt es sich an, wenn das, was Sie tun (sollen), unnötige Beschäftigung für Idioten ist? Wenn Sie es als unnötig ansehen, alle anderen es auch so sehen und Sie trotzdem „die Kiste von A nach B, dann nach C und zum Schluss wieder nach A zurück schleppen sollen". Wenn Sie tagein, tagaus von der Führungskraft mit völlig unüberlegten und sinnlosen Aufgaben beauftragt werden. Machen Sie so etwas mal eine Zeit lang, dann geht jegliche Motivation und damit Laune in den Keller.

Apropos unüberlegte Aufgaben von Führungskräften: Manchmal können sie wirklich unüberlegt sein, manchmal aber auch Kalkül. Wenn Sie etwa die blödesten Arbeitszeiten zugeteilt bekommen. Ich meine Zeiten, die zwar für Kollegen, nicht aber für Sie okay sind, weil Sie dann Ihre Kinder nicht gut versorgt bekommen oder anderweitige Probleme haben, die Schicht zu übernehmen. Besonders schändlich ist es, wenn diese Einsatz-„Planung" dazu dient, Sie gefügig zu machen. Solche Instrumente sind Instrumente zur Unterdrückung.

Genauso verhält es sich mit der Überforderung. Wenn Sie permanent zu viel in zu kurzer Zeit schaffen müssen, oder wenn Sie zu komplexe Aufgaben in zu kurzer Zeit erfüllen müssen, ist es nicht verwunderlich, dass es irgendwann schiefgeht und Fehler passieren. Für Fehler werden Sie dann auch noch kritisiert. Dass dauerhafte Überforderung ein Unglücksfaktor – man könnte auch sagen: Unglückreaktor – ist, ist klar.

Wie sieht es aber mit der Unterforderung aus? Manchmal hört man von solchen Fällen. Sie haben gar nichts bis wenig zu tun, sitzen an einem Arbeitsplatz, der für viele einsehbar ist und müssen den Eindruck einer anstrengenden und ausreichenden Tätigkeit vermitteln. Natürlich ist private Beschäftigung nicht erlaubt. Stellen Sie sich so einen „Arbeitstag" mal vor. Sie beginnen um 7.30 Uhr, und um 7.35 Uhr schauen Sie schon zum ersten Mal gelangweilt auf die Uhr. Das wird ganz schön zäh. Keine Arbeitsanforderungen zu haben kann ja mal einen oder einige Tage witzig sein. Aber langfristig ist es die Hölle.

Viele Studien belegen eindrucksvoll, dass Unterforderung im Ergebnis genauso viel Motivation und Arbeitszufriedenheit zerstört wie Überforderung.

Unabhängig von einer Über- oder Unterforderung wird es mit dem Jobglück nicht funktionieren. Wenn Sie über lange Zeit einer Tätigkeit nachgehen (müssen), die Ihren Fähigkeiten und Neigungen nicht entspricht, steht dies dem Jobglück sehr entgegen.

Dauerhafte Über- und Unterforderung sowie dauerhaft außerhalb seiner Fähigkeiten und Neigungen eingesetzt zu werden, sind ebenfalls Unglücksfaktoren.

Mussten Sie schon einmal permanent für Ihren Job erreichbar sein? Wenn der Anruf vom Chef oder dem Kollegen kommt und er Fragen hat, fühlen Sie sich zu Beginn vielleicht noch gefragt und wichtig. Mal außerhalb der Arbeitszeit wegen einer dringenden Frage angerufen zu werden, ist noch keine Tragödie. Wenn Sie aber 24 Stunden am Tag, also auch nachts und im Urlaub am Strand Hotline-Dienst für Ihren Kollegen oder Chef leisten müssen, ist das äußerst belastend. Es wird dadurch nicht nur Ihre Jobzufriedenheit, sondern auch Ihr Privatleben in Mitleidenschaft gezogen.

Fragen Sie einmal diejenigen, die einen weiten Weg zur Arbeit haben. Sie empfinden ihn als belastend. Der Anfahrtsweg raubt Lebenszeit. Schlimm sind dabei die Staus, die die Ankunftszeiten privat und beruflich unkalkulierbar werden lassen. Auf dem Weg zur Arbeit stressen sie sich, nicht zu spät zu kommen, und nach der Arbeit haben sie Stress, nicht zur versprochen Zeit zu Hause bei der Familie zu sein. Im Zweifel verhindert der Stau mal wieder, die den Kindern versprochene gemeinsame Spielzeit einzuhalten.

Würden wir die soeben benannten Unglücksfaktoren in Freds Bauch einzeichnen, wären wir über ihre Vielzahl und die Fülle erstaunt.[40] Das ist ein ganzer Haufen von Unglücksfaktoren, die Bauchschmerzen verursachen, obwohl vielleicht die vermeintlich „relevanten" Faktoren im grünen Bereich sind.

Jetzt könnte man ja meinen, das reicht an Unglücksfaktoren, die einem die Arbeitszufriedenheit zerschießen. Nein, es gibt noch ein Privatleben, das beim Job*un*glück „helfen" kann:

Nehmen wir beispielhaft einen Mitarbeiter. Er betritt morgens mies gelaunt das Bürogebäude, in dem er arbeitet. Vielleicht ist es auf dem Weg zur Arbeit die verpasste oder überfüllte Bahn gewesen? Vielleicht hat ihm auch nur jemand vor der Nase „seinen" Parkplatz weggeschnappt, oder er ist einfach nur mit dem falschen Fuß aufgestanden. Was auch immer passiert ist: Es kommt ihm direkt vor seiner Bürotür ein Kollege entgegen, den er sowieso nicht mag. Egal, was dieser wenig gelittene Kollege jetzt sagt, es wird garantiert das Falsche sein! Psychologisch betrachtet können wir uns vorstellen, dass an diesem Morgen der wenig gemochte Kollege zur Projektionsfläche des Frustes unseres Mitarbeiters wird. Unser Mann betritt nun sein Büro. Die Kollegen sehen ihm sofort an, dass er schlecht drauf ist. Und weiter wissen sie, dass erfahrungsgemäß dieser Tag nicht gut verlaufen kann und nicht gut verlaufen wird.

Der Mitarbeiter hatte schon schlechte Laune, bevor er den ersten Handschlag bei der Arbeit verrichtet hatte. Er wird abends behaupten, dass der Arbeitstag eine Katastrophe war. Spaß beiseite: Hat ihm die Arbeit den Tag verdorben, oder war es etwas ganz anderes, das auf seinen Bauch einwirkte?

Alles, was wir an Emotionen an unseren Arbeitsplatz mitbringen, sind auch Faktoren, die auf unser Jobglück Einfluss nehmen.

Der Arbeitstag kann schrecklich sein, bevor Sie ihn begonnen haben. Manchmal „hilft" schon vor Arbeitsantritt eine schlechte Tagesstimmung oder Ärger im Privatleben.

Als weitere Unglücksfaktoren gehören also auch noch die privaten Probleme und Ärgernisse in Freds Bauch.

Schließlich müssen wir noch all unsere Überzeugungen und die damit verbundenen Irrtümer über die Arbeit als Unglücksfaktoren in den Bauch malen. Wir haben Sie im zweiten Kapitel analysiert. Auch sie können uns nicht nur die gute Arbeitslaune verderben, sondern noch vielmehr und noch viel schlimmer, sie von vornherein vermiesen!

Fred, unser exemplarischer Mitarbeiter, sähe mit seinen Unglücksfaktoren im Bauch so aus:

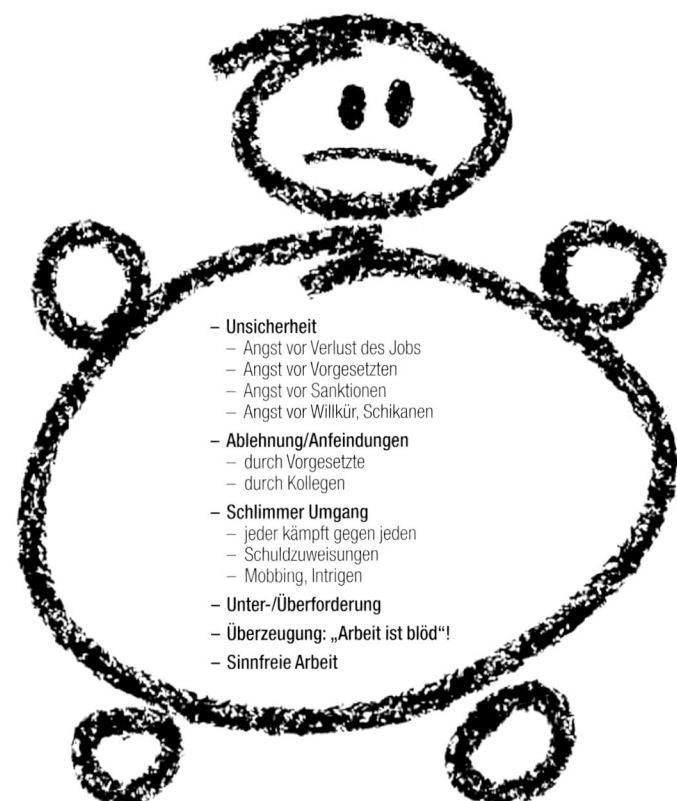

Ein mit Unglücksfaktoren beladener Fred.

Allein beim Anblick des Bauches und bei dem, was da drin los ist, kann man schon Bauchschmerzen bekommen, nicht wahr? Nun werden Sie vielleicht skeptisch behaupten, dass wohl kaum alle Unglücksfaktoren gleichzeitig wirken und Fred unglücklich machen können. Da haben Sie natürlich recht. Wenn wir es genau wissen wollen, müssen wir uns noch einen Sachverhalt genauer vor Augen führen:

Was wäre, wenn nur ein einziger, vielleicht sogar als unwesentlich erscheinender Faktor katastrophal nicht erfüllt ist? Wenn alle, wirklich alle Glücksfaktoren im grünen Bereich sind und kein Unglücksfaktor im Bauch ist, bis auf der eine?

Erinnern wir uns an das Beispiel mit dem cholerischen Chef: Eigentlich ist alles spitze. Der einzige Haken ist der cholerische Chef. Nur er ist die Sollbruchstelle Ihrer guten Laune. Mal ab und zu einen Anraunzer wegstecken ist verkraftbar – aber täglich? Stündlich zu wissen, er könnte wieder um die Ecke kommen und motzen, macht Sie mürbe. Es zehrt an Ihnen. All Ihre Freunde gratulieren Ihnen zu diesem tollen Job und verstehen nicht, wie man bei solch traumhaften Bedingungen und so ein bisschen Gemecker vom Chef unzufrieden sein kann. „Stell dich nicht so an, ich hätte gerne deinen Job", hören Sie immer wieder. Und doch sind Sie es! Sie merken irgendwann die körperlichen Stressreaktionen schon bei der bloßen Vorstellung, es könne jeden Moment passieren. Ich denke, ich muss die Geschichte nicht weiter ausmalen, um feststellen zu dürfen, dass Sie niemals zufrieden sein können und dass es ein böses Ende mit Ihnen und Ihrem Job geben wird, oder?

Oder stellen Sie sich vor, dass Sie einen großartigen Job haben. Da Ihre Firma ihren Standort gewechselt hat, haben Sie zwar seit einem halben Jahr einen längeren Anfahrtsweg zur Arbeit, aber das Gehalt stimmt, die Kollegen erkennen Sie fachlich an und menschlich genießen Sie große Akzeptanz. Der Job gibt Ihnen Sicherheit. Der Umgang untereinander ist von Wertschätzung geprägt.

Es gibt nur ein „kleines" Problem: Sie müssen seit sechs Monaten morgens und abends statt wie früher nur eine halbe Stunde, nun fast zwei Stunden Fahrtzeit in Kauf nehmen. Häufig geraten Sie in einen Stau, sodass aus zwei Stunden oft genug zweieinhalb Stunden werden können.

Hier ist „nur" die Fahrtstrecke problematisch, aber dafür täglich. Jeden Tag sind Sie genervt, frustriert und gerädert. Sie sind montags bis freitags 13 bis 14 Stunden täglich nicht zu Hause. Ihr Leben und Familienleben gehen an Ihnen vorbei. Ihr Partner wird zu einem Alleinerziehenden. Ist das nicht zermürbend? Kurz- und mittelfristig mag das funktionieren – aber langfristig? Spätestens, wenn Ihre Kinder Sie siezen, werden Sie nicht nur im Job, sondern garantiert auch in Ihrem Privatleben unglücklich werden.

Sie ahnen es wahrscheinlich schon: Offensichtlich kann ein einzelner Unglücksfaktor schon zur totalen Unzufriedenheit führen. Der Unzufriedenheitsfaktor kann mit einem großen Knall in Ihrem Leben einschlagen (etwa im Rahmen eines Medienberichtes über die angebliche Schließung Ihres Werkes). Er kann aber auch klein und unscheinbar auftreten und nur durch seine Dauerdosis negative Wirkungskraft entwickeln (in Form von täglichen cholerischen Angriffen zum Beispiel).

Ein einziger Unglücksfaktor kann reichen, um sein Jobglück
zu verlieren.

Wer hätte es gedacht?

1. Es gibt eine unglaublich große Anzahl an Unglücksfaktoren, mehr als wir uns das üblicherweise vor Augen führen.
2. Selbst, wenn die vier „relevanten" Glücksfaktoren perfekt erfüllt sind, können wir dennoch im Job völlig frustriert sein.
3. Sogar, wenn die vier „relevanten" Glücksfaktoren *und* alle anderen erfüllt sind, können wir durch privaten Ärger unsere Arbeitszufriedenheit verlieren.
4. Ein einziger Unglücksfaktor reicht, um sein Jobglück zu verlieren.
5. Bei einigen dieser Killer-Unglücksfaktoren reicht ein Satz (etwa eine Zeitungsmeldung). Bei kleineren, niederschwellig wirkenden Unglücksfaktoren macht es die Häufigkeit und Dauer der „Anwendung" (Giftspritzen), um das Jobglück zu verlieren.

Wir sind ja auf der Suche nach den Glücksfaktoren. Diese zu finden fiel uns schwer, da wir sie schlecht sehen, wenn wir sie innehaben. Erst wenn sie uns abhandenkommen, können wir sie und ihren Wert für unsere Zufriedenheit erkennen. Sich die Unglücksfaktoren bewusst zu machen hilft uns, nun durch den Umkehrschluss unsere Glücksfaktoren zu identifizieren.

3.4 Die Glücksfaktoren – Vitamine für die Zufriedenheit

Sich am Arbeitsplatz sicher fühlen zu dürfen, sorgt sicher für ein angenehmes Gefühl. Stellen Sie sich vor, Ihr Unternehmen agiert erfolgreich in seinem Markt. Es werden mehr neue Mitarbeiter eingestellt als Kollegen entlassen. Passiert es im Ausnahmefall, dann hat das für alle einen nachvollziehbaren Grund. Größere Probleme werden im Unternehmen offen kommuniziert, Sie fühlen sich informiert und können sogar zur Lösung beitragen. Na, wie fühlt sich das für Sie an?

Sicherheit und gefühlte Sicherheit sind zwei enorm wichtige Glücksfaktoren.

Es wird gefühlstechnisch noch besser: Im Unternehmen herrscht ein allgemeines gegenseitiges Grundvertrauen. Sowohl die Führungskräfte als auch die Kollegen verhalten sich ehrlich und korrekt. Es gibt klare, faire und von allen getragene Regeln. Zuverlässigkeit, Klarheit und Vertrauen werden nicht nur großgeschrieben, sondern auch täglich gelebt und bewiesen. Sie dürfen darauf vertrauen, dass nichts Unerwartetes, nichts „Böses" vom Himmel fällt und Ihnen das vertraute Gefühl zerstört. Hört sich vielleicht utopisch an, aber wir fühlen uns sicher gut, wenn wir uns so etwas vorstellen.

Ehrlichkeit, gegenseitiges Vertrauen, Fairness, Klarheit, Zuverlässigkeit, Erwartbarkeit, Regeln, die für alle gelten und an die sich alle halten, sind weitere Glücksfaktoren.

Der Umgang aller Beteiligten im Unternehmen ist offen, ehrlich und kooperativ. Andersartigkeit wird als Bereicherung angesehen. Sie erleben, wie die Menschen in Ihrem Unternehmen sich wohlwollend gegenübertreten.

Das gibt Ihnen täglich ein besonders gutes Gefühl. Selbst bei Fehlern wird nicht der Schwarze Peter herumgereicht und der „Blöde" gesucht. Es wird ehrliche Ursachenanalyse betrieben. Gegenseitiges Vertrauen, fairer und wohlwollender Umgang sowie Klarheit und Zuverlässigkeit sind natürlich auch alles Glücksfaktoren.

Kooperativer und wohlwollender Umgang, gegenseitige Achtsamkeit und Offenheit sind gut für den Unternehmensfrieden und damit auch gut für Ihr Jobglück.

Spüren Sie mal, wie sich Folgendes anfühlt: Sie erhalten von Ihren Vorgesetzten und Kollegen fachliche Anerkennung. Ihre Meinung ist gewünscht und wird erbeten. Persönlich erfahren Sie große Wertschätzung. Gegenseitiges Lob und anerkennende Worte sind Teil des Selbstverständnisses in Ihrem Unternehmen.

Fachliche wie auch persönliche Anerkennung sind einige der größten Bauchpinsel. Ja, Lob und Anerkennung tun ausnahmslos gut. In meinem Unternehmen haben wir die Abkürzung „WPA" eingeführt: „Worte persönlicher Anerkennung". WPA sind besondere Streicheleinheiten für unsere Seele, und mit ihnen beginnt häufig auch die Zufriedenheit. Wir alle streben nämlich nach Anerkennung. Manche benötigen mehr, andere weniger, aber wir alle brauchen sie! Was tun einige nicht alles, nur um Anerkennung zu bekommen? Gehört so etwas zum Selbstverständnis Ihres Unternehmens, verfügen Sie schon wieder über einen sehr wichtigen Glücksfaktor.

Apropos Anerkennung: Wenn ich Ihr Gehirn mal wieder so richtig in Alarmbereitschaft versetzen will, dann brauche ich Sie nur zu bitten, morgen früh Ihrem Vorgesetzten mal eine große Portion Lob und Anerkennung zukommen zu lassen.

Da stutzen Sie? Denken Sie gerade: „Wie jetzt, ich soll meinen Chef loben? Ich bin doch kein Schleimpinsel!" Spüren Sie, wie Ihre Wertvorstellungen und tradierten Überzeugungen Ihnen hier ein Beinchen stellen? Auch wenn es einige nicht wahrhaben wollen, aber unsere Führungskräfte sind auch nur Menschen. Sie haben natürlich die gleichen Bedürfnisse in Sachen Lob und Anerkennung wie wir (auch wenn sie es sich vielleicht nicht anmerken lassen). Können Sie sich vorstellen, dass diese weit verbreitete und kategorische Verweigerung von Anerkennung an Führungskräfte tatsächlich viele frustrierte Führungskräfte macht? So gesehen ist auch nachvollziehbar, warum es so viele unzufriedene Führungskräfte gibt.

> *Anerkennung ist für alle Mitarbeiter (auch für Führungskräfte) einer der wichtigsten Glücksfaktoren!*

Eine noch größere Zufriedenheit stellt sich vermutlich ein, wenn es Ihnen so ergeht: Sie werden fachlich gut ausgebildet und Ihren Neigungen und Fähigkeiten entsprechend eingesetzt. „Sinn-lose" Tätigkeiten gibt es in Ihrem Unternehmen nicht mehr. Sie sind durch Prozessoptimierungen abgeschafft, und Führungskräfte können Sie nicht mit solchen Aufgaben schikanieren. Über- oder Unterforderungen sind selten, und wenn sie auftreten, dann nur kurzzeitig. Entsprechend Ihrer beruflichen Ziele erhalten Sie immer wieder passende Herausforderungen für Ihre Weiterentwicklung. Auch Ihr Verantwortungsbereich und Ihre Freiheitsgrade werden systematisch dieser Entwicklung angepasst und ausgeweitet. Kurzum, Sie fühlen sich von Ihren Vorgesetzten gut gefördert und passend gefordert. Sie erhalten das klare Signal, ein wichtiger Bestandteil des Unternehmens zu sein.

> *Wichtiger Teil des Ganzen zu sein ist gut für uns. Forderungen und Förderungen im passenden Verhältnis, maßvolle Herausforderungen, genügend Freiheitsgrade, ein gutes Maß an Verantwortung und Entwicklungsperspektiven ebenso.*

Bisher habe ich Ihnen ausschließlich Glücksfaktoren präsentiert, die von der Mehrheit der Gesellschaft als solche angesehen werden. Es gibt aber auch Glücksfaktoren, die höchst individuell sind und die Sie möglicherweise nicht hören oder wahrhaben wollen. Um zufrieden zu werden, brauchen manche Menschen zum Beispiel Macht in ihrem Job.

Sie wollen unbedingt „Bestimmer" sein. Einige wollen nicht nur Macht innehaben, sondern sie auch auf andere ausüben. Und wiederum andere fühlen sich gut dabei, wenn sie diese Macht sogar zu ihren Gunsten und zulasten anderer missbrauchen können. Es gibt auch Mitarbeiter und Führungskräfte, die brauchen für ihr Seelenheil einen oder mehrere Prügelknaben, Menschen, an denen sie ihre schlechte Laune auslassen können.

Eine traurige Wahrheit: Machtmissbrauch und das Schikanieren von Prügelknaben sind für manche Menschen Glücksfaktoren.

Aber kommen wir wieder zurück in unsere liebeswertere Arbeitswelt: Weil Sie seit vielen Jahre so viel Positives in Ihrem Job erleben, haben Sie glücklicherweise die Überzeugung gewonnen, dass Arbeit auch schön sein kann. Und so verhilft Ihnen das Gesetz der Resonanz – oder wie man es auch immer bezeichnen will –, leichter mehr positive Glücksfaktoren wahrzunehmen und die anderen leichter wegzustecken.

Eine positive Grundeinstellung zu Ihrer Arbeit, frei von belastenden Überzeugungen, ist förderlich für Ihr Jobglück. Durch sie wird Zufriedenheit im Job überhaupt erst möglich!

Wie fühlt sich das Gelesene an? Stellt sich vor dem Hintergrund so vieler Glücksfaktoren ein Gefühl der Skepsis bei Ihnen ein?

Es würde mich nicht wundern, wenn Sie genauso wie bei den Unglücksfaktoren auch hier zu bedenken geben, dass unmöglich alle Glücksfaktoren gleichzeitig erfüllt sein können. Und natürlich haben Sie wieder recht.

Nun wollten wir aber auch keine Diskussion über eine Utopie führen, sondern nur möglichst viele Glücksfaktoren ausmachen. Das fiel uns noch am Anfang dieses Kapitels schwer. Viele hatten nur die vier angeblich „relevanten" Faktoren auf ihrem Zufriedenheitsradar. Und da wir die meisten gar nicht auf dem Schirm hatten, konnten wir auch nicht mal eben eine umfassende Liste erstellen.

Nun schon. Nun scannt unser Radar nicht nur unzählige Unglücks-faktoren, sondern auch eine Vielzahl an Glücksfaktoren. Fred, unser Muster-Mitarbeiter, sieht mit den Glücksfaktoren im Bauch so aus:

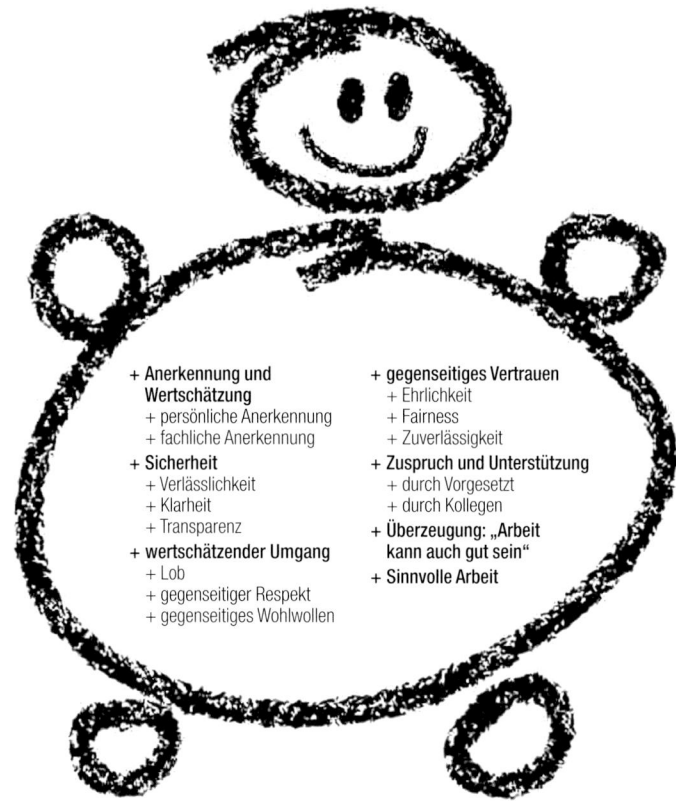

+ Anerkennung und Wertschätzung
  + persönliche Anerkennung
  + fachliche Anerkennung
+ Sicherheit
  + Verlässlichkeit
  + Klarheit
  + Transparenz
+ wertschätzender Umgang
  + Lob
  + gegenseitiger Respekt
  + gegenseitiges Wohlwollen

+ gegenseitiges Vertrauen
  + Ehrlichkeit
  + Fairness
  + Zuverlässigkeit
+ Zuspruch und Unterstützung
  + durch Vorgesetzt
  + durch Kollegen
+ Überzeugung: „Arbeit kann auch gut sein"
+ Sinnvolle Arbeit

Fred mit Glücksfaktoren im Bauch.

3.5 Die drei Gefühlszustände der Zufriedenheit – kann ich zu 67 Prozent zufrieden sein?

Wenn wir die angesprochenen Glücks- und Unglücksfaktoren in Freds Bauch einzeichnen würden, würde die Unmenge an Einflussfaktoren auf unsere Jobzufriedenheit deutlich.

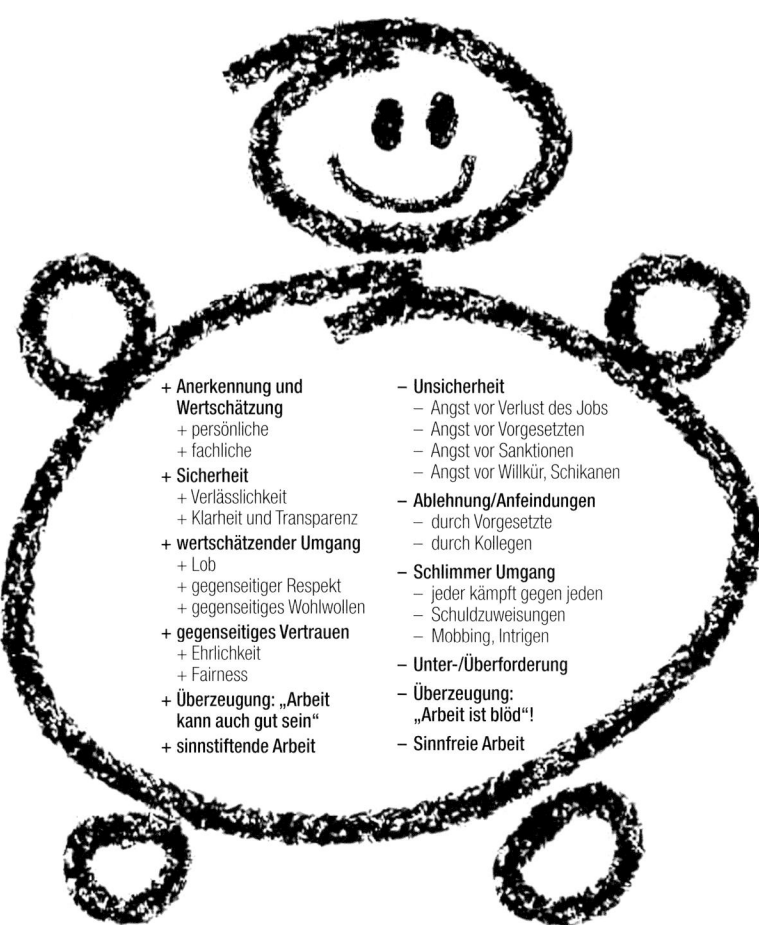

Fred mit Glücks- und Unglücksfaktoren im Bauch.

Die Fülle an Faktoren, die Einfluss auf unsere Jobzufriedenheit nehmen, ist kaum zu ermessen. Wir können diese Glücks- und Unglücksfaktoren nicht bewusst priorisieren oder gewichten. Wir können sie auch nicht einzeln bewerten, um abschließend noch rational überlegt ein Gesamturteil über unsere tägliche Arbeitszufriedenheit zu treffen. Das macht alles unser Unterbewusstsein für uns. Symbolisch sprechen wir von „Bauchentscheidungen".

Das Gesamturteil kann ohnehin nicht heißen: „Ich bin zu soundsoviel Prozent zufrieden." Das schafft der Bauch nicht. Er kann nur das Ergebnis seines Entscheidungsprozesses in Form eines Gefühls herausbringen, dem Bauch-„Gefühl". Und der Bauch kennt in diesem Entscheidungsfall nur drei Gefühls- und damit Ergebniszustände:

1. Zufrieden = „Fühlt sich gut an, ich bin zufrieden!"
2. Neutral = „Geht so, fühlt sich neutral an, habe keine Meinung, kein konkretes Gefühl!", oder:
3. Unzufrieden = „Fühlt sich blöd an, ich bin nicht zufrieden!"

Auch wenn unsere Jobzufriedenheit weniger das Ergebnis eines rationalen, sondern eines unbewussten Prozesses ist, sollte uns schon bewusst sein, was uns glücklich, aber auch unglücklich macht. Allein diese Erkenntnisse erhöhen schon unsere Glückskompetenz. In diesem Zusammenhang möchte ich Ihnen die nächste Erkenntnis anhand einer kleinen Geschichte präsentieren:

Stellen Sie sich vor, Sie könnten eine noch steilere Karriere machen, wenn Sie in ein größeres Unternehmen wechseln. Sie wechseln aber nicht. Nicht, weil Sie es nicht können oder dürfen, sondern weil Sie es nicht wollen. Ihr Partner piesackt Sie deshalb und nervt mit Sprüchen wie: „Du kannst doch viel mehr, du könntest doch eine viel steilere Karriere machen und noch mehr verdienen." Auch Ihre Freunde verstehen Ihre Verweigerung nicht. Sie werden Monat für Monat, Jahr für Jahr durch Ihr Umfeld drangsaliert, endlich das Unternehmen zu verlassen und eine größere Karriere zu machen. Es hilft Ihnen nicht, sich zu rechtfertigen. Ihre Erklärungsversuche scheitern. Dass Ihnen Ihr Job Spaß macht, Sie sich in dem Unternehmen wohlfühlen, nette Kollegen haben, lässt Ihr Beziehungsumfeld als Argument nicht gelten.

So erging es einer meiner Mitarbeiterinnen. Was schätzen Sie? Was haben die Menschen, die ihr so nahestehen, für Überzeugungen verinnerlicht und vor allen Dingen: Wie wenige Glücksfaktoren hatten die auf ihrem Radar?

Wie schade ist es, einen glücklichen Menschen mit seinen eigenen, negativen Überzeugungen zu drangsalieren, ohne zu überlegen, welche Glücksfaktoren für den Betroffenen wichtig und damit richtig sein könnten? Die Mitarbeiterin wurde immer wieder unsicher, ob sie ihre Jobsituation wirklich richtig einschätzt. Sie wurde sogar unsicher darin, herauszufinden, wie sie sich in ihrem aktuellen Job *fühlt*. Wenn es alle anderen anders sehen, wird man in seiner Haltung nicht gerade sicherer.

Erst nach Jahren war sie in der Lage, ihren „Antreibern" Folgendes mit großer Überzeugung zu entgegnen: „Ich bin doch schon in meinem Job glücklich! Was wollt Ihr denn noch mehr? Glücklicher als glücklich geht doch gar nicht! Wenn ich das Unternehmen verlasse, verliere ich zu viel von dem, was mir so viel Freude bereitet, wichtig ist und mich in genau diesem Job und Unternehmen glücklich sein lässt. So viel können die mir im neuen Job gar nicht zahlen, als dass es meinen Verlust an Zufriedenheit kompensieren könnte!"

Und die Erkenntnis lautet: Um im Job zufrieden zu werden, haben zwar die meisten Menschen ähnliche Glücksfaktoren, aber der Mix, um jeden einzelnen glücklich werden zu lassen, ist höchst unterschiedlich.

Jobglück ist höchst individuell.

Die Glücksfaktoren zu kennen ist eine Voraussetzung. Die andere ist, sich überhaupt vorstellen zu können, dass man im Job auch glücklich werden kann. Glück im Job geht!

Aber: Erinnern Sie sich bitte noch an diese Erkenntnis:

Ein einziger Unglücksfaktor reicht, um sein Jobglück zu verlieren.

Bei der riesigen Anzahl an Faktoren, die Ihr Jobglück beeinflussen, möchte ich noch einmal betonen, wie zerstörerisch schon ein einzelner sein kann.

Wie viele Glücksfaktoren auch immer Sie erfüllt sehen, ein einziger Unglücksfaktor kann ausreichen, um Sie zu einem unzufriedenen Mitarbeiter werden zu lassen. Es geht hier nicht um die Unglücksfaktoren, die ein bisschen nerven. Es geht um *den* Faktor, der Ihr Glücksgerüst zum Einstürzen bringt, um den Killer-Unglücksfaktor.

Wir müssen uns nicht die Mühe machen, alle Glücks- und Unglücksfaktoren zu überprüfen und unseren individuellen Mix zu erarbeiten, wenn ein einzelner Unglücksfaktor schon sämtliche Zufriedenheit zerstört!

Auch wenn die praktischen Tipps zur Verbesserung Ihrer Arbeitszufriedenheit erst später kommen, ist mir dieser Hinweis so wichtig, dass ich ihn schon an dieser Stelle unmissverständlich anbringen muss: An den Killer-Faktor, der Ihre Zufriedenheit zerstört, müssen Sie ran. Den müssen Sie bearbeiten. Sie dürfen ihn auf keinen Fall hinnehmen.

Der Killer-Faktor zerstört alles! Er muss verändert werden, sonst klappt es nicht mit Ihrem Jobglück!

Wie Sie das hinbekommen, erfahren Sie in aller Ausführlichkeit im fünften Kapitel, wenn es um die 50 besten Tipps für Ihr Jobglück geht.

3.6 Die Glücksstudien – und warum erfahre ich das nicht sofort?

Ich habe es schon zu einem früheren Zeitpunkt erwähnt, und es ist mir so wichtig, dass ich es noch einmal betonen möchte: Wir sind nicht zu blöd, um im Job zufrieden zu werden. Es wurden uns bloß Überzeugungen implantiert, die es uns fast unmöglich machen, bei der Arbeit wirkliche Zufriedenheit zu erlangen. Allein der Gedanke an Jobglück sprengt schon bei einigen den gedanklichen Rahmen. Erschwerend kommt hinzu, dass wir über viele Jahre auf Glücksfaktoren getrimmt wurden („vier relevante Faktoren"), bei denen sich nach genauerem Hinsehen zeigt, dass diese zwar im grünen Bereich sein sollten, die wahre Zufriedenheit aber ganz andere Glücksfaktoren bewirken.

Die Literatur zum Thema Glücksforschung bestätigt dies eindrucksvoll: Im Glücksatlas[41] ist ein Kapitel der Arbeitszufriedenheit gewidmet. Von ungefähr 30 Einflussfaktoren, die auf die Arbeitszufriedenheit wirken und im Rahmen der Untersuchung analysiert wurden, haben die einflussreichsten zehn nichts mit den vier „relevanten" Glücksfaktoren zu tun, von denen wir anfänglich ausgingen!

Platz eins: Als wichtigster Glücksfaktor wird die Anerkennung der eigenen Leistung genannt.[42] Der Spaß an der Arbeit steht auf Platz zwei. Die Deckung des Jobs mit den „eigenen Fähigkeiten und Neigungen" steht auf Platz drei. Auf Platz vier und fünf folgen „nette Arbeitskollegen und Mitarbeiter" sowie – nicht überraschend – der „sichere Arbeitsplatz".[43]

Erst an elfter Stelle kommt der Anspruch, dass der Beruf „geachtet und angesehen" sein muss. „Prestige" und „Status" bilden also keineswegs die Spitze. Direkt danach kommt „ein hohes Einkommen". Auf Platz 14 steht „viel Urlaub".

„Damit haben das Tätigkeitsfeld und die subjektiven, immateriellen Gratifikationen einer Tätigkeit deutlich größere Bedeutung als vieles, was gemeinhin unter besonders guten Arbeitsbedingungen verstanden und als förderlich für die Arbeitszufriedenheit angesehen wird".[44]

Also, da lesen wir es doch einmal schwarz auf weiß. Ich kann es gar nicht häufig genug erwähnen. Erweitern Sie Ihren Radar, Ihre Aufmerksamkeit: Nehmen Sie die Anerkennung Ihrer Arbeit, den Spaß bei der Arbeit, die Deckung mit Ihren Fähigkeiten und das freundliche Arbeitsumfeld in Ihr Glückfaktoren-Register auf! Es bedeutet aber nicht, dass Ihr Gehalt, Ihre Aufgabenstellung, die Regelung von Arbeitszeiten und Urlaubstagen nicht wichtig wären. Keineswegs! Aber:

1. Schon im zweiten Kapitel wurde deutlich, dass derjenige, der dem Gehalt zu viel Gewicht beimisst und alles andere unberücksichtigt lässt, ein hohes Unglücksrisiko eingeht.
2. Gehalt ist nur eine von sehr vielen Variablen.

3. Selbst, wenn das Gehalt nicht der „Burner" ist, können Sie dennoch große Zufriedenheit erlangen.
4. Es ist die Vielzahl an Faktoren, die über die reinen arbeitsvertraglichen Eckdaten hinausgehen und Ihr Jobglück bestimmen. Man nennt sie auch die „weichen" Faktoren.
5. Der für Sie richtige Mix an Glücksfaktoren ist entscheidend.

Lassen Sie uns als Motto Folgendes zusammenfassend festhalten:

Geld ist wichtig, doch unsere wirkliche Arbeitszufriedenheit bestimmen andere Faktoren.

So, Sie haben es gerade erfahren. Die Statistiken und Auswertungen zum Thema Zufriedenheit im Job sagen das Gleiche aus, was wir uns hier über viele Seiten erarbeitet haben. Denken Sie vielleicht, dass ich Ihnen das schon an früherer Stelle hätte sagen können? Natürlich hätte ich dies schon im ersten Kapitel tun können. Aber nur die harten Fakten zu lesen ist nicht hilfreich. Man vergisst kluge Statistiken nach wenigen Minuten. Um sein Leben wirklich auf Jobglück auszurichten, muss man erkennen, was mit den eigenen Überzeugungen nicht stimmt. Dafür muss man sich ansehen, wie Jobunglück funktioniert. Zum Glück sind wir damit bereits ein ganzes Stück vorangekommen.

Wir müssen erst unsere Haltung gegenüber der Arbeit ändern, damit wir unser Verhalten im Job ändern können, um schließlich erfüllter arbeiten zu können.

Ich möchte den Rauchern unter Ihnen nicht zu nahe treten. Aber versuchen Sie einmal, einem Raucher das Rauchen abzugewöhnen, indem Sie ihn mit zehn Studien über die Schädlichkeit konfrontieren und ihm 100 Ratschläge geben, ohne seine Einstellung vorher verändert zu haben. Klappt nicht! Genauso wenig können wir unsere Zufriedenheit im Job durch Denken und reine Logik verändern, sondern nur durch das Verändern unserer Grundhaltung.

Tipps zur Jobzufriedenheit helfen nicht, wenn Ihre Grundhaltung
so kritisch ist, dass sie keine Verbesserung zulässt!

Das Glücksforscherteam Lyumbomirsky, King und Diener[45] hat schon
2005 herausgefunden, dass unser Glücksniveau im Wesentlichen
durch drei Einflussgrößen beeinflusst wird. 50 Prozent des individuellen Wohlbefindens sind genetisch vorherbestimmt. Keine allzu
bahnbrechende Erkenntnis. Viel interessanter ist, dass nur weitere
zehn Prozent durch äußere Faktoren beeinflusst werden. Es sind Einflussgrößen wie Familienstand, Alter, Schulbildung und Einkommens-
höhe. Hätten Sie gedacht, dass diese Aspekte nur so einen kleinen Teil
Ihrer Zufriedenheit ausmachen?

Die große Überraschung liegt bei den letzten 40 Prozent. Aber was
kann das denn noch sein? Und genau hier liegt die noch größere Überraschung: Es ist Ihre innere Einstellung. Es sind Ihre Überzeugungen
über das Leben, Ihre Grundhaltung zu den Lebensthemen und damit
auch Ihre Einstellung zum Thema Jobzufriedenheit. Genau an dieser
Stelle setzten die Forscher an. Während Ihre Gene schlecht verändert
werden können und auch Ihre äußeren Faktoren nur bedingt glücks-
technisch steigerbar sind (und auch nur einen Anteil von zehn Prozent Ihrer Zufriedenheit ausmachen), haben Sie den größten Hebel zur
Steigerung Ihres Glücksniveaus, indem Sie Ihre Einstellung zu unbefriedigenden Lebensaspekten ändern. Und das gilt natürlich auch bei
den Überzeugungen, die Sie bezüglich Ihrer Arbeit hegen.

Eine glückbringende Arbeitshaltung zu entwickeln ist eine gute
Investition in Ihre Job- und Lebenszufriedenheit.

Mit der Entschlossenheit, eine wirkliche Veränderung zu erzielen,
haben wir die gesellschaftlich tief verankerten Überzeugungen kritisch
hinterfragt und festgestellt, dass es sich auf breiter Front um fatale
Irrtümer handelt. So ist in der heutigen Zeit die Annahme der Mühsal nicht mehr in dem Maße haltbar wie vor 100 Jahren, als die Körper tatsächlich verschlissen wurden. Die Mühsal ist aber noch genauso
in unserem Geist verankert wie früher. Die Literatur über Work-Life-

Balance hat uns den Jobterror in die Köpfe zementiert, und manche Eltern leben es ohne böse Absicht vor: „Arbeit ist ätzend!", heißt es, und es wird geglaubt.

Auf der individuellen Ebene mussten wir die Kröte schlucken, dass wir hinsichtlich des Gehaltes fünf eklatanten und damit weiteren Irrtümern unterliegen. Viele fühlen sich als Opfer, obwohl sie es nicht sein müssen. Schließlich schießen wir uns auch noch sprichwörtlich selbst ins Knie, indem wir unsere Erwartungen an Job, Kollegen und Vorgesetzte so hoch ansetzen, dass es unweigerlich zur Enttäuschung kommen muss („Zufriedenheit = Realität –Erwartungshaltung").

Bei der Frage, welche Faktoren uns denn zufriedenstellen, sprudelten wir auch nicht vor Ideen. Über Jahrzehnte haben wir gelernt, dass es die vertragstechnischen Faktoren sind, auf die wir achten müssen. Nur die hatten wir auf unserem Radar, viel mehr nicht.

Nun wissen wir, dass es eine unüberschaubare Menge an Faktoren gibt, die unsere Zufriedenheit ausmachen. Uns ist nun bewusst, dass wir die Entscheidung über unsere Zufriedenheit nicht rational abwägen, sondern dass sie überwiegend aus dem Bauch kommt. Wir wissen auch, dass im Entscheidungsprozess über unsere Zufriedenheit nicht die „vertragstechnischen" Faktoren ausschlaggebend sind, sondern vielmehr die weichen Faktoren in einem ganz individuellen Mix. Kurzum, und Sie können es jetzt wahrscheinlich auch überzeugt anerkennen:

Wir sind in Sachen Jobglück unglücklich programmiert!
Wir sind in einer fetten Jobzufriedenheits-Krise!

Das alles herauszuarbeiten, immer wieder die eigenen Programmierungen infrage gestellt zu sehen, war vielleicht eine anstrengende, aber in jedem Fall wichtige und notwendige Arbeit. Sie haben hoffentlich eine spannende Reise durch Ihre Zufriedenheits-Psyche erlebt. Sie war vor allen Dingen die zwingende Voraussetzung für eine Veränderung. Über viele Seiten wird in Ihnen die feste Überzeugung gereift sein, wie unglücklich wir programmiert sind und dass wir offensichtlich in einer üppigen Jobzufriedenheits-Krise stecken.

So ging es im ersten Schritt nicht um eine bloße Wissensvermitt-
lung und das Aufzeigen von Tipps und Tricks zum Glücklichwerden.
Nein, es ging als erstes um den intensiven inneren Prozess der Änderung Ihrer Geisteshaltung. Es ging darum, die skeptischen und tief verankerten Überzeugungen zum Thema Arbeit anzuzweifeln und eine
Offenheit zu erlangen, die eine wirkliche Veränderung überhaupt erst
möglich macht!

Wir haben bildlich gesprochen den Erdboden Ihres Sonnenblumenfelds von Verunreinigungen und Giften befreit und dadurch saniert!
Herzlichen Glückwunsch, damit haben Sie die ersten beiden Schritte
unseres Veränderungsprozesses auf dem Weg zu mehr Jobzufriedenheit erfolgreich gemeistert!

4 KANN ICH IN JEDEM UNTERNEHMEN ZUFRIEDEN WERDEN?

Wir haben bereits erfahren, wie unglücklich wir in Sachen Glück im Beruf programmiert sind, wie viele tradierte Überzeugungen uns bei der Glücksfähigkeit im Weg stehen und wie wenig wir unsere eigenen Glücksfaktoren auf unserem Zufriedenheitsradar erfassen. Bei dieser Erkenntnis müsste die Antwort kurz und bündig heißen: In keinem einzigen Unternehmen!

Aber wir sind schon zwei Schritte weiter! Wir haben die Jobfrust-Krise anerkannt und verstanden, woher sie kommt. Wir haben erkannt, dass wir durch unsere tief im Unterbewusstsein verankerten Überzeugungen und eventuell zu hohen Erwartungen selbst einen Beitrag zur eigenen Unzufriedenheit leisten.

Zur Frage, warum die Menschen beim Thema Arbeitszufriedenheit so skeptisch sind, war zu Beginn des zweiten Kapitels zu lesen, dass es tatsächlich schlecht (und auch schrecklich) geführte Unternehmen gibt, die ihre Mitarbeiter täglich zu genau dieser Überzeugung treiben. Ich höre in Bewerbungsgesprächen auch Wahnsinnsgeschichten über den schlimmen Umgang von Unternehmen gegenüber ihren Mitarbeitern. Bewerber mit solchen schrecklichen Erfahrungen können sich wiederum beim besten Willen nicht vorstellen, wie es sich in einem Unternehmen anfühlt, in dem tatsächlich miteinander und nicht gegeneinander gearbeitet wird.

Dies war ein Grund, warum jeder neue Mitarbeiter von mir persönlich eine Einführung in unsere Unternehmenskultur erhielt. In dieser Einweisung „putzte" ich bildlich gesprochen seine „Brille". Ich „schraubte" ihm eine „Lupe" vor die Gläser, damit er sich unvoreingenommen auf unsere Welt einlassen, die Zustände in unserem Unternehmen von seinen schlechten Erfahrungen deutlich abgrenzen und das Besondere erkennen konnte. Aber auch das hat häufig nicht gereicht. Unsere Neuen tapsten im Dunkeln. Sie hatten immer noch keine Ahnung von dem, was ich erzählte. Es stand einfach zu viel Skepsis im Weg.

Der Unterschied dieser Unternehmenswelten wurde unseren Neuen häufig erst dann deutlich, wenn ich ihnen mein Modell der *Glückspyramide der Unternehmen* vorstellte. Es ist ein Beschreibungsmodell, das ich eigens für diesen Einführungskurs entwickelt habe. Es entstand aus der Not heraus, weil mich unsere Neuen nicht verstanden, wenn ich von den verschiedenen Unternehmens-Werte-Welten sprach. Selbst für meine erfahrenen Mitarbeiter war es eine Bereicherung, da sie mithilfe des Modells deutlicher erkennen konnten, wo sie selbst mit ihrem (also unserem) Unternehmen stehen, im Verhältnis zu ihren Freunden, die in anderen Unternehmen arbeiten.

Mithilfe der Glückspyramide erhalten sie die „unternehmerischen Glücks- und Unglücksfaktoren". Mit ihnen konnte jeder ganz einfach und schnell eruieren, wie groß seine Chance ist, in dem Unternehmen glücklich zu werden, in dem er gerade arbeitet (oder gearbeitet hat).

Im Rahmen des Einweisungsgesprächs erreichte ich mit der Vorstellung dieses Modells immer den Durchbruch. „Jetzt kapiere ich endlich, warum das mit meiner Zufriedenheit in dem (bisherigen) Unternehmen nicht klappen konnte!", hörte ich häufig als Reaktion. Viele scannten mit diesem Modell sofort ihre vorherigen Arbeitgeber und die Arbeitgeber ihrer Partner und Freunde. „Ach, da wird einem ja sofort klar, warum das nicht funktioniert hat."

Mein Ziel ist, Ihnen mit diesem Modell Kriterien (unternehmerische Glücks- und Unglücksfaktoren) an die Hand zu geben, mithilfe derer Sie erkennen können, ob es in einem Unternehmen eine große oder geringe Chance für Sie gibt, im Job glücklich zu werden. Die Glückspyramide verdeutlicht mit einem Blick, in welchen Unternehmen man wahrscheinlich sein Jobglück finden kann, oder eher nicht. Wohlgemerkt: Es geht um Wahrscheinlichkeiten – nicht um Garantien!

4.1 Die Glückspyramide der Unternehmen – kleine oder große Chance auf Jobglück?

Stellen Sie sich eine Pyramide vor, in der tausende von Stecknadeln stecken. Jede steht symbolisch für ein Unternehmen.

Die wichtigste Information, die anhand der Pyramide abzulesen ist, ist die folgende: Je höher eine Nadel in der Pyramide eingesteckt ist, desto größer ist die Chance der Mitarbeiter, in diesem Unternehmen zufrieden werden zu können.

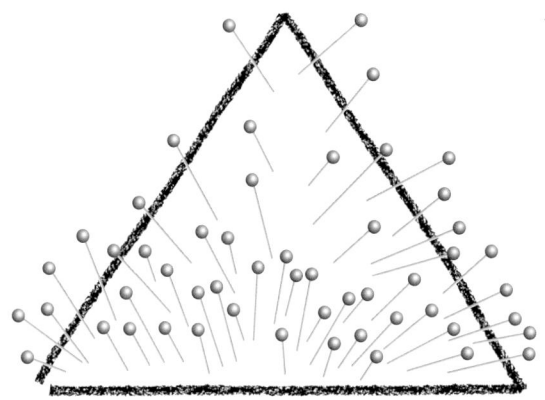

Glückspyramide der Unternehmen mit Stecknadeln,
die Auskunft darüber geben, wie groß die Chance der Mitarbeiter
dieses Unternehmens ist, im Job zufrieden zu werden.

Befindet sich eine Stecknadel ganz unten in der Pyramide, ist davon auszugehen, dass die Mitarbeiter in diesem Unternehmen eine geringe Wahrscheinlichkeit auf Jobglück haben. Andersherum ist es, wenn die Stecknadel oben in der Pyramide steckt. In diesen Unternehmen ist die Wahrscheinlichkeit groß, dass die Mitarbeiter in ihren Jobs zufrieden und glücklich sein können.

Bitte bedenken Sie aber: Wir haben gesehen, dass sogar der Ärger im Privatleben auf die Jobzufriedenheit Einfluss nimmt. Ob Sie morgens mit dem falschen Fuß aufstehen, Ihnen in der Straßenbahn Kaffee über Ihre Hose geschüttet wird, oder was auch immer Ihnen Ihre Laune verdirbt, es kann Einfluss auf Ihren Arbeitsalltag nehmen.

Insofern kann man nur sagen, dass die Wahrscheinlichkeit in einem Unternehmen hoch ist, im Job zufrieden werden zu können, wenn die Nadel in der Glückspyramide oben eingesteckt ist. Die Garantie für ein Maximalglück jedoch gibt es nicht einmal, wenn Sie mit Ihrem Arbeitsplatz ganz oben, in der Spitze der Glückspyramide stecken.

Kein Chef der Welt kann Sie im Job glücklich machen,
wenn Sie Ihre schlechte Laune mit ins Büro schleppen!

Noch einmal und ganz allgemein formuliert: Je höher in der Pyramide, desto größer ist die Chance auf Zufriedenheit. Je niedriger in der Pyramide, desto geringer ist die Chance der Mitarbeiter auf Zufriedenheit.

Lassen Sie uns nun die Pyramide in zwei Bereiche aufteilen, in zwei Unternehmenswelten:
1. Unternehmen im unteren Bereich der Glückspyramide und
2. Unternehmen im oberen Bereich der Glückspyramide.

Wo auch immer die genaue Grenzziehung zwischen „oben" und „unten" stattfindet, ist noch nicht von Belang. Zunächst sprechen wir von der allgemeinen Tendenz. Es geht darum, ob die Mitarbeiter eben eher schlechtere Chancen auf Jobglück haben (unten) oder ob sie günstigere Chancen auf Jobzufriedenheit haben (oben).

Oben in der Pyramide haben Sie eine größere Chance,
im Job zufrieden zu werden, als unten.

Für ein weiterführendes Verständnis der Pyramide benötigen wir nun Kriterien, anhand derer wir festmachen können, wo ein Unternehmen in der Pyramide in Form einer Stecknadel eingesteckt werden soll.

Es könnten dazu die Glücks- und Unglücksfaktoren herangezogen werden, die ich Ihnen im vorherigen Kapitel vorgestellt habe. Aufgrund der Vielzahl der Faktoren würde es aber zu unübersichtlich werden. Deshalb habe ich abstraktere Kriterien gewählt, die die Glücks- und Unglücksfaktoren abbilden. Nennen wir sie mal die unternehmerischen Glücks- und Unglücksfaktoren, die je nach Ausprägung eher glücksfördernd oder im Gegenteil glücksmindernd wirken:

1. Die strukturellen Rahmenbedingungen: alle Bedingungen, die auf die Zufriedenheit eines Mitarbeiters einwirken, unabhängig vom Verhalten beteiligter Personen (wie die arbeitsvertraglichen Rahmenbedingungen, Arbeitszeitmodelle).

2. Die Mitarbeiterführung: die Art und Weise, wie die Menschen in solchen Unternehmen von ihren Vorgesetzten behandelt und angeleitet werden; wie Vorgesetzte von oben nach unten (vertikal) auf Mitarbeiter einwirken.

3. Das Verhalten der Mitarbeiter untereinander: wie die Mitarbeiter auf derselben hierarchischen Ebene auf sich gegenseitig einwirken (horizontal).
4. Die (Arbeits-)Lebensprinzipien: die Werte, an denen sich Mitarbeiter im Unternehmen orientieren, und Firmenkulturen, die sie gemeinsam, oder eben nicht gemeinsam leben.

Um zuverlässig erkennen zu können, wo Sie das eigene Unternehmen oder das Ihres Partners oder von Freunden in der Glückspyramide der Unternehmen eingruppieren können, beschreibe ich Ihnen zunächst die beiden Extrempositionen in der Pyramide.

Wie sieht die Welt ganz unten in der Pyramide aus? Wie sind die Unternehmen zu beschreiben, die im untersten Bereich der Pyramide anzusiedeln sind? Auf der anderen Seite der Pyramide beschreibe ich die Unternehmen, die sich ganz oben, an der Spitze der Pyramide befinden.

Ich beginne mit der Beschreibung von Unternehmen mit schlechterer Glücksbilanz. Von solchen Unternehmen haben Sie vielleicht schon einmal etwas gehört, oder Sie haben selbst Erfahrungen in einem solchen Unternehmen gesammelt. Sie werden wahrscheinlich Parallelen zu Ihren bisherigen Unternehmen erkennen, und die Zuordnung wird Ihnen leichtfallen. Anhand der genannten vier Kriterien werde ich Sie nun durchleuchten.

4.2 Unternehmen am Boden der Glückspyramide – Jobglück unter erschwerten Bedingungen

Was kennzeichnet Unternehmen, die ganz unten in der Glückspyramide stecken? Schauen wir uns zunächst die Rahmenbedingungen für die Mitarbeiter an.

Rahmenbedingungen eines Irrenhauses – der Wahnsinn hat Regeln

Sehen wir uns einmal den Einzelhandel an, eine Branche, in der für die Mitarbeiter, insbesondere für die sogenannten Aushilfskräfte, leider meist schlimmste strukturelle Rahmenbedingungen herrschen.

Ein typisches Beispiel für schlechte Rahmenbedingungen sind dauerbefristete Arbeitsverhältnisse. Gerade Aushilfskräfte erhalten häufig nur befristete Verträge. Es wird ihnen signalisiert, dass ihr Vertrag „natürlich" später entfristet wird, falls sie sich gut einfügen. Aber selbst bei engagierter Mitarbeit entfällt nicht die Entfristung, sondern eine weitere Befristung um sechs Monate wartet auf sie. Und so geht das Spiel wieder von vorne los. „Wenn Sie zeigen, dass Sie weiterhin engagiert sind, sorge ich dafür, dass Sie einen unbefristeten Vertrag erhalten", heißt es von der Führungskraft. Kennen Sie die Bezeichnung „Kettenbefristung"? Es ist eine Aneinanderreihung von mehreren befristeten Arbeitsverträgen. Jetzt erahnen Sie, was diese Mitarbeiter noch erwartet.

Im Einzelhandel geschieht es auch häufig, dass Mitarbeiter keine eindeutigen Stunden und damit auch kein konkretes Gehalt im Vertrag zugesagt bekommen. Bezahlt werden die tatsächlich geleisteten Stunden. Jeden Monat aufs Neue muss der Mitarbeiter sich „verdienen", auch im nächsten Monat von der Führungskraft wieder eingeplant und eingesetzt zu werden. Höherer Stundeneinsatz heißt eben auch mehr Gehalt. Heißt aber auch totale Abhängigkeit vom Goodwill der Führungskraft. Wer in Ungnade fällt, wird weniger eingesetzt und erhält weniger Gehalt.

Ähnlich verhielt es sich bei Sarah, einer Teilzeitkraft, die sich als Eventmanagerin bewarb. Ihr wurden im Bewerbungsgespräch 120 Stunden pro Monat zugesagt. Sie kündigte ihren alten Job im guten Glauben daran, dass der neue Arbeitgeber sich an die Abmachung hält. Als sie dann zeitverzögert (aus welchem fadenscheinigen Grund auch immer) ihren Vertrag erhielt, wurden überraschenderweise nur 60 Stunden notiert. Die Zusage wurde nicht eingehalten. Sie wurde vertraglich hinters Licht geführt. Erinnern Sie sich an die Geschichte mit Claudia zu Beginn dieses Buches? Auch das war ein klassischer Fall von nicht eingehaltenen Zusagen und ein Beispiel dafür, wie Mitarbeiter verheizt werden.

Ein weiteres Beispiel für Unternehmen, die es in der Glückpyramide nicht weit bringen:

In einem Geschäft mit mehreren Abteilungen erhalten die Verkaufsmitarbeiter Provision für die von ihnen persönlich verkauften Waren. Eine frisch eingestellte Kollegin wird einer Abteilung zugeordnet. Sie ist sehr engagiert und generiert schon nach kürzester Zeit hohe Umsätze und damit auch hohe Provisionen für sich selbst. Raten Sie mal, wie das die Kollegin in derselben Abteilung findet? Sie hat eine neue Konkurrentin erhalten, die ihr „ihren" Umsatz „raubt", und schon sinkt das eigene Einkommen! Konkurrenz in einer Abteilung ist zwar produktiv für den Umsatz, aber schlecht für das kooperative Miteinander. Die strukturellen Rahmenbedingungen sind so angelegt, dass sie die Umsatzmaximierung begünstigen, aber dem Kooperationsprinzip schaden.

Schlechte Rahmenbedingungen lassen sich beliebig lang aufzählen. Vielleicht haben Sie auch schreckliche Rahmenbedingungen erlebt oder von ihnen gehört. Viele dieser Bedingungen verstoßen gegen geltendes Recht, aber das hindert manche Unternehmen nicht, von ihm abzuweichen und Schlupflöcher zu finden.

Es sind selbst geschaffene Rahmenbedingungen von Unternehmen. Sie schließen bewusst befristete Verträge ab und machen keine klaren Zusagen. Sie schüren Unsicherheit und Ängste. Sie wollen Mitarbeiter in die totale Abhängigkeit treiben und gefügig machen. Einige

Unternehmen scheuen wie gesagt nicht einmal davor zurück, Mitarbeiter vertraglich zu täuschen und zu hintergehen.

Das sind Kennzeichen für Unternehmen, die wir im unteren Bereich der Glückspyramide verorten würden.

Und nun stellen Sie sich mal vor, was in Ihrem Bauch los wäre, wenn Sie in so einem Unternehmen arbeiten würden. Nicht nur vor Ablauf der Befristung nicht zu wissen, ob es mit der Stelle weitergeht, sondern permanent das Gefühl zu haben, bald wieder ohne Job zu sein, ist grauenvoll. Keine festen Gehaltszusagen zu haben killt das Gefühl der Sicherheit. Angst, die aufgrund fehlender Sicherheit entsteht, ist, wie Sie im vorherigen Kapitel gelesen haben, für den Bauch schlichtweg eine Katastrophe, ein Unglücksfaktor! Mit dem Kollegen in derselben Abteilung um dieselben Kunden im Wettbewerb zu buhlen ist nicht schön. Dass der Erfolg des einen aber das geringere Einkommen des anderen bedeutet, lässt Zufriedenheit schwinden und Unglücksfaktoren sprießen!

Mitarbeiterführung – Unsicherheit macht gefügig

Am leichtesten sind die Unternehmen im untersten Bereich der Pyramide zu identifizieren, wenn Sie die Art und Weise beobachten, wie Führungskräfte ihre Mitarbeiter führen beziehungsweise behandeln.

Die Grundhaltung mancher Führungskräfte ist, so traurig es auch ist: „Untergebene" müssen funktionieren! Sie sind zum Arbeiten da. Privates interessiert nicht! Ob ein Mitarbeiter zufrieden ist oder nicht, ist nicht von Bedeutung.

Schlecht geführt wird, wenn:
- ständig Druck ausgeübt,
- Macht ausgeübt,
- (Fehl-)verhalten ohne Verständnis sanktioniert,
- Angst geschürt,
- Gefügigkeit erzwungen wird und
- Unsicherheit geschürt und verstärkt wird.

Die Grundidee des Führungskonzeptes lautet also: Versetzt die Mitarbeiter in Angst und Schrecken, dann arbeiten sie fleißig. Wenn nicht, schmeißen wir sie wieder raus. Druck, Macht und Sanktionen dienen also einzig dazu, Mitarbeiter anzutreiben, sie zu „motivieren". Deshalb werde ich im Folgenden den unteren Teil der Glückspyramide als druck-, macht- und sanktionsorientierte Unternehmenskultur, kurz gesagt als „Druckwelt" bezeichnen.

Wie wir im vorherigen Abschnitt gesehen haben, werden von der Geschäftsführung bewusst Rahmenbedingungen geschaffen, die es der Führungskraft ermöglichen, ihre Mitarbeiter gefügig zu machen. Und genau das ist auch die Aufgabe der Führungskraft: „Sehen Sie zu, dass Ihre Leute funktionieren!", heißt es so manches Mal von ganz oben.

So nutzen Vorgesetzte zum Beispiel gerne die Personaleinsatzplanung, um in Ungnade gefallene Mitarbeiter kleinzukriegen und wieder in die Spur zu bringen. Urlaubsanträge werden bei unbeliebten Mitarbeitern später bearbeitet oder aus irgendwelchen nicht nachvollziehbaren Gründen abgelehnt. Natürlich bekommen die „Lieblinge" die angenehmen Arbeiten und bessere Einsatzzeiten, während die Geächteten gehasste Aufgaben und ungeliebte Arbeitszeiten zugewiesen bekommen.

Ein anderes Mittel, Macht auszuüben und Mitarbeiter kleinzuhalten, sind Zielvorgaben, die so hoch angesetzt sind, dass sie nie erreicht werden können. Damit ist immer der Beweis für das Versagen des Mitarbeiters erbracht. Und Kleinhalten ist hier Programm: Denn dann bleiben Forderungen nach Gehalt, Urlaub und sonstigen Ansprüchen genauso klein, wie die vermeintliche Leistung des Mitarbeiters. Und wenn es gar nicht anders geht und der Mitarbeiter immer noch nicht in der Spur läuft, droht die Versetzung in eine andere Abteilung oder an einen anderen Standort.

„Wenn es Ihnen nicht passt, dann können Sie ja gehen!", sind häufige Sprüche von Führungskräften. Sowieso lassen sie keine Situation verstreichen, ohne ihren Mitarbeitern zu signalisieren, dass diese beliebig austauschbar sind und ihre Anstellung ein überraschendes Ende nehmen kann. „Wenn Sie dieses oder jenes nicht tun, können Sie in der Personalabteilung sofort Ihre Papiere abholen", ist kein seltener Spruch.

Mir berichtete einmal ein System-Gastronom, wie er bei seinen Mitarbeitern Druck aufbaut, um sie zu „motivieren": „Wissen Sie", begann er, „ich schmeiß einfach alle drei Monate prophylaktisch einen Mitarbeiter raus. Derjenige, der mich am meisten nervt, fliegt. Dann haben alle anderen Angst und arbeiten wieder anständig!" Glauben Sie mir, ich war schockiert. Für ihn aber war es eine funktionierende Strategie, Mitarbeiter mit Druck gefügig zu machen und zur Arbeit anzutreiben.

In Unternehmen, die im unteren Bereich der Glückspyramide anzutreffen sind, leben die Führungskräfte ihre Hierarchie aus. Sie demonstrieren es mit Bemerkungen wie „Müller, machen Sie das mal so und so". Die höfliche Anrede mit Herr oder Frau wird geflissentlich weggelassen. Raten Sie mal was passieren würde, wenn Herr Müller seinem Vorgesetzten Herrn Meyer antworten würde: „Ja, Meyer, mache ich." Schon so ein „respektloses" Verhalten gegenüber der Führungskraft könnte sein Todesurteil bedeuten. Dies ist nur ein kleines, niederschwelliges Beispiel für ungesunde Hierarchie. Dennoch wird jedem sofort deutlich, wer wo steht, wer was darf und wer was besser nicht tun sollte.

Der Vorgesetzte „darf" brüllen, der Mitarbeiter auf keinen Fall. Der Mitarbeiter sollte auch bloß nicht meckern; das steht ihm nicht zu. Der Vorgesetzte nutzt jede Gelegenheit zu signalisieren, dass er das Sagen hat.

„Wer hat Sie denn nach Ihrer Meinung gefragt?", schießt der Vorgesetzte heraus, falls ein „Untergebener"[46] es wagt, einen Verbesserungsvorschlag zu machen. So eine Führungskraft hat auch keine Skrupel, Sie vor versammelter Mannschaft als blöd und inkompetent hin- und bloßzustellen. Würden Sie es wagen, so einen Vorgesetzten zu kritisieren? Nein, im Leben nicht.

Sie können es häufig schon am Händedruck erkennen: In Druck-Unternehmen lernen Führungskräfte, schon beim Händedruck „mehr Druck" auszuüben, um wortwörtlich mehr Druck auszuüben. Es ist wieder nur ein kleines Machtgehabe – aber es wirkt.

Aus Sicht der Führung ist übrigens Kritik ein wichtiges Instrument, das zum Funktionieren der Mitarbeiter beiträgt. Natürlich nicht die Kritik an der Führungskraft, sondern umgekehrt, die Kritik am Mitarbeiter.

Kritik ist ein Mittel, Mitarbeiter kleinzumachen und kleinzuhalten. Fehler zu suchen gilt als Aufgabe der Führungskraft. Sie soll Kritik unverblümt anbringen. Positives Feedback und Komplimente werden vermieden.

Lob und Anerkennung? Fehlanzeige! Die Devise: „Die Anerkennung durch den Vorgesetzten steht doch auch nicht im Arbeitsvertrag." Oder: „Wieso, wenn ich nicht meckere, reicht das doch." Der Mitarbeiter könnte ja auf den Gedanken kommen, diesen Rückenwind als Grundlage für Gehaltsverhandlungen zu nutzen. Kritik hilft, Mitarbeiter weiter in Unsicherheit zu halten.

Und für den Fall, dass Kritik alleine nicht ausreicht, gibt es Sanktionen. Fehler werden nicht mehr nur kritisiert, sondern müssen immer auch sanktioniert werden! Und „müssen" ist hier wortwörtlich zu verstehen. Die Führungskraft hat in solchen Unternehmen keine Wahl: Entweder sie sanktioniert, oder sie wird wegen möglicher Dienstverfehlung – weil sie nicht ausreichend sanktioniert hat – wiederum selbst sanktioniert.

Es muss halt immer ein Schuldiger gefunden werden. Findet sich keiner, dann muss zumindest der Dümmste oder der Wehrloseste aus dem Team „geopfert" werden. Und falls der auch nicht direkt zur Verfügung steht, wird mit einem Wutausbruch wenigstens derjenige malträtiert, der sich zufälligerweise in der Nähe befindet. Ist das gerecht? Nein, aber es funktioniert! Denn ein solch willkürliches Verhalten sorgt in einem hohen Maße für Angst, und das wiederum ist ein Instrument, um die Mitarbeiter anzutreiben.

Die interessante Frage, die sich hier stellt, ist, wie sich Mitarbeiter in einem solchen Spannungsfeld verhalten. Wenn alle Beteiligten wissen, dass jede kleinste Verfehlung zu einer Sanktion führt und bestraft wird, würden diese dann jemals einen Fehler freiwillig zugeben?

Nein, natürlich nicht! Die Überlebensstrategie ist, sich selbst und den anderen gegenüber niemals einen Fehler einzugestehen! Es ist klüger, sich herauszureden und, wenn es gar nicht anders geht, besser einen anderen Kollegen zu beschuldigen.

Eines ist sicher: In solchen Strukturen hat niemand eine Chance herauszufinden, wer oder was für einen möglichen Fehler wirklich die Verantwortung trägt! Jeder wird sich, wie beschrieben, nach allen Seiten hin schützen und im Zweifel die Unwahrheit sagen. Das Einzige, das in einer solchen Struktur dem Vorgesetzten helfen kann, ist der Verrat!

Der Verräter wird von der Führungskraft natürlich gehegt und gepflegt. Er ist der Einzige, der einigermaßen brauchbare Geheimnisse an die Führungskraft weitergibt. Der Verräter erhält die Gunst der Führungskraft und dadurch Vorteile. Das ist eine gekonnte Überlebensstrategie des Verräters:

Wer andere denunziert, lebt in einer schlechten Unternehmenskultur länger und besser!

Übrigens: Die ersten Führungsseminare, die eine Führungskraft in solchen Unternehmen erhält, haben häufig Titel wie: „Mitarbeiter formal korrekt abmahnen" oder „Kündigen, ohne Kosten zu verursachen".

Was glauben Sie: Kann ein aufrichtiger Mensch als Mitarbeiter in diesen Macht-, Druck- und Sanktionssystemen auf Dauer glücklich werden? Haben sich bei Ihnen beim Lesen dieses Abschnitts die Nackenhaare hochgestellt? Wie geht es Ihrem Bauch, wenn Sie sich vorstellen, Sie wären solch einem Führungsverhalten täglich ausgesetzt?

Ihr Bauch schreit und krümmt sich vermutlich vor Schmerzen! Sich nie sicher fühlen zu können, der Macht und der Willkür der Führungskraft täglich ausgesetzt zu sein, sich ohnmächtig zu fühlen, von der Gunst der Vorgesetzten abhängig zu sein, erpresst zu werden, als wertlos abgestempelt zu werden, all das ist für den Bauch schlichtweg eine Katastrophe. Eine Vielzahl an Unglücksfaktoren übervölkert Ihren Bauch. Das Ergebnis der Entscheidung über Ihre Zufriedenheit ist schnell getroffen: totaler Frust mit der Option, durch dieses Grauen auch noch krank zu werden!

Die Welt der Mitarbeiter in Unternehmen, die sich am Boden der Glückspyramide eingerichtet haben, ist grausam. Alle genannten Beispiele sind Tatsachenberichte, die mir von vielen Menschen aus erster Hand im Rahmen meiner langjährigen Recherche berichtet wurden. Insofern weiß ich, dass in solchen Rahmenbedingungen und unter so einer Führungskraft zu arbeiten schlichtweg der Horror ist! Da können Sie Ihre Erwartungshaltung runterschrauben, wie Sie wollen, ein gutes Bauchgefühl werden Sie in solchen Unternehmen nicht bekommen.

Offensichtlich verhalten sich die Führungskräfte in diesen Unternehmen nicht wirklich menschenfreundlich. Das tun sie übrigens nicht, weil sie grundsätzlich gemein sind oder sich menschenverachtend verhalten wollen. Viele verhalten sich so, weil es eine gelebte Führungsüberzeugung gibt: „Setze den Mitarbeiter unter Druck und in Angst." Sie glauben, dass der Mitarbeiter in diesem Zustand engagierter arbeitet. Auch dies ist eine Überzeugung.

Wie schon gesagt fällt es den meisten Menschen leicht, am Verhalten ihrer Führungskräfte zu erkennen, wo die „Stecknadel" ihres Unternehmens in der Glückspyramide stecken muss.

Sagen Sie mir, wie man Sie führt – und ich sage Ihnen, wo die Nadel Ihres Unternehmens in der Glückspyramide steckt!

Haben Sie schon eine Ahnung, wo die Nadel Ihres Unternehmens stecken müsste? Das Bild wird noch klarer, wenn wir uns die Arbeitskultur in den Unternehmen, die sich in der Glückpyramide nach unten orientieren, noch genauer ansehen.

Verhalten der Mitarbeiter – Krieg der Mitarbeiter

Sie wissen inzwischen, dass sowohl die unternehmerischen Rahmenbedingungen als auch das Verhalten der Führungskräfte Auswirkungen auf das Verhalten der Mitarbeiter untereinander haben. Geschürtes Verrätertum und die Androhung von Sanktionen sind negative Beispiele hierfür.

Es liegt auf der Hand, dass Mitarbeiter, die in besagten Unternehmen arbeiten, das eigene Verhalten den schlechten Bedingungen anpassen. Es ist schon Wahnsinn, was systematische Kritik und Sanktionen in einem Team ausrichten. Statt Ehrlichkeit und Aufrichtigkeit fördert und „belohnt" ein solches Umfeld Unehrlichkeit, Verrat und Futterneid.

Eine individuelle Umsatz-Provisionierung für Mitarbeiter, die im Verkauf arbeiten, schafft destruktive Konkurrenz innerhalb eines Teams. Des einen Erfolg ist des anderen Verlust! Das schafft Missgunst. Leider entsteht die sich entwickelnde Konkurrenz nicht nur bei Vergütung, Prämien oder Provisionen. Konkurrenz kann es schon auf dem Firmenparkplatz morgens früh geben. Da wird um Stammplätze für das eigene Auto gekämpft, als ginge es um eine wichtige Rangfolge. Selbstverständlich bleiben Beförderungen, Lohnerhöhungen, Urlaubsregelungen bis hin zum Anrecht auf die Brückentage nicht ohne die entsprechenden Machtkämpfe.

Es scheint, als sei der Kampf in solchen Unternehmen typisch. Die Starken überleben, die Schwachen bleiben auf der Strecke. Es wird mit harten Bandagen gekämpft. Hier wird der „Überlebenswillige" leicht zum Denunzianten, der andere anschwärzt. Meist trifft es unschuldige oder wehrlose Kollegen. „Was soll's! Der Zweck heiligt die Mittel", denken viele.

Es heißt: „Gib den Menschen Macht, und sie zeigen ihren wahren Charakter." Das Verblüffende aber ist, dass zur Macht nicht zwingend eine höher gestellte Position oder Aufgabe vonnöten ist. Selbst auf der gleichen hierarchischen Stufe hat derjenige am meisten Macht, der dreister, distanzloser und vielleicht dienstälter ist oder sich wie auch immer legitimiert fühlt. Ständige Machtspiele und die nicht enden wollende Suche nach Sündenböcken sind typische Charakteristika einer Druckwelt.

Wenn Sie dies lesen, bekommen Sie wahrscheinlich schon von den Aufzählungen Bauchschmerzen. Sind Egoismus, Konkurrenz, Ellbogenmentalität, Machtspielchen, Verrat und Verleumdung an der Tagesordnung, wird der Bauch mit Unglücksfaktoren vollgestopft. Sie wirken wie pures Gift im Bauch. Er kann somit nur zum Ergebnis kommen, dass diese Arbeit wirklich schrecklich ist!

(Über-)Lebensprinzipien am Boden der Glückspyramide – Hilfe!

Im zweiten Kapitel bin ich auf Lebensprinzipien eingegangen, die sich in der Gesellschaft wie eine neue Trendsportart verbreiten und in die Unternehmen einziehen. Nimmt man diese Prinzipien genauer unter die Lupe und schaut, ob und welchen Einfluss sie auf Unternehmen im unteren Bereich der Pyramide haben, ergibt sich folgendes Bild:

„Der Ehrliche ist der Dumme!"

Sie haben gelesen, dass es fast schon klüger ist, in einer Druckwelt unehrlich zu sein, als Fehler einzugestehen. Dann hat man Chancen, in solchen Unternehmen alt zu werden. Dass diese vermeintliche Überlebensstrategie aber auch sehr großes Zerstörungspotenzial hat, wird Sie nicht wundern, oder?

Dieses Prinzip ist im Privatleben wie auch im Job Garant für den Totalverfall sämtlicher guter Werte. Wenn Sie ehrlich sind und dadurch immer wieder den Nachteil haben und dann als Dummer aus dem Konflikt hervorgehen, wie lange wollen Sie dann noch der Ehrliche sein?

Der Ehrliche bleibt nur so lange ehrlich, bis er nicht mehr
der Dumme sein möchte.

Selbst diejenigen, die noch ein Gewissen haben, müssen feststellen, dass sie sich mit korrektem und ehrlichem Verhalten selbst schlechte Karten zuspielen. Letztlich wird es für diese ehrlichen Menschen nur drei Möglichkeiten geben:

1. Das Gewissen „abzuhärten", damit es ihnen ein Stück weit ermöglicht wird, sich auf den schlechten Stil einlassen zu können.
2. Den immer wiederkehrenden Frust hinunterzuschlucken.
3. Den Ort, an dem nichts Gutes gedeihen kann, zu verlassen, wenn die ersten beiden Alternativen inakzeptabel sind. Ich komme im nächsten Kapitel auf diese Möglichkeit noch zurück.

Das Ergebnis: Unehrlichkeit setzt sich durch. Es wird gelogen, was das Zeug hält. Jeder reißt im Zweifel jeden rein, und keiner glaubt dem anderen mehr!

Gegenseitiges Vertrauen wird in solchen Unternehmen täglich zerstört!

Sie können sich vorstellen, dass, wenn eine Gesellschaft oder besser gesagt eine Belegschaft so denkt, nichts Gutes für den Bauch dabei herumkommt.

„Dreistigkeit siegt!"

Dreistigkeit bedeutet, dass sich eine Person auf Kosten anderer Vorteile verschafft. Das zweite Lebensprinzip, das in solchen Unternehmen wirkt, hat weniger mit Macht oder Machtstrukturen als vielmehr mit Frechheiten, Unverschämtheiten und Unverfrorenheiten zu tun. Beispiel: Da arbeiten zwei Personen als Team zusammen. Die eine ist dreist, was ist dann die andere? Der Verlierer!

Das muss man sich mal auf der Zunge zergehen lassen. Wenn man Dreistigkeit in einem Unternehmen zulässt oder wenn Strukturen und Führungsverhalten Dreistigkeit sogar auslösen und begünstigen, dann werden reihenweise Verlierer produziert. Verlierer sind dann oft die netten, liebenswerten Kümmerer. Diejenigen, die ein Gewissen haben und sich wenigstens noch für etwas verantwortlich fühlen und zeigen können. Verantwortlich gegenüber den Kollegen, (sogar) ihren Führungskräften und dem Unternehmen gegenüber. Es sind diejenigen, die im Zweifel als erste schlecht wegkommen. Wie schade, und wie ungerecht ist das?!

Genauso ergeht es den „Machtlosen". Auch sie werden durch die Dreisten zu Verlierern gemacht. Die Dreisten werden es immer wieder schaffen, diese Kollegen für ihre Zwecke auszunutzen und im Zweifel auch für ihre Fehler geradestehen zu lassen. Sie setzen ohne Gewissen ihre Interessen durch, egal wie groß der Schaden für die anderen ist! Und Sie können sicher sein, Dreiste finden immer Kollegen, auf deren Schultern sie sich setzen können!

Dabei muss uns allen klar sein:

Dreiste können nur dreist sein, wenn sie von den Führungskräften nicht davon abgehalten werden!

Wer Dreistigkeit im Unternehmen zulässt, lässt auch zu, dass Unbeteiligte zu Verlierern werden. Wenn Führungskräfte Verrätertum fördern, dann säen sie auch den Boden für dreistes Verhalten.

Fazit: Mitarbeiter mit Bauchschmerzen

Ich habe Ihnen die Druckwelt anhand von vier Kriterien beschrieben: Mit den Rahmenbedingungen für die Mitarbeiter, mit dem Verhalten der Führungskräfte, mit dem Verhalten der Mitarbeiter untereinander und den gelebten Arbeits- und Lebensprinzipien.

Es sind druck-, macht- und sanktionsorientierte Unternehmen, in denen die Menschen funktionieren müssen, ohne dass sie menschlich behandelt werden. Arbeiten wird zum Überlebenskampf eines jeden Einzelnen, und das gegenseitige Vertrauen wird ausgelöscht. Ein vernichtendes Gesamtergebnis für die Zufriedenheit eines Mitarbeiters. Kein Wunder, dass er mit so vielen Unglücksfaktoren Bauchschmerzen bekommt.

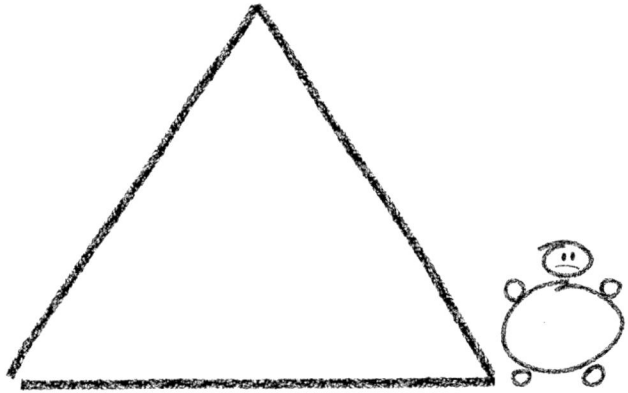

In einer Druckwelt voller Unglücksfaktoren bekommt Fred Bauchschmerzen.

Womöglich sind Sie über meine Darstellung so erschüttert, dass Sie mir vorhalten, ich hätte diesen Teil der Arbeitswelt zu schwarz gemalt.

Aber finden Sie die beschriebenen Arbeits- und Lebensprinzipien wirklich so lebensfremd? Vielleicht erinnern Sie sich, selbst unter solchen oder ähnlichen Bedingungen schon gearbeitet zu haben. Womöglich kennen Sie jemanden, der Ihnen hiervon berichtet hat? Kommen Ihnen einige Beispiele zum Führungsverhalten oder dem Verhalten Ihrer Kollegen bekannt vor?

Auch wenn es niemand hören möchte: Die Unternehmen, die sich am Boden der Glückspyramide befinden, können auch erfolgreich sein. Sie erreichen Profit unter fast menschenverachtenden Bedingungen. Die Mitarbeiter haben zu funktionieren. Sie sollen hart und ohne Diskussionen arbeiten. Wer das nicht kann oder will, wird wieder „ausgespuckt".

Bisher habe ich den Extremfall beschrieben. Was ist aber mit Unternehmen, deren Stecknadel zwar weiter oben, aber dennoch im unteren Pyramidenteil steckt? Wird auch hier der Bauch mit Unglücksfaktoren vollgestopft, oder darf sich der Bauch in solchen Unternehmen auch über Glücksfaktoren freuen?

Diese Unternehmen agieren zwar nach derselben Führungsidee, aber nicht in derselben Intensität und damit auch nicht mit so schlechten Auswirkungen auf die Zufriedenheit. Hier wird nicht permanent Macht und Druck ausgeübt oder jeder Fehler sanktioniert. Die Hierarchie ist zwar sichtbar, es weiß schon jeder, wo er steht, aber es wird nicht jedem dauernd auf die Nase gebunden. Hier kann ein Unternehmen auch mal gute Rahmenbedingungen bieten, behandelt seine Mitarbeiter aber vielleicht dennoch im Endeffekt schlecht.

Was bringen aber etwa tolle Arbeitsverträge und eine betriebseigene Cafeteria mit kostenlosem Kaffee, wenn sie von ihren Führungskräften tagtäglich tyrannisiert werden? Es bleiben in der Summe dennoch Unternehmen der Druckwelt.

Können Sie übrigens Ihr Unternehmen schon einordnen, ohne dass ich Ihnen Unternehmen vorgestellt habe, die oben in der Pyramide angesiedelt sind? Haben Sie vielleicht die Unternehmen Ihres Partners oder Ihrer Freunde wiedererkannt?

4.3 Unternehmen an der Spitze der Glückspyramide – glückliche Unternehmen mit großartiger Führung

Betrachten wir nun das andere Extrem: Unternehmen, die ganz oben, in der Spitze der Glückspyramide, thronen: Allen Führungskräften dieser Unternehmen ist es ein Anliegen, dass es den Mitarbeitern gut geht und dass sie bei der Arbeit zufrieden sein können.

Alle Vorgesetzten haben verstanden, welche Glücksfaktoren auf den Bauch eines Mitarbeiters einwirken. Sie wissen, dass die Frage der Zufriedenheit eines Mitarbeiters nicht von ihm bewusst, sondern aus dem Bauch heraus beantwortet wird.

Diese Unternehmen leben nach dem Prinzip:

Unternehmerischer Erfolg und zufriedene Mitarbeiter schließen sich nicht aus, sondern gehören zusammen.

Nicht, dass in diesen Unternehmen nicht engagiert gearbeitet würde. Da aber die Führungskräfte dieses Prinzip ernst nehmen und ihnen das Wohlergehen ihrer Mitarbeiter wirklich am Herzen liegt, haben sie für ihr Unternehmen und alle Mitarbeiter strukturelle Rahmenbedingungen geschaffen, die sich auf den Bauch des Mitarbeiters positiv auswirken.

Die Führungskräfte leben ein Miteinander in ihren Teams. Sie vertrauen ihren Mitarbeitern und leiten sie an, sich gegenseitig im Team zu unterstützen.

Vor allen Dingen aber suchen sie Menschen für ihr Unternehmen aus, die dieses Miteinander auch leben, also aktiv mitgestalten. Menschen, denen es ebenfalls ein Anliegen ist, in einer harmonischen, konstruktiven und angstfreien Atmosphäre hoch motiviert zu arbeiten.

Im Folgenden sehen wir uns so eine Unternehmenswelt an der Spitze der Glückspyramide einmal genauer an. Wir werden dazu auch die vier Kriterien nutzen, die wir für die Analyse der Druckwelt verwendet haben.

Rahmenbedingungen mit Anschnallgurt – Sicherheit fühlt sich gut an

Die strukturellen Rahmenbedingungen dieser Unternehmen sind schnell erklärt. Sie geben den Mitarbeitern Sicherheit, nehmen Angst, bieten Klarheit und Verlässlichkeit. Zusagen von heute gelten auch noch morgen. Befristete Arbeitsverhältnisse kommen nur vor, wenn tatsächlich ein sachlicher Grund vorliegt. Eindeutige Gehaltszusagen sind selbstverständlich, und falls es ein Provisionssystem gibt, wird eine Team-Erfolgsprämie einer Individual-Prämie vorgezogen.

Kurzum, in dieser Unternehmenswelt erhält der Mitarbeiter Sicherheit, und es herrscht gegenseitiges Vertrauen. Miteinander zu arbeiten und sich zu vertrauen sind die Maxime dieser Unternehmenswelt. Deshalb bezeichne ich diese Unternehmen, die oben in der Pyramide stecken, auch als „Vertrauenswelt".[47]

Mitarbeiterführung in einer Vertrauenswelt – großartige Führung

Die Qualität und Kraft von Führungsverhalten in der Vertrauenswelt kann man am besten erkennen, wenn wir uns anschauen, wie das Ergebnis solchen Führungsverhaltens ist. Wie sprechen die Mitarbeiter über ihre Führungskräfte? Was halten sie von ihnen, und wie gehen sie mit ihren Führungskräften um?

Anhand einiger Beispiele möchte ich es Ihnen verdeutlichen:

Schnuppern in Lünen

Mit einer Bewerberin verabredeten wir für unseren Standort in Lünen einen Schnuppernachmittag. Sie sollte von 15:00 Uhr bis 18:00 Uhr unser Geschäft, das Team, die Arbeit und unsere Kunden kennenlernen. Nach Ablauf dieser Schnupperzeit wollte man besprechen, ob man zusammenkommen will.

Auch hieß es, dass der Chef um 18:00 Uhr vorbeikommen würde, um die Formalien persönlich mit ihr zu klären. Um 17:00 Uhr wurde die Bewerberin sichtbar unruhig. Sie wackelte von einem Bein auf das andere, und irgendwann schoss es aus ihr heraus: „Warum seid ihr eigentlich noch so gelassen?"

„Warum nicht?", fragte eine Mitarbeiterin, „warum sollen wir nicht gelassen sein?" „Ja, weil doch gleich der Chef kommt!", erwiderte die Neue. Die Mitarbeiterin sagte daraufhin: „Wieso, es kommt doch nur Achim!"

Als mir die Geschichte von der Bewerberin später erzählt wurde, sprangen mir drei Gedanken durch den „Bauch" (ja, meine Zufriedenheit kommt natürlich auch aus dem Bauch heraus):

Der erste Gedanke war: Wenn es heißt, „da kommt doch nur ... ", hört und fühlt sich das für mein „Männer-Ego" blöd an. Im zweiten Schritt rümpfte mein „Chef-Ego" kurzzeitig die Nase, bis dann mein vernünftiger Menschenverstand wieder einsetzte und zur dritten Interpretation kam, zu der ich Ihnen folgende Hintergrundinformation geben muss:

Ich habe vor vielen Jahren im Unternehmen das „Partyprinzip" eingeführt. Es bedeutet, wenn alles getan ist, das heißt wenn alle Kunden top betreut wurden und alle anderen Aufgaben erledigt sind, „dann könnt ihr auch Party machen". Meine Mitarbeiter hatten offensichtlich alles getan und hatten somit ein reines Gewissen. Das reine Gewissen allein hat aber nicht diese Äußerung ermöglicht. Es bedarf auch des Vertrauens. Vertrauen darauf, dass sie sprichwörtlich „keinen draufkriegen", weil ich sie beim Besuch untätig antreffe. Es ist das Vertrauen in sich selbst, alles Notwendige erledigt zu haben, das reine Gewissen und das Vertrauen in mich als Führungskraft, dass ich keine Fehler suche, sondern mich über Gemachtes freue. Dies war die dritte Interpretation. Sie passte auch besser in unser Weltbild als ein gekränktes „Chef-Ego".

Die „Schnupper-Person" hatte offensichtlich genau das Gegenteil in anderen Jobs erlebt. Die Druckwelt ließ grüßen. Ihre Erfahrung war, dass Führungskräfte immer meckern, wenn sie zur Kontrolle erscheinen, egal, wie sehr sie sich fürs Unternehmen eingesetzt und aufgerieben haben. So einen vertrauensvollen Umgang zwischen Vorgesetzten und Mitarbeitern wie bei uns konnte sie sich einfach nicht vorstellen. Ihre Skepsis war zu groß.

Marie kündigt

Marie, eine Mitarbeiterin, die als Aushilfe arbeitete, offenbarte mir unerwartet, dass sie aufgrund veränderter Lebensumstände bei uns nicht weiterarbeiten könne. Sie müsse kündigen. Ihr war aber nicht klar, welche Frist sie für ihre Kündigung einzuhalten hatte und sie fragte mich nach ihrer Kündigungsfrist.

Sie war völlig überrascht, als ich die Frage spontan nicht beantworten konnte. „Ich weiß es auch nicht, aber es ist auch nicht so wichtig", gab ich zur Antwort. Sie war überrascht und sagte: „Du weißt doch sonst immer alles, warum weißt du das nicht?"

Ich antwortete: „Liebe Marie, natürlich können wir in deinem Arbeitsvertrag nachschauen. Da werden wir irgendeine Frist finden, die du theoretisch einzuhalten hättest. Aber es wäre doch viel besser, wenn wir uns bei der Beendigung unserer Zusammenarbeit an einem ganz einfachen Gedanken orientieren: Verlass uns doch einfach so, dass du uns später immer mit einem guten Gefühl besuchen kannst und erlebst, dass auch deine Exkollegen mit dir ein gutes Gefühl haben. Sprich, sorg dafür, dass du einen guten Abgang hinlegst. So können sich unsere Wege immer wieder kreuzen, ohne dass irgendjemand dabei Bauchschmerzen hat. Für deinen Job heißt das konkret: Mach die Stunden, für die du im Personalplan noch eingetragen bist. So müssen die anderen nicht spontan für dich einspringen. Mach vor allen Dingen deinen Job bis zum Schluss noch ordentlich. Wir machen das auch. So können wir im Guten auseinandergehen und immer wieder problemlos zusammenkommen. Dass nämlich jemand später wieder bei uns anfängt, hat's schon häufig gegeben."

Annika meldet frühzeitig ihren Austritt an

Annika war eine unserer Führungskräfte. Sie kündigte bereits neun Monate, bevor sie in eine andere Stadt ziehen wollte, an, dass sie ihren Lebensmittelpunkt verändern wollte und deshalb bei uns aufhören müsste.

Musste sie dies so früh ankündigen? Sicher nicht. In einer Druckwelt wäre dies völlig undenkbar gewesen. Warum? Weil jeder weiß, dass mit der Kündigung meistens nur noch Schikanen zu erwarten sind und ein steiniger Weg wartet. In einer Druckwelt werden für solche

Kündigungsgespräche üblicherweise möglichst viele Urlaubstage ange-spart, um durch mehrtägige Abwesenheit (möglichst bis zum letzten Arbeitstag) Schikanen aus dem Weg gehen zu können.

Aber auch wenn wir alle sehr traurig über Annikas Ausscheiden waren, konnte sie sich absolut sicher sein, keine Sanktionen oder sons-tiges Schlimmes erwarten zu müssen. Sie offenbarte sich nicht nur frühzeitig, sondern arbeitete in den verbleibenden Monaten ihre Nach-folgerin bestens ein und legte einen super Abgang hin. Kein Wunder, dass dann solche Mitarbeiter auch eine grandiose Verabschiedung er-leben und lange in bester Erinnerung (und im Herzen) aller Kollegen (und natürlich auch der Vorgesetzten) bleiben.

Diese großartige Mitarbeiterin hat mit ihrem guten Beispiel allen gezeigt, was gegenseitiges Vertrauen bedeutet. Ihr Vertrauen darauf, dass ihre Ehrlichkeit nicht zu ihrem Nachteil wird, zahlte sich für alle aus. Ist der Ehrliche immer der Dumme? Nein, in einer Vertrauenswelt darf er das nicht sein! Das typische Führungsverhalten in Unterneh-men in der Pyramidenspitze wird immer so sein, dass die Ehrlichkeit eines Mitarbeiters diesem nicht zum Nachteil werden darf.

An diesem Beispiel kann die Führungskraft ablesen, wie groß das Vertrauen ihr gegenüber ist. Für alle Mitarbeiter ist aber viel wichti-ger zu sehen, ob das Vertrauen der Mitarbeiterin gegenüber der Füh-rungskraft von ihr missbraucht wird oder nicht. Erst durch solche Geschichten erleben die Mitarbeiter den Beweis, dass gegenseitiges Vertrauen gelebt wird.

Chris und der zerstörte Spiegel in Recklinghausen

Chris rief mich vor einiger Zeit in der Zentrale an. Sie informierte mich, dass sie einen Spiegel zerschlagen hat. Ich bedankte mich bei ihr für die Info, was sie offenbar verunsicherte. „Wieso bedankst du dich bei mir, wo ich doch den Spiegel kaputt gemacht habe?", fragte sie. „Ich bedanke mich nicht dafür, dass du den Spiegel zerlegt hast! Ich bedanke mich aber dafür, dass du so ehrlich bist und es mir gesagt hast. Denn nun kann ich dich fragen, wie es passiert ist und mit dir überlegen, wie wir dies zukünftig verhindern können. Deine Ehrlich-keit gibt mir die Chance, unseren Betrieb zu optimieren. Danke dafür."

Und in der Tat, es ergab sich tatsächlich eine Optimierung zur Vermeidung weiterer Schäden. Was glauben Sie, warum hat sie sich getraut? Sie wusste, dass ihr trotz ihrer Unaufmerksamkeit, die zur Zerstörung des Spiegels geführt hatte, nicht der Kopf abgerissen würde.

In vielen anderen Unternehmen hätte wohl niemand etwas gesagt, geschweige denn es zugegeben. Wäre der Schaden einer Führungskraft später aufgefallen, wäre es keiner gewesen. Zu groß wäre die Sorge um unangenehme Diskussionen und Sanktionen gewesen. Und so bedeutet in diesem Fall „nach der Reparatur" vermutlich auch wieder „vor der Reparatur".

Hemmungsloses Lachen in Herne

Apropos Vertrauen. Ich verbrachte mal an einem Nachmittag einige Zeit in unserer Filiale in Herne. Ich plante die Renovierung des Geschäftes und verbrachte somit etwas Zeit vor Ort, ohne in den Geschäftsbetrieb involviert zu sein. Es herrschte eine ausgelassene, lustige Stimmung. Zwei meiner Mitarbeiterinnen scherzten und lachten lautstark mit einer Kundin. Ganz klar: Um das Produkt ging es bei diesen Späßen schon lange nicht mehr. Plötzlich brach die Kundin ab und sagte zu den beiden Mitarbeiterinnen im Flüsterton: „Hören Sie mal, wenn das Ihr Chef mitbekommen würde, dass Sie hier mit mir so viel Blödsinn veranstalten, ich weiß nicht ..." Daraufhin zeigte eine Mitarbeiterin unverblümt mit dem Finger auf mich und bemerkte wie selbstverständlich: „Wieso, da steht er doch!"

Vertrauen ist erst dann echt, wenn:

1. die Führungskraft darauf vertrauen kann, dass ihre Mitarbeiter engagiert und zuverlässig ihre Arbeit erfüllen und
2. die Mitarbeiter darauf vertrauen können, dass die Führungskraft eben darauf vertraut und sich deshalb entsprechend verhält!

Ja, diesen letzten Absatz kann man ruhig zweimal lesen. Vertrauen beruht eben auf Gegenseitigkeit. Und gerade im Arbeitsleben, in dem so viel Skepsis gegenüber anderen verbreitet ist, ist ein gegenseitiger Vertrauensbeweis immer wieder wichtig.

Ich gebe Ihnen noch zwei weitere Beispiele aus der Vertrauenswelt:

Wattebäuschchen-Zeit[48]

Die Führungskräfte gehen die Verpflichtung zur Fürsorge für ihre Mitarbeiter ein. Theoretisch behauptet dies nahezu jede Führungskraft, egal wo sie in der Pyramide steckt. In allen Unternehmen oben in der Pyramide muss dies aber in der tagtäglichen Arbeit gelebt und bewiesen werden.

Am Beispiel privater Probleme von Mitarbeitern möchte ich dies verdeutlichen: Da ist ein Mitarbeiter, der in seiner Partnerschaft gerade durch schwere See manövriert. Er steht unter mächtigem Druck. Sein Leben wackelt. Im Job ist er nicht mehr richtig bei der Sache, seine Fehlerquote ist immens. In einer klassischen Druckwelt würde der ohnehin schon große Druck auf diesen Mitarbeiter durch heftige Kritik des Vorgesetzten und mögliche Sanktionen noch weiter verstärkt. Seine Leistung würde daraufhin wahrscheinlich noch weiter abfallen, was wiederum eine Fehler-Kritik-Sanktions-Teufelsspirale auslösen würde. Das Ergebnis ist nicht selten der Verlust des Arbeitsplatzes und als weitere Folge schlimmstenfalls das Scheitern der Partnerschaft.

Eine Führungskraft im oberen Pyramidenbereich hat die Pflicht wahrzunehmen, welche Ursache die gestiegene Fehlerquote hat. Sollte es etwa an einer privaten Belastungsphase liegen, verkündet sie eine sogenannte „Wattebäuschchen-Zeit" für diesen Mitarbeiter.

In jedem guten Team würde eine Unterstützung des Kollegen auch ohne den Wattebäuschchen-Alarm stattfinden. Aber die Hilfsbereitschaft und Toleranz, Fehler des Kollegen auszubaden, ist nie von endloser Dauer. Irgendwann ist die Bereitschaft dazu nicht mehr vorhanden. Wird aber dieser Wattebäuschchen-Alarm verkündet, hat es eine andere Qualität. Der Vorgesetzte gibt den Kollegen einen Hinweis zur belastenden Situation des kriselnden Mitarbeiters, fordert die Kollegen auf, sich in seine Situation einzufühlen und bittet um Verständnis, Nachsicht und Unter-Stützung. Ein intaktes Team nimmt dann das betroffene Teammitglied sozusagen aus der Schusslinie. Es setzt sich für den Kollegen so ein, dass Last und Druck nicht vergrößert, sondern im Gegenteil verringert werden. Er erfährt Unter-„Stützung" und Schutz.

In den vielen Jahren haben wir in unserem Unternehmen immer wieder Mitarbeiter erlebt, die erst nach einer solchen eigenen Krisenphase wirklich begriffen haben, was es bedeutet, in einer Unternehmenswelt zu arbeiten, in der gegenseitiges Vertrauen, Verantwortung füreinander und Fürsorge untereinander selbstverständlich sind. Schon oft konnte ich nach solchen persönlichen Krisenzeiten hören: „Ich hätte mir nie vorstellen können, dass ich in einer für mich so schrecklichen und belastenden Lebensphase derart viel Unterstützung durch meinen Job und meine Arbeitskollegen bekommen würde! Mein Job hat mir den Halt gegeben, den ich in dieser Zeit so dringend benötigte!"

Urlaubsvertretung

In der Welt oben in der Glückspyramide funktioniert Urlaubsvertretung so: Der Urlauber übergibt seinen Aufgabenbereich an seine Urlaubsvertretung. Damit der Kollege in der Vertretungszeit nicht untergeht und die Zeit der Mehrbelastung gut übersteht, übergibt der Urlauber seiner Vertretung sämtliches für die Vertretungszeit notwendige Know-how, weist sie genügend ein und sorgt dafür, dass der Vertreter keine faulen Eier übernehmen muss. Bei so einer Vorbereitung ist Vertretungszeit etwas anstrengender, aber gut zu schaffen.

Es funktioniert, es entstehen keine Katastrophen, der Betrieb geht störungsfrei weiter und die Vertretung ist froh für die gute Einarbeitung. Das Vertrauen, gut vorbereitet zu werden, wurde bestätigt. Sogar die Beziehung zwischen beiden Mitarbeitern ist gestärkt.

In einer Druckwelt läuft Urlaubsvertretung anders: Dort hätte der Urlauber vermutlich möglichst wenige Informationen übergeben und die faulen Eier liegen lassen, damit die Vertretung möglichst kläglich versagt. Denn wenn die Urlaubsvertretung überfordert ist und scheitert, dann muss ja zwangsläufig jedem klar werden, dass der Urlauber der einzige ist, „der es kann". Der andere kann es offensichtlich nicht. Der Urlauber darf sich dann gewiss sein, dass er nach seiner Rückkehr erfahren wird, was alles in seiner Abwesenheit schiefgelaufen ist und wie froh alle sind, dass er wieder da ist. Der Urlauber wird aufgewertet, fühlt sich gebraucht, anerkannt und wichtig. In einer Druckwelt ist die Vertretung der „Dumme"!

Wenn ich das, was ich mit den Beispielen veranschaulicht habe, etwas allgemeiner ausdrücke, hört sich das so an:

Den Führungskräften in einer Vertrauenswelt ist es ein Anliegen, dass die Mitarbeiter gut arbeiten können und dass es ihnen dabei gut geht.

Es ist ihnen ein Selbstverständnis, dass der Umgang mit Mitarbeitern freundlich und respektvoll ist. Dass das Miteinander von Achtsamkeit und Anerkennung der geleisteten Arbeit getragen ist. Der Mitarbeiter hat eine reale Chance, zufrieden zu werden. Das gegenseitige Vertrauen ist hierzu nicht nur wichtig, sondern zwingend!

Der Mitarbeiter darf sich sicher fühlen, was ihm ein gutes Bauchgefühl gibt. Im Umkehrschluss kann sich der Vorgesetzte auf den Mitarbeiter verlassen und darauf vertrauen, dass er seinen Job engagiert und zuverlässig erledigt. Jeder übernimmt in diesem Verhältnis für den anderen und für das gemeinsame Ergebnis die Verantwortung. Dieses gegenseitige Vertrauen lässt eine Vertrauenswelt entstehen.

Betrachte ich das Verhalten nur aus Sicht der Führungskräfte, so bezeichne ich diese außergewöhnliche Art der Führung als „glücklich-erfolgreiche Führung".

Glückliche-erfolgreiche Führung beginnt, wenn es Führungskräften ein Anliegen ist, dass ihre Mitarbeiter gut arbeiten können und dass es ihnen dabei auch gut geht.

Ich werde oft gefragt, warum ich mich seit über zwei Jahrzehnten so vehement für eine glücklich-erfolgreiche Unternehmensführung, also für eine glücksorientierte Unternehmenskultur mit der oben beschriebenen glücklich-erfolgreichen Führung einsetze. Warum ich einen so großen Aufwand betrieben habe, damit sich meine Mitarbeiter in meinem Unternehmen wohlfühlen konnten. Für mich war die Antwort ganz einfach. Sie folgt einer simplen Logik: Wenn ich als Chef in meinem eigenen Job glücklich werden möchte, geht das nur, wenn alle anderen auch eine Chance dazu haben.

Es ist eben ein essenzieller Unterschied, ob man beim Betreten seines Geschäfts in den Augen der Mitarbeiter das innere Augenrollen sehen muss im Sinne von „oh, nein, der Alte kommt, jetzt gibt's wieder Gemecker", oder ob man mit einem ehrlichen offenen Strahlen empfangen wird und sich schon beim Betreten der Räume wohlwollend empfangen fühlt. Es war ein kleiner egoistischer Gedanke. Ich wollte in meinem Job einfach zufrieden sein. Als ich diesen Gedanken zu Ende dachte, kam es zu weitreichenden Maßnahmen und strukturellen Neurungen vor allem hinsichtlich der Umgangsformen in meinem Unternehmen. Insofern war es mir ein ehrliches Anliegen, dass es meinen Mitarbeitern gut geht. So klappte es nun auch mit meinem Jobglück!

Lassen Sie sich diesen Gedanken bitte mal auf der Zunge zergehen. Da behauptet ein Geschäftsführer einer Firma doch tatsächlich, dass sein Seelenheil auch von dem Seelenheil seiner Mitarbeiter abhängt. Denken Sie: Wie abgedreht ist denn das? Erklärt mich Ihr Gehirn nun für verrückt?

Für mich ist es überhaupt nicht abgedreht. Mein Wertebild für Unternehmen beruht auf einem vertrauensvollen und glücksorientierten Miteinander aller Beteiligten. Dann ist es für mich selbstverständlich und logisch, dass auch alle Mitarbeiter eine Chance haben müssen, in ihrem Job zufrieden werden zu können. Dieser Anspruch hat logischerweise viele Konsequenzen für ein Unternehmen bezüglich seiner strukturellen Rahmenbedingungen und des Umgangs aller Beteiligten.

Übrigens: Die ersten Führungsseminare, die eine Führungskraft in Unternehmen des oberen Bereichs der Pyramide erhält, drehen sich nicht um Fragen wie „Wie werfe ich einen Untergebenen effektiv raus?", wie wir es aus der Druckwelt kennen, sondern: „Wie helfe ich meinem Mitarbeiter, in seinem Job besser zu werden?" und „Wie bringe ich die Menschen zusammen, damit sie zusammen und nicht gegeneinander arbeiten?".

Verhalten der Mitarbeiter – gelebtes Mitarbeiter-Miteinander

Es wird Sie wohl kaum überraschen, dass die Mitarbeiter in gut geführten Unternehmen tatsächlich zusammen und miteinander arbeiten, oder? Sie arbeiten in einem Team – aber nicht nach dem Motto: „**T**oll **E**in **A**nderer **M**acht's" –, sondern es herrscht ein wirkliches Miteinander.

Natürlich gibt es hier nicht weniger Arbeit, aber es macht einen enormen Unterschied, ob sich die Kollegen während der Arbeit noch zusätzlich Knüppel aus Neid, Missgunst oder Verrat zwischen die Beine werfen oder ob sie in Belastungszeiten gemeinsam die Ärmel hochkrempeln und sich mit Vollgas den Aufgaben widmen.

Charakteristisch ist ein achtsamer, also aufmerksamer Umgang miteinander. Die Wertschätzung untereinander, die gelebte menschliche Gleichwertigkeit und die gegenseitige Unterstützung setzen ungeahnte Kräfte im Team frei. Es herrscht untereinander eine wohlwollende Atmosphäre. Man gönnt dem anderen seinen Erfolg. Es gibt eine funktionierende Gemeinschaft, die offen, fair und als Team am gemeinsamen Erfolg interessiert ist. Die eigene Arbeit steht in Übereinstimmung mit dem eigenen Gewissen.

Was glauben Sie, wer erledigt in einem solchen Unternehmen die ungeliebten Arbeiten? Der „Blöde", der „Machtlose" oder jeder mal von Zeit zu Zeit?

Denk doch bitte darüber nach, was dein Verhalten und auch dein Unterlassen für den anderen bedeutet!

Nach diesem Motto arbeiten Menschen in der Vertrauenswelt. Jeder Mitarbeiter übernimmt die Verantwortung für sein eigenes Verhalten und macht niemanden zum Opfer.

Um einem neuen Mitarbeiter diese Form des Umgangs zu erläutern, spielte ich mit ihm dazu in unserem schon vielfach zitierten Einweisungsgespräch eine hierfür klassische Situation durch:

Er hat im Beispielfall die Frühschicht und stellt morgens beim Öffnen des Geschäftes fest, dass die Spätschicht vom Vortag den Laden in einem chaotischen Zustand hinterlassen hat. Zur Pflicht der Spätschicht gehört es aber, das Geschäft ordentlich und aufgeräumt für den nächsten Tag zu übergeben. Dies ist jedoch nicht geschehen. Es liegt auch kein Zettel an der Kasse, der diese Situation erklärt. Es wurde einfach nicht erledigt.

Nachdem der neue Mitarbeiter sich in diese Situation hineingedacht hatte, fragte ich ihn, wie er sich nun in der Rolle der Frühschicht fühlt. Natürlich fühlt er sich ungerecht behandelt und ist zu Recht enttäuscht. Erlebt er so eine Situation noch häufiger, wird auch er sich früher oder später dem Verhalten der Kollegen anpassen und abends Chaos hinterlassen. Sie können sich sicherlich vorstellen, dass dann das Unheil seinen Lauf nimmt und die tägliche Enttäuschung für alle Beteiligten garantiert ist. Wenn man so eine Entwicklung nicht erleben möchte, kann die Lösung nur sein, dass alle Beteiligten gewissenhaft und verantwortlich ihre Aufgaben erledigen. Und noch einmal:

Denk also darüber nach, was dein Verhalten und noch viel mehr dein Unterlassen für den anderen bedeutet.

Dies ist ein einfacher, aber sehr weitreichender Merksatz für ein ganzes Unternehmen. In Unternehmen an der Spitze der Glückspyramide leben die Mitarbeiter diese einfache Maxime. Sie haben verstanden: Wenn sich bloß einer nicht daran hält, wird früher oder später Enttäuschung bei allen Beteiligten entstehen.

In Unternehmen oben in der Glückspyramide lernen die Mitarbeiter und Führungskräfte auch in Problemsituationen, sich nicht zu fragen, wen in welcher Situation welche Schuld trifft, sondern, wer welchen Anteil an dieser oder jener schwierigen Situation hat. Anteile zu ermitteln ist wesentlich konstruktiver, als die Schuldfrage zu diskutieren. Schuldzuweisungen treiben höchstens Keile ins Team und sprengen es auseinander.

Die Frage nach Anteilen in schwierigen Situationen hilft, Verständnis zu entwickeln, und führt dazu, dass man wieder zueinander findet. Noch besser: Klassische Beziehungskrisen zwischen Mitarbeitern sind in solchen Unternehmen zum einen seltener und zum anderen werden Beziehungskrisen, sollten sie auftreten, sehr viel schneller überwunden.

Der Blick auf den eigenen Anteil an einem Konflikt würde auch mancher Partnerschaft oder Ehe helfen, aus der Krise herauszukommen. Wenn sich die Partner jedoch lediglich selbst gegenseitig die Schuld zuweisen, wird der Graben tiefer. Wenn man aber erkennt, welchen Anteil jeder für sich an der Beziehungsentwicklung hat, weichen die gegenseitigen Vorwürfe dem Verständnis füreinander, und es kommt zur Versöhnung. Wenn Sie sich die Sicht- und Vorgehensweise zu eigen machen, werden Sie so manche Krise überwinden.

Zur Verdeutlichung möchte ich ein Beispiel aus dem Privatleben anführen. Es lässt sich auf jede andere, besonders auf jede berufliche Beziehungskrise einfach übertragen: Eine Frau beklagt sich bei ihrem Mann, dass sie sich zu Hause stets mit den Kindern und im Haushalt alleine abrackern muss. Sie beklagt sich weiter, dass ihr Mann sie viel zu wenig bei der Kinderbetreuung unterstütze und er ihre Arbeit zu Hause nicht wertschätze. Vielleicht sind Ihnen solche Klagen nicht fremd?

Der Mann wiederum beklagt, dass er die finanzielle Last, den Unterhalt der Familie und die Finanzierung des Eigenheims (fast) alleine trägt und im Job täglich eine endlose Folge von Schmähungen und Erniedrigungen ertragen muss. Kommt er abends nach Hause, sind die Kinder bereits im Bett, und er hat nicht mitbekommen, was sie im Kindergarten, in der Schule und beim Spielen am Nachmittag erlebt haben.

Wer hat hier recht? Wer trägt die Schuld an der Unzufriedenheit der Beteiligten?

In dieser Situation ist die „Schuldfrage" nicht problemlösend, wohl aber die Frage nach dem jeweiligen Anteil an der Krise. Beide erleben Frust und tragen Last auf ihren Schultern. Jeder sieht in seinem Frust nur sich und seine Belastung – nicht aber den anderen mit seiner Last. Aber genau darum muss es gehen, wenn wir lernen wollen, unseren eigenen Anteil zu sehen. Statt Vorwürfe zu formulieren, hilft es, die Last des anderen zu sehen und anzuerkennen und für die Zukunft gemeinsam zu überlegen, Lasten besser gemeinsam als einzeln zu tragen. Doch im „Vorwurfsmodus" werden solche oder ähnliche Lösungsmöglichkeiten nicht einmal gesehen.

*Wie großartig wäre es, wenn wir Probleme nicht mit Schuld-
zuweisungen, sondern durch die Betrachtung der eigenen Anteile
auflösen würden?*

Die Welt um uns herum wäre weniger turbulent, verständnisvoller und
vor allen Dingen friedlicher. Und dies sogar im Job!

Da wir in unserem Unternehmen keine Schuldfrage zu klären hatten, sondern alle Beteiligten stets aufgefordert waren, über ihren eigenen Anteil an unbefriedigenden Situationen nachzudenken, erkannten
sie schneller und vor allen Dingen viel bereitwilliger an, was sie zum
jeweiligen Problem beigetragen hatten. Nicht selten hingen an unserer
Pinnwand liebevoll gemalte Entschuldigungszettel. Manchmal werden
den Kollegen auch Süßigkeiten als kleines Wiedergutmachungs-Bon-
bon geschenkt. Auch wenn wir nie von Schuld sprechen, wissen wir
gleichwohl, dass eine Entschuldigung immer eine Ent-Schuldung für
einen selbst bedeutet. Sie tut nicht nur dem gut, bei dem man sich entschuldigt, sondern auch einem selbst.

Ich habe an anderer Stelle schon von der Tatsache berichtet, dass
auch Führungskräfte einen Bauch haben und dieser genauso nach
Anerkennung und freundlichem Umgang fiebert, wie der von jedem
Mitarbeiter. Zu Beginn dieses Buches hat dieser Gedanke Ihr Gehirn
vielleicht noch in Alarmbereitschaft versetzt. Nun dürfte der Gedanke
für Sie nicht mehr so fremd sein, nicht wahr?

In Unternehmen im oberen Teil der Glückspyramide kann ein Mitarbeiter seiner Führungskraft durchaus auch mal etwas Nettes sagen,
ohne in den Verdacht zu geraten, herumschleimen zu wollen. Auch den
Führungskräften geht es in einer solchen Arbeitskultur besser. Großartige Führung zahlt sich somit auch für die Führungskraft aus.

Sie sehen, es gibt in der Vertrauenswelt reihenweise Faktoren, von
denen wir wissen, dass sie für die Zufriedenheit wichtig sind und positiv auf den Bauch wirken. Selbst wenn da mal ein Faktor nicht ganz
perfekt ist, wird es keinen Faktor geben, der völlig inakzeptabel ist.

Lebensprinzipien in glücklichen Unternehmen:
Na, geht doch!

Das erste Prinzip lautet: Der Ehrliche darf ehrlich sein, ohne dass ihm seine Ehrlichkeit zum Nachteil wird!

Oder anders formuliert:

Der Ehrliche darf ehrlich sein, ohne dass er in die Gefahr gerät,
als der Dumme dazustehen!

Der Ehrliche ist nicht der Dumme und hat keine Nachteile durch seine Ehrlichkeit zu befürchten. Unehrlichkeit schadet einem selbst, den anderen und dem ganzen Unternehmen. Sie ruiniert das gegenseitige Vertrauen, das die wesentliche Geschäftsgrundlage zwischen allen Beteiligten in solchen Unternehmen ist. Außerdem wird durch Unehrlichkeit sachlich kein Problem gelöst.

Der Ehrliche darf nicht nur, sondern er sollte auch ehrlich sein!

Das möchte ich Ihnen wieder mit einem Beispiel belegen. Ich schilderte dem neuen Mitarbeiter folgende Situation: Er allein ist zur Frühschicht eingeteilt und muss die Ladentür für den Kunden pünktlich öffnen. Aus irgendwelchen Gründen schafft er dies nicht. Ich erklärte weiter, dass der Mitarbeiter in dieser Situation zwei Möglichkeiten hat:
1. Die Tür so schnell wie möglich zu öffnen, aber das verspätete Öffnen zu verheimlichen.
2. Die Führungskraft zu informieren, dass es mit dem pünktlichen Öffnen des Geschäftes nicht klappen wird, er aber alles gibt, um den Laden schnell zu erreichen.

Wenn ich unsere neuen Mitarbeiter fragte, für welche Möglichkeit sie sich entscheiden würden, wählen alle den ehrlichen Weg.

Zugegeben, ernsthaft würde wohl keiner seinem neuen Chef sagen, dass er die unehrliche Variante bevorzugt. Das ist klar. Aber mir geht es auch nicht darum, dass mir der Mitarbeiter etwas sagt, was jeder

Unehrliche auch behaupten würde. Es geht vielmehr darum, dass er erkennt, warum die erste, „unehrliche" Reaktion wirklich schlecht für alle Beteiligten ist.

Ein zu spätes Öffnen des Geschäftes ist und bleibt schlimm. Aber durch das Vertuschen in der ersten Variante entsteht zudem noch ein viel größerer Schaden. Denn es wird irgendwie herauskommen, und dann stellt sich die Führungskraft die alles entscheidende Frage: Wenn der Mitarbeiter schon so etwas verschweigt und vertuscht, was macht er noch alles nicht und sagt es mir nicht?

Damit ist das für das Arbeitsverhältnis existenziell wichtige Vertrauen zerstört. Bildhaft gesprochen zerstören Sie durch Unehrlichkeit die kleine zarte Pflanze des Vertrauens. Die können Sie danach gießen, wie Sie wollen, sie wird nicht mehr in aller Pracht erblühen. Mit dem Vertrauen in einem Arbeitsverhältnis (oben in der Pyramide) verhält es sich genauso. Ist es einmal zerstört, kann man es versuchen zu retten, wie man will, es ist nicht wiederherzustellen.

Wer da eine andere Strategie fährt und versucht, mit Lug und Trug durchzukommen, der zerstört seinen Arbeitsplatz und gefährdet das Unternehmen in seinem friedvollen Fortbestand.

Das zweite Prinzip lautet: Denk darüber nach, was dein Verhalten und auch dein Unterlassen für den anderen bedeutet!
Stellen Sie sich vor, zwei Handwerker arbeiten als Team auf einer Baustelle. Einer der beiden ist dreist. Er „verteilt" die schweren und unangenehmen Arbeiten auf den anderen und macht selbst die schöneren und angenehmeren Arbeiten. Dieser dreiste Mitarbeiter macht mehr Pausen als der andere und sorgt dafür, dass er beim Vorgesetzten immer besser zur Geltung kommt. Was ist mit dem anderen? Wenn Dreistigkeit siegt, dann ist er automatisch der Verlierer!

Einen solchen Zustand lässt eine Führungskraft in einem Unternehmen im oberen Pyramidenbereich nicht zu. Denn wenn es die Pflicht einer Führungskraft ist, darauf zu achten, dass es jedem Mitarbeiter im Unternehmen gut geht, darf sie nicht zusehen, wie sich ein Mitarbeiter auf die Schultern des anderen setzt. Sie muss ihn da herunterholen!

Zum Glück kommen solche Sachverhalte in glücksorientierten Unternehmen nur selten vor. Man arbeitet zusammen, nicht gegeneinander.

Für die Führungskraft hat diese Aufmerksamkeit und Vermeidung von Dreistigkeiten etwas mit der „Fürsorge für ihre Leute" zu tun. Sie wird, sofern sie ihre Aufgabe mit Bedacht und Ernsthaftigkeit versieht, ein solches „klimavergiftendes Arbeits- und Lebensprinzip" wie „Dreistigkeit siegt" aus ihrer Abteilung und dem Unternehmen verbannen.

Das zweite Prinzip in Unternehmen oben in der Pyramide kann ich nicht häufig genug benennen und wiederholen:

Denk darüber nach, was dein Verhalten und auch dein Unterlassen für den anderen bedeutet!

Dieses Prinzip habe ich als Unternehmer übrigens am liebsten mit einem konkreten Beispiel veranschaulicht, das mein Team und ich auf den Namen „Klorollen-Prinzip" getauft haben: „Wenn du etwas an Verbrauchsmaterial entnimmst, dann prüf bitte, ob es für die nächsten auch noch reicht!" Das konkrete Beispiel handelte dann tatsächlich von einer Rolle Klopapier: Jeder kennt das blöde Gefühl, wenn man den Toilettenbesuch beenden möchte und mit großer Überraschung feststellen muss, dass die Klorolle vom Vorgänger bereits aufgebraucht und nicht erneuert wurde. Solche Situationen können nur vermieden werden, wenn alle darüber nachdenken, was ihr Verhalten und vor allem das Unterlassen für den anderen, der nach einem kommt, bedeutet. Schon klar: Das kann nur funktionieren, wenn sich ausnahmslos alle daran halten.

Fazit: glückliche Unternehmen

Wir haben nun die Unternehmen kennengelernt, die im oberen Teil der Glückspyramide eingesteckt sind. In diesen Unternehmen werden die Faktoren, die positiv auf den Bauch einwirken, von allen Beteiligten ernst genommen und gelebt. Die Rahmenbedingungen für die Mitarbeiter sind von der Unternehmensleitung so gestaltet, dass sie die Sicherheit in ihrem Job erhalten, die für ihre Zufriedenheit so wichtig ist. Natürlich sind die Bedingungen verbindlich und verlässlich. Den

Führungskräften ist es ein Anliegen, dass ihre Mitarbeiter gut arbeiten können, dass diese die Unterstützung erfahren, die sie benötigen, und gute Chancen haben, in ihrem Job zufrieden zu werden. Als „glücklich-erfolgreiche Führung" habe ich diese Form des Führungsdenkens und -verhaltens bezeichnet. Achtsamer Umgang, gegenseitige Unterstützung, menschliche Gleichwertigkeit und eine wohlwollende Einstellung anderen gegenüber sind dabei selbstverständlich. Auch wenn der andere „anders" ist oder die andere Abteilung anders denkt, gehen alle offen miteinander um. Man steht füreinander ein, gönnt einander den Erfolg und arbeitet mit einem reinen Gewissen.

Wenn alle Beteiligten tagtäglich dieses vertraute Miteinander leben, entsteht eine gesunde Arbeitswelt, und die Menschen haben eine große Chance, in ihrem Job zufrieden werden zu können.

Kurz gesagt: Es entstehen glückliche Unternehmen.

In glücklichen Unternehmen können alle Beschäftigte einer Tätigkeit nachgehen, die sie gerne und gut machen können. Glücklich-erfolgreiche Unternehmensführung sorgt für ein gemeinsames vertrauensvolles Selbstverständnis, sodass alle sich füreinander und für „ihr" Unternehmen verantwortlich fühlen und sich dafür einsetzen. Dass diese Unternehmen weniger Krisen durchleben, produktiver und damit erfolgreicher sind, überrascht wahrscheinlich niemanden, oder? In glücklich-erfolgreichen Unternehmen haben alle Beteiligten die Chance, in ihrem Job zufrieden zu werden, und deshalb sind sie erfolgreicher. Und deshalb gilt:

In glücklichen Unternehmen gewinnen alle!

Sie werden mir jetzt vermutlich vorwerfen, dass ich die Welt ein bisschen zu weiß, zu schön gemalt habe. So eine idealtypische Arbeitswelt kann es doch gar nicht geben, denken Sie vielleicht. Merken Sie, wie Ihr Gehirn wieder einmal protestiert?

Nun muss ich Ihnen insofern recht geben, als ich hier genauso ein Extrem beschrieben habe, wie ich es im vorherigen Kapitel mit der Druckwelt gemacht habe. Nur durch die Beschreibung der Gegenpole, also der Extreme, werden die Unterschiede der Unternehmenswelten anschaulich. Natürlich sind die meisten Unternehmen „oben" nicht in der totalen Spitze zu verorten, sowie die meisten „unten" nicht im Bodensatz der Pyramide kleben.

Einige Unternehmen im oberen Teil haben vielleicht noch nicht perfekte Rahmenbedingungen. Manche Führungskräfte sind als Vorbild für so eine Welt vielleicht noch nicht 100-prozentig fit. Sie haben noch zu wenig Erfahrung darin, glücklich-erfolgreich zu denken, zu kommunizieren und zu führen und stellen dadurch sich und ihren Mitarbeitern manchmal noch ein Bein. Auch schaffen es nicht alle Mitarbeiter, durchgängig gemeinschaftlich miteinander zu arbeiten. Solange sie das Grundprinzip eines vertrauensvollen Miteinanders teilen, nehmen sie an einer Vertrauenswelt teil und gehören damit in den oberen Teil der Glückspyramide, auch wenn es sich noch nicht um ein glückliches Unternehmen in Reinform handelt.

Kann es aber sein, dass Sie selbst eine solche Arbeitswelt noch nie erlebt haben? Kann es sein, dass Sie auch noch niemanden getroffen haben, der Ihnen von solch einer Arbeitswelt glaubhaft berichten konnte? Wenn dem so ist, dann ist es nur zu verständlich, dass sich Ihr Gehirn verweigern muss, eine solche Welt anzuerkennen.

Bereits im zweiten Kapitel war zu lesen, wie unglücklich wir in Sachen Arbeit programmiert sind. Daraus ergibt sich ein hohes Maß an Skepsis gegenüber der Arbeit und gegenüber den Vorgesetzten. Wir tun uns schwer, unsere Arbeit und die Vorgesetzten zumindest neutral zu betrachten. Es ist für einige beinahe unvorstellbar, mit den Führungskräften ein gegenseitiges vertrauensvolles und respektvolles Arbeitsverhältnis zu pflegen.

An dieser Stelle wird deutlich, dass viele Menschen, die mit dieser Skepsis beladen sind, erst in einem Unternehmen oben in der Glückspyramide arbeiten können, wenn sie zuvor einen „Einführungskurs" absolviert haben. Mitarbeiter wie Vorgesetzte müssen ihre „Brille putzen", um den Grauschleier, die Skepsis und die Lasten der Vergangenheit loszuwerden und um einen freien Blick auf eine andere Arbeitswelt zu bekommen. Zusätzlich bedarf es einer vor die Brille montierten Lupe, um zu erkennen, dass solch eine Welt nicht nur möglich ist, sondern auch, wie sie funktioniert.

Nun wird Ihnen vielleicht auch deutlich, warum ich in diesem Kapitel über die Unternehmen, die oben in der Pyramide stecken, so viele Geschichten erzählt habe. Nur abstrakte Umgangsformen zu beschreiben wäre zu theoretisch, eben zu abstrakt, und bleibt damit im Bereich der Fabel- und Sagenwesen. Sie können es sich unter Umständen nicht genügend vorstellen und bleiben skeptisch gegenüber dieser Form von Arbeitswelt. Nur die wahren Geschichten vermitteln einen Eindruck, wie dort gedacht und damit auch gehandelt wird. Ich hoffe, Sie konnten anhand der vielen authentischen Erzählungen Vertrauen entwickeln, dass es diese Unternehmenswelten tatsächlich gibt. Nun können Sie vermutlich problemlos dem zustimmen, dass Mitarbeiter, die in so einer Welt arbeiten, eine große Chance haben, in ihrem Job zufrieden zu werden.

Wie hieß es schon weiter vorne: „Gib den Menschen Macht, und sie zeigen ihren wahren Charakter." Vor diesem Hintergrund dürfte auch klar sein: Sie können in dieser Unternehmenswelt nicht jeden zur Führungskraft machen. Jemand, der dazu tendiert, Macht zu missbrauchen, sich mithilfe der Macht zulasten anderer Vorteile zu verschaffen oder sogar Mitarbeiter aufgrund seiner Machtposition schlecht zu behandeln, hat in so einem Unternehmen nichts verloren. Der charakterliche Anspruch an die Führungskräfte ist in solchen Unternehmen natürlich höher als in einer klassischen Druckwelt.

Der gleiche Anspruch gilt natürlich auch für sämtliche Mitarbeiter. Die Glücksfaktoren im Bauch zu spüren ist die eine Sache. Sich aber gegenüber den Führungskräften genauso korrekt zu verhalten, wie man von ihnen behandelt werden möchte, ist die andere Sache. Es muss ein Selbstverständnis sein, an dem sich alle Mitarbeiter des Unternehmens, welche Funktion sie auch immer ausüben, orientieren können.

Glückliche Arbeit kann nur gelingen, wenn alle Beteiligten diese Werte leben.

Dann haben auch alle die Chance auf ein gutes Bauchgefühl!

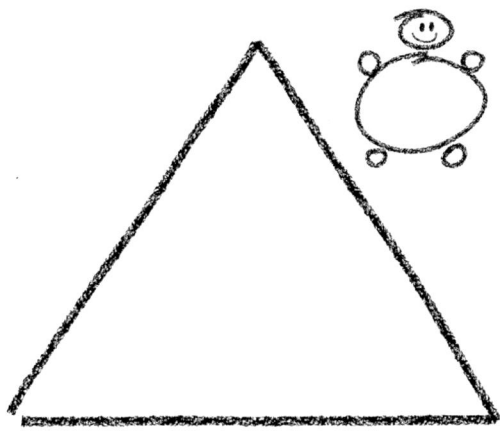

In einer Vertrauenswelt voller Glücksfaktoren hat Fred ein gutes Bauchgefühl.

Unsere Edith ist sterbenskrank

Ich möchte Ihnen an dieser Stelle eine sehr anrührende Geschichte aus unserem Unternehmen schildern. Sie ist so außergewöhnlich, dass Ihr Gehirn wahrscheinlich empört protestieren wird: „Das ist so unglaublich, so etwas kann es nicht geben!" Dennoch kann ich Ihnen versichern: Sie ist absolut wahr und in keiner Weise übertrieben dargestellt.

Ich möchte sie Ihnen erzählen, weil durch diese Geschichte sichtbar wird, welche immensen Auswirkungen das Arbeiten in einer Vertrauenswelt auf die Menschen im positiven Sinne haben kann.

Edith, eine junge und großartige Mitarbeiterin, arbeitete eine Zeit lang unkonzentriert, und ihr unterliefen überdurchschnittlich viele Fehler. So kannten wir sie nicht. Uns fehlte die Erklärung für diese Verhaltensänderung, da sie immer durch ihr außergewöhnliches Engagement, ihre Herzlichkeit und Einsatzfreude auffiel. Man kann sagen, dass sie unsere Unternehmenswelt liebte und immer eine ihrer größten Befürworterinnen war. Und dennoch ließ ihre Arbeitsleistung plötzlich dramatisch nach.

Eines Tages erhielt Edith, und später auch wir, die schreckliche Nachricht: Sie war an Krebs erkrankt. Sie hatte ein großes und bösartiges Geschwür im Körper. Das war für Edith und für uns ein schrecklicher Schock – eine Katastrophe! Sie kam sofort ins Krankenhaus und wurde notfallmäßig operiert.

Wie gehen Unternehmen mit so einer Situation um? Bei Claudia, Sie erinnern sich vielleicht an die Geschichte zu Beginn dieses Buches, da gab's noch im Krankenhaus die Kündigung. Ein klassischer Fall für ein Unternehmen, das ganz tief unten in der Pyramide steckt.

Für uns gab es nur eine einzige Devise: Alles, was wir Edith sagen oder per SMS schreiben, sollte nur die eine sinngemäße Nachricht enthalten: „Liebe Edith, wir brauchen dich, und wir halten dir selbstverständlich deine Stelle so lange frei, bis du wieder da bist. Deine Aufgabe ist es jetzt, so schnell wie möglich wieder gesund zu werden. Wir denken an dich und fiebern mit dir."

Für uns kam der Gedanke, dass sie nicht mehr gesund werden könnte, überhaupt nicht infrage! Und genau das sollte auch unsere erste Botschaft sein.

Die Verwaltung stellte mir die Frage, ob wir angesichts des monatelangen Ausfalls von Edith den ihr ausgehändigten Schlüssel einziehen müssten. Rein sachlich war das völlig korrekt. Und dennoch waren wir uns alle einig, dass wir den Schlüssel nicht zurückfordern wollten. Es wäre genau das falsche Signal gewesen und hätte Edith vielleicht schwer getroffen. Das wollten wir unbedingt vermeiden. Also machten wir genau das Gegenteil. Wir forderten sie auf, doch bitte den Schlüssel zu behalten, sie würde ihn ja später wieder brauchen! Das war unsere zweite Botschaft.

Diese Schlüsselgeschichte ist sicherlich nicht weltbewegend, aber es sind eben die Kleinigkeiten, die wirken und unsere Arbeitswelt ausmachen.

Bevor ich Sie (und vor allem Ihr Herz) auf die Folter spanne, darf ich Ihnen sagen, dass Edith wieder bei uns ist. Sie ist wieder gesund und unsere alte, junge Edith.

Ich erzähle Ihnen diese Geschichte, weil sie noch einen weiteren Vorfall beinhaltet, von dem ich Ihnen berichten muss. Jetzt kommt der Teil, bei dem Ihr Gehirn wahrscheinlich alarmschlägt. Beobachten Sie mal beim Lesen, was mit Ihnen passiert:

Edith sollte aus dem Krankenhaus entlassen werden. Sie wurde von der gleichen Krankenschwester verabschiedet, die sie als Nachtschwester in den ersten schweren Nächten betreut hatte. Diese Schwester fragte vorsichtig, ob sie Edith noch eine Frage stellen dürfe. Edith willigte ein. Und dann erzählte die Nachtschwester, dass ihr eine Nacht in ganz besonderer Erinnerung geblieben sei. Eine Nacht, in der sie mit Edith etwas erlebte, was sie so noch nie zuvor erlebt hatte. Edith hatte schweißgebadet im Fieberwahn immer wieder laut gerufen: „Lieber Gott, ich will wieder in mein SchuhHouse zurück! Lass mich wieder in mein SchuhHouse!"

So etwas hatte die Krankenschwester noch nie erlebt. Sie hatte schon vielfach die Erfahrung gemacht, dass jemand im Fieberwahn über seinen Partner, seine Kinder oder Eltern spricht. Auch das hatte sie bei Edith erlebt. Dass aber eine Frau buchstäblich um ihr Leben kämpft und dabei darum fleht, wieder arbeiten gehen zu dürfen, das war noch nie da gewesen. Sie könnte an alles andere denken, aber an den Job, an die Arbeit? Dieses Erlebnis ergriff die Krankenschwester dieser Krebsstation so sehr, dass es ihr ein Anliegen war, die Patientin zu fragen, was es mit diesem Job auf sich hat.

Edith erklärte mit strahlenden Augen, als wenn es das Normalste von der Welt wäre: „Es ist einfach ein sehr schöner Teil meines Lebens, den ich nicht verlieren möchte."

Na, protestiert Ihr Gehirn? Will es mir nun sämtliche Glaubwürdigkeit absprechen? Sie können sicher sein, ich habe mir wohl überlegt, ob ich Ihnen diese Geschichte erzähle. Mir ist bewusst, wie gefährlich es ist, eine solche Geschichte zu schildern, die sich so unvorstellbar anhört. Auch wenn Sie vielleicht dazu tendieren, sie als unglaubwürdig abzustempeln, bitte denken Sie einmal darüber nach, was alles passiert sein muss, bis ein Mensch seinen Job als so wertvollen Teil seines Lebens ansieht.

Erinnern Sie sich noch an die Work-Life-Balance-Literatur, die ich Ihnen im zweiten Kapitel vorgestellt habe? Da ging es um die Unterstellung, dass Arbeit so schrecklich sei, dass sie im Privatleben ein positives, entlastendes Gegengewicht benötigen würde. Ediths Geschichte zeigt überdeutlich, dass Arbeit nicht der negative Gegenpart der Freizeit ist, sondern ein Teil des Lebens, der neben dem privaten Lebensbereich genauso im Gleichgewicht sein kann und das Leben insgesamt bereichern kann.

Wir sollten also nicht den Ausgleich zur Arbeit außerhalb der Arbeit suchen, sondern die Balance innerhalb der Arbeit!

Eine solche außergewöhnliche Lebensgeschichte, wie die von Edith, ist natürlich ein Ausnahmefall und kann in einem Unternehmen nur dann erlebt werden, wenn sich alle im Unternehmen füreinander verantwortlich fühlen, zueinanderstehen, miteinander Krisen durchstehen und sich Mühe geben, sich in den anderen hineinzuversetzen. Und wenn ich „alle im Unternehmen" schreibe, dann meine ich wirklich alle: alle Mitarbeiter, alle Führungskräfte und selbstverständlich auch die gesamte Unternehmensleitung!

4.4 Zwei entgegengesetzte Unternehmenswelten – unterschiedlicher könnten Geschwister nicht sein

Wenn wir beide Arbeitswelten – die Druck- und die Vertrauenswelt – genau betrachten, ist schnell klar, dass sie gegenteiliger nicht sein können. Es wird vollkommen anders gedacht, und dies führt zu einem komplett anderen Handeln aller Beteiligten. In der einen Welt wird Unsicherheit geschürt, da wird Macht ausgeübt, und es werden Menschen mehr oder weniger gefügig gemacht. In der anderen Welt arbeiten Menschen vertrauensvoll miteinander. Ein Gegensatz, der größer nicht sein kann.

Diese Arbeitswelten stehen sich übrigens so krass gegenüber, dass sich kein Übergang von der einen in die andere Welt erkennen lässt. Entweder arbeiten Sie in der einen oder in der anderen Unternehmenswelt. Ganz nach dem Motto: „Ein bisschen schwanger geht nicht." Wie soll ein bisschen Vertrauenswelt auch funktionieren?

Beim Wechsel von der einen in die andere Unternehmenskultur müssen die Führungskräfte nicht etwa bloß ihr Führungsverhalten ändern. Nein, sie müssen ihre gesamte Führungsphilosophie über den Haufen werfen. So gesehen müssen sie in ihrem Gehirn den Reset-knopf drücken.

Das müssen Sie sich mal bewusst machen: Bisher wurde vielfach die Meinung vertreten, dass bei Führungskräften, die Seminare ab-solvieren und in ihrem Job praktische Führungserfahrung sammeln, sich ihre Führungskompetenz stetig verbessert. Nun ist festzustellen, dass die Trennmauer zwischen beiden Welten derart dick ist, dass eine Führungskraft beim Wechsel der Kulturen tatsächlich alles bis dahin Gelernte wegwerfen und ein ganz neues Denken verinnerlichen muss. Diese Erkenntnis empfinde ich als die Revolution in der Führungs-kräfte-Ausbildung schlechthin. Es ist eben nicht so, dass man durch mehr Training als Führungskraft immer besser würde. Dies gilt nur in-nerhalb der Welt, in der man sich befindet. Will man von einer Druck- zu einer Vertrauenskultur wechseln (oder umgekehrt), so kommt man um den Resetknopf nicht herum! So gesehen müsste die gesamte Füh-rungskräfte-Literatur auf die beiden Wertewelten aufgeteilt werden.

Für all die Führungskräfte möchte ich an dieser Stelle einen beson-deren Hinweis geben: Es ist gut für Ihre Jobzufriedenheit, wenn die von Ihnen vorzulebende Wertekultur im Einklang mit Ihrer eigenen Überzeugung steht. Bei einem Widerspruch ist es mit Ihrem Jobglück natürlich schwierig. Wie sollen Sie etwa als friedliebender Mensch in einer düsteren Druckwelt zufrieden werden können, wenn Sie täglich Ihre Mitarbeiter anfeinden müssen?

Darüber hinaus sollten Sie sich in Zukunft vor dem Lesen von Fach-literatur für Führungskräfte vergewissern, dass das Buch auch für Ihre Unternehmenswelt geschrieben ist. Tipps für das Führen in einer Druckwelt vernichten in der Vertrauenswelt im Zweifel die wertvolle und vertraute Beziehung. Ratschläge für die Vertrauenswelt werden in der Druckwelt von den Beteiligten möglicherweise belächelt.

So, und was war noch gleich die Frage, die in diesem Kapitel beant-wortet werden sollte? Kann ich in jedem Unternehmen glücklich wer-den? Bei Anwendung des Modells Glückspyramide der Unternehmen ist die Antwort ein klares: „Jein".

Die Chance auf Zufriedenheit im Job hängt im hohen Maße davon ab, wo Ihr Unternehmen in der Pyramide „eingesteckt" ist. Sie hängt davon ab, welche Werte in Ihrem Unternehmen gelebt werden. Druck, Sanktionen und Macht stehen nun mal im krassen Gegensatz zu Vertrauen und Miteinander.

Wäre die Stecknadel Ihres Unternehmens ganz unten, also im Bodensatz der Pyramide platziert, würde ich mich dazu hinreißen lassen zu behaupten, Sie würden in einem solchen Unternehmen niemals zufrieden! Somit müsste ich die Frage, ob Sie in jedem Unternehmen glücklich sein können, mit einem deutlichen „Nein" beantworten.

Aber für alle anderen Unternehmen, die in der Pyramide etwas höher angesiedelt sind, gilt:

Im Job zufrieden zu werden ist in Unternehmen im unteren Teil der Glückspyramide zwar schwieriger als in denen an der Spitze der Pyramide, aber in jedem Fall ist es möglich!

Je nachdem, wo sich Ihr Unternehmen in der Glückspyramide wiederfindet, können Sie unter einfacheren oder schwierigeren Bedingungen Zufriedenheit im Job erreichen. Und Sie können sicher sein, dass dies keine Behauptung von mir ist, sondern Realität, auch wenn es Ihr Gehirn lieber anders sehen möchte. Wie das geht, zeige ich Ihnen im fünften Kapitel.

4.5 Der Schnelltest – unter Wasser ist es kälter

Sicherlich haben Sie beim Lesen dieses Kapitels gelegentlich Parallelen zu Ihrer eignen Arbeitsrealität gezogen. Haben Sie sich wiedergefunden? Wissen Sie, wo etwa die Stecknadel Ihres Unternehmens in der Glückspyramide steckt? Haben Sie auch überlegt, wo die Stecknadeln des Unternehmens Ihres Partners, Ihrer Familienangehörigen oder Freunde stecken?

Falls es Ihnen schwerfällt, Ihr Unternehmen in der Glückspyramide zu verorten, erhalten Sie jetzt einen Schnelltest:

Im ersten Schritt geht es nur darum, ob Sie sich im unteren oder oberen Teil der Pyramide wiederfinden. Hierzu müssen Sie herausfinden, welches Grundprinzip, welche Wertekultur in Ihrem Unternehmen gelebt wird. Da die Druckwelt und die Vertrauenswelt, wie wir eindrucksvoll sehen konnten, sich sehr widersprechen, müsste dieser Schritt leicht sein. Sie können es gut daran ablesen, wie Sie und Ihre Kollegen über Ihre Unternehmensleitung und Führungskräfte denken und sprechen. Ist Ihr Verhältnis zu ihnen von Respekt und Wertschätzung geprägt oder von Angst, Ablehnung und vielleicht sogar Verachtung? Sie können auch das Verhalten der Kollegen untereinander beobachten. Besticht es durch gegenseitiges Wohlwollen und Wertschätzung oder ist es eher von Skepsis, Argwohn und Neid geprägt? Und schon wissen Sie, in welcher der zwei Welten sich Ihr Unternehmen befindet.

Im zweiten Schritt ermitteln Sie die Ausprägung, die Intensität, mit der die Wertekultur gelebt wird. Je stärker sie ist, desto näher stecken Sie „Ihre" Stecknadel zu dem „Pol" (Bodensatz oder Spitze). Je schwächer das Ausleben der Wertekultur ist, desto näher kommen Sie zur Trennlinie.[49]

Können Sie nun die Nadel für Ihr Unternehmen in die Glückspyramide einstecken? Sie brauchen sich übrigens nicht die Mühe zu machen, den objektiv richtigen Einsteckplatz für Ihr Unternehmen in der Pyramide zu finden. Wie Sie schon im zweiten Kapitel erfahren haben, ist die Realität eines jeden sowieso relativ und stark von seiner eigenen Prägung und Wahrnehmung beeinflusst. Somit ist Ihre Einschätzung Ihres Unternehmens nicht objektiv und von daher ist der Einsteckpunkt relativ. Um die millimetergenaue Positionierung geht es hier auch nicht, sondern nur um die ungefähre Position. Damit Sie eine Ahnung erhalten, wo Sie mit Ihrem Unternehmen stehen. Auch geht es nicht um die Einschätzung durch die gesamten Mitarbeiter oder etwa die Führungskräfte Ihres Unternehmens. Es zählt für Sie im Grunde genommen nur Ihre Einschätzung, und die können Sie anhand der beiden Schritte etwas objektivieren.

Ich wünsche Ihnen von ganzem Herzen, dass Sie in einem Unternehmen des oberen Pyramidenbereichs arbeiten. Statistisch gesehen ist es leider eher unwahrscheinlich. Neue Mitarbeiter befrag(t)e ich nach Beendigung des Einführungskurses regelmäßig, ob sie eine Vertrauenswelt schon einmal erlebt haben oder jemanden kennen, der ihnen von so einer Unternehmenskultur berichtet hat. Bisher wurde es immer verneint. Das mag vielleicht an unserer Branche liegen, heißt aber, selbst wenn es in anderen Branchen vorkommt, dass es in jedem Fall eine Seltenheit ist.

Ich habe schließlich mit gutem Grund das Modell der Glückspyramide aus einer Not heraus entwickelt. Ich konnte unseren Mitarbeitern unsere Welt einfach nicht genügend erklären und die Vorteile sichtbar machen. Mit diesem Modell wird es nun jedem leicht, sich mit seinem Unternehmen zuzuordnen und einzuschätzen, wo er steht. Eine empirische Untersuchung über die statistische Verteilung der Unternehmen in der Glückspyramide gibt es leider noch nicht. Ich gehe aber davon aus, dass die Trennlinie zwischen der Druck- und Vertrauenswelt eher etwas unterhalb der Spitze verläuft, als auf halber Höhe. Das käme dann dem Bild eines schwimmenden Eisbergs nahe. Der größte Teil des Eisbergs (etwa sieben Achtel) schwimmt unter der Wasseroberfläche, und nur die Spitze, das letzte Achtel, ragt heraus.

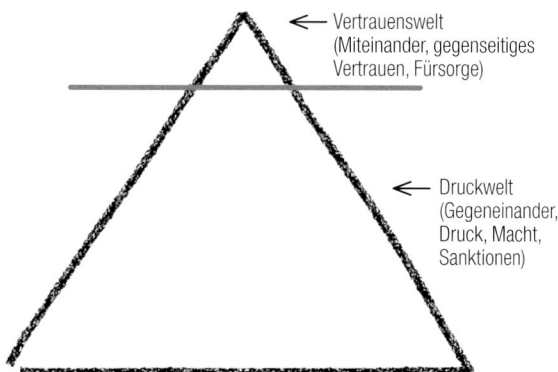

Die Glückspyramide der Unternehmen wird mengenmäßig dominiert von den Unternehmen der Druckwelt.

Wenn Ihr Unternehmen nicht ganz unten in der Pyramide (im „Boden-satz") steckt, aber auch keine Vertrauenswelt ist, gehört es zu der größ-ten Gruppe der Unternehmen in der Pyramide. Sie befinden sich zwi-schen den beiden extremen Polen. Dem einem Pol, den Sie vielleicht als von mir zu schwarz gezeichnet angesehen haben und dem anderen, der Ihnen vielleicht als zu weiß, also zu idealtypisch beschrieben vor-kam. Sie befinden sich dann in der „Grauzone", der quantitativ größten Gruppe. Diese Unternehmen unterscheiden sich einzig darin, wie in-tensiv sie das Druck-, Macht- und Sanktionen-Prinzip leben.

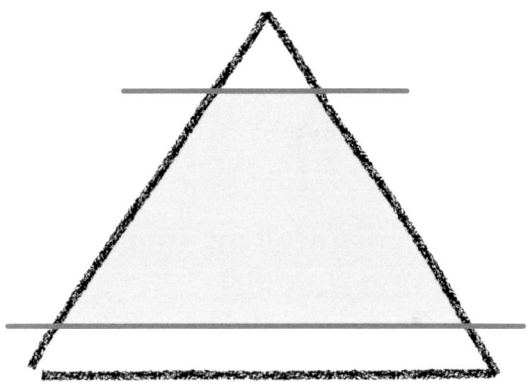

In der Glückspyramide befinden sich die meisten Unternehmen in der „Grauzone",
der mengenmäßig stärksten Gruppe. Diese Unternehmen unterscheiden sich
einzig darin, wie intensiv sie das Druck-, Macht- und Sanktionsprinzip leben.

Wenn Sie mit Ihrem Unternehmen dieser Gruppe angehören, verwun-dert es nicht, dass Sie sich an der einen oder anderen Stelle in Kapitel 4.2 so gut wiederfinden konnten.

Wie gesagt: Falsch wäre die pauschale Schlussfolgerung, dass Sie, wenn Sie in einer Druckwelt arbeiten, keine Zufriedenheit im Job er-langen könnten. Es ist in einer solchen Umgebung unter der Wasser-oberfläche eben kälter. Dass es auch dort mit einem guten Rüstzeug (mit einer guten Haltung) funktionieren kann, werde ich Ihnen anhand vieler Tipps im fünften Kapitel zeigen. Das gilt vor allem für Unternehmen, die zwar in den unteren Teil der Glückpyramide gehören, die aber nicht im Bodensatz kleben. Das sind Unternehmen, in denen nicht wirklich alles schlecht ist. Es sind Unternehmen, in denen es sich lohnt zu bleiben, um herauszufinden, wie sehr man sein Jobglück durch die Erneuerung seiner Denke und Haltung und durch das Ändern seines Verhaltens verbessern kann. Die Möglichkeit, den Arbeitgeber zu wechseln, bleibt natürlich wie immer bestehen.

Gleichfalls könnte man auch glauben, dass diejenigen, die in Unternehmen arbeiten, die oben in der Glückspyramide stecken, automatisch alle vollkommen zufrieden sind. Aber ist das wirklich so? Bevor es zu den praktischen Tipps geht, möchte ich Ihr auf Beharrlichkeit getrimmtes Gehirn noch einmal herausfordern. Ich werde Sie notwendigerweise ein weiteres Mal mit der Einsicht konfrontieren, dass Sie erheblichen Einfluss auf Ihr eigenes Jobglück, aber auch -unglück haben. Sie haben einen Anteil daran.

4.6 Mein eigener Anteil an meinem Jobglück und -unglück

Ich habe den Aspekt des eigenen Anteils am Unglück schon einmal angesprochen. Dort lag sich ein Ehepaar in den Haaren: Jeder Partner beschuldigte den andern, ohne seinen eigenen Anteil an der unbefriedigenden Ehesituation zu sehen. Erinnern Sie sich?

Stellen Sie sich vor, Sie haben einen Arbeitskollegen, der sich, wenn es um gemeinsames Anpacken geht, immer aus dem Staub macht und Sie und das Team hängen lässt. Alle wissen, dass sich dieser Kollege regelmäßig drückt und offensichtlich kein Teamplayer ist. Natürlich nervt das jeden.

Eines Tages erhält dieser Kollege eine Aufgabe, die er aber nur mit Unterstützung seiner Kollegen bewältigen kann. Und was machen diese Kollegen? Sie glänzen ihrerseits durch Abwesenheit und finden genügend Ausreden, gerade jetzt nicht helfen zu können.

Er scheitert mit seiner Arbeit und ist auf seine Kollegen sauer, weil sie ihn im Stich gelassen haben. Er ist der festen Überzeugung, dass die Kollegen die Schuld an seinem Versagen tragen.

Anderes Beispiel: Ein Bekannter von mir wurde wegen der Zusammenlegung zweier Abteilungen an einen anderen Standort versetzt. Der neue Arbeitsplatz war nicht mehr wie bisher um die Ecke, sondern 180 Kilometer von zu Hause entfernt.

Er pendelte monatelang hin und her. Täglich verbrachte er 3,5 Stunden im Zug, wöchentlich 17,5 Stunden – bei Reiseverzögerungen etwas mehr.

Natürlich klagte er darüber, dass ihn das nerven würde. Auch meckerte er, dass er zu nichts mehr kommen würde, Hobbys nur noch in der Theorie stattfänden und sein Familien- und Partnerschaftsleben praktisch nicht mehr existieren würde. Das wunderte mich nicht. Es war angesichts der hohen Zeitbelastung und der Abwesenheit nicht anders zu erwarten.

Auf meine Frage, wie lange er dieses nervige Arbeitsmodell noch betreiben wolle, sagte er: „Das sitze ich aus!". „Okay, und wie lange musst du noch?", fragte ich weiter. Als Antwort nannte er mir die erschreckende Zahl zwölf. Ganze zwölf Jahre! Er wollte das doch tatsächlich noch zwölf Jahre „aussitzen". Was für eine erschreckende Aussicht, dachte ich mir.

Diese Lebenssituation hatten er, seine Partnerin und seine Kinder sich wahrhaftig nicht gewünscht. Eine Familie kann das sicherlich eine Zeit lang gemeinsam tragen. Wenn aber eine Lebenssituation entsteht, in der kein Privatleben mehr übrigbleibt und man nicht über einen überschaubaren Zeitraum spricht, sondern über mehr als ein Jahrzehnt, dann ist es nur eine Frage der Zeit, bis alle in der Familie auf dem Zahnfleisch gehen und echte Schäden entstehen. Ohne Hellseher zu sein, können wir diese Lebenssituation mal weiterspinnen: Aufgrund der Unzufriedenheit bei allen Beteiligten gibt es üblicherweise häufiger Streitigkeiten als früher. Selten fällt es den Beteiligten auf, dass im Laufe der Zeit noch öfter und noch heftiger gestritten wird. Irgendwann wird er oder sie es als Beziehungskrise bezeichnen. Danach heißt es Trennung und endet schlimmstenfalls im Rosenkrieg. So eine turbulente Lebensphase zieht sich oftmals über Jahre hin. Die Eskalationen zermürben einen so sehr, dass die Arbeitsleistung radikal sinkt und man schlussendlich auch noch seinen Job verliert. Dann kommt es zum Totalschaden im Leben.

Und wer hat nun Schuld daran? Wer ist schuld an der Trennung, dem Verlust der Familie und des Arbeitsplatzes, des Hauses und aller anderen vor dem Arbeitsplatzwechsel bestehenden Glückseligkeiten?

Im ersten Fallbeispiel ist der Drückeberger der festen Überzeugung, dass alle anderen, die ihm nicht geholfen haben, gemein zu ihm waren. Sie sind nach seiner Auffassung schuld. Er hat nichts falsch gemacht, er hat sogar freundlich gefragt. Ihnen als Leser fällt wahrscheinlich sofort auf, dass sein Anteil an seinem Unglück die Tatsache ist, dass er sich monatelang zuvor stets erfolgreich beim Helfen gedrückt hat. Kein Wunder, dass ihm keiner helfen wollte. In so einem Fall die Schuldfrage zu stellen ist der Situation nicht angemessen. Die konstruktive Frage, die ausschließlich er sich stellen sollte, lautet: Welchen Anteil habe ich an meinem Versagen? Etwas konkreter: Welchen Anteil habe ich an der Tatsache, dass mir die Kollegen die Unterstützung versagt haben und ich deshalb gescheitert bin?

Im zweiten Fallbeispiel ist die Tatsache, dass der Mann in die Ferne versetzt wurde, für ihn und seine Familie sicherlich eine sehr ungünstige Entscheidung des Unternehmens. Aber wer hat Schuld an dem Rosenkrieg?

Besser ist die Frage: Wer hat welchen Anteil an dieser unheilbringenden Entwicklung? Die gemeinsam getroffene Entscheidung des Paares, am günstigen Arbeitsvertrag festzuhalten und nicht zu kündigen, ist zunächst verständlich. Aber zwischen der Möglichkeit einer sofortigen Kündigung oder der Möglichkeit, das Ganze eine Zeit lang mitzumachen und sich derweil umzuorientieren – oder aber der Möglichkeit, es jahrelang auszusitzen, bestehen in der Konsequenz riesige Unterschiede. Sie ahnen wahrscheinlich schon längst, wo der Anteil des Mannes liegt: Er hätte früher mit seiner Frau darüber nachdenken müssen, wie hoch der Preis dafür sein wird, das Ganze bis zur Rente auszusitzen. Dem Paar war nicht klar, wie sehr das Festhalten am Arbeitsvertrag das ganze Leben belastet und zerstört. An einen entfernten Standort versetzt zu werden ist der eine Anteil. Jahrelang in der absolut unbefriedigenden und zerstörerischen Situation zu verharren ist der andere Anteil. Der liegt aber nicht bei dem Unternehmen, sondern bei ihm (und seiner Frau).

Auch wenn die Versetzung eventuell nicht einmal überraschend für ihn kam, wird er sie vielleicht als schicksalhaft angesehen haben. Der Rosenkrieg wiederum ist nicht überraschend vom Himmel gefallen. Er ist das Ergebnis eines Entwicklungsprozesses. Er begann mit Streitigkeiten, die es vielleicht auch schon vor der Versetzung gegeben hat. Dann wurden sie häufiger und stärker, Eskalationen wurden extremer und wie gesagt, dann war er irgendwann da, der Rosenkrieg. Dürfen wir das dann Schicksal nennen? Ist der familiäre Totalschaden tatsächlich ein Schicksalsschlag gewesen?

Nein, den Rosenkrieg als Schicksalsschlag zu deklarieren, wäre nicht passend. Er kam zum einen nicht wirklich überraschend, und zum anderen würden die Beteiligten ihre Verantwortung für diesen Entwicklungsprozess an „das Schicksal" abgeben. Das Schicksal ist dann schuld! Damit wäre auch die Schuldfrage geklärt. Das Paar würde nicht mehr auf den Gedanken kommen, darüber nachzudenken, was sein eigener Anteil an dieser Entwicklung mit diesem Endergebnis war.

Aber genau diese Frage, die Frage nach den eigenen Anteilen an der Entwicklung ist entscheidend. Das einzige, was etwas bringt, ist die konstruktive Frage nach dem eigenen Beitrag an der Entwicklung. Den hätte man ändern können.

Empört sich Ihr Gehirn beim Lesen dieser Beispiele? Schreit es vielleicht: „Es kann doch nicht sein, dass man an allem immer selbst schuld ist!" So eine große Verantwortung für seine eigene Unzufriedenheit zu übernehmen bereitet den meisten Gehirnen mächtig Stress. Erinnern Sie sich noch an die kollektive Überzeugung, Arbeit sei blöd, die ich Ihnen im zweiten Kapitel geschildert habe? Kein Wunder, dass Ihr Gehirn an dieser Stelle Alarm schlägt.

Dennoch kommt Ihr Gehirn nicht darum herum, Folgendes zu akzeptieren:

*Die meisten haben einen eigenen Anteil an der Unzufriedenheit
in ihrem Job!*

Ihr Anteil kann die fehlende Kooperationsbereitschaft gegenüber Ihren
Kollegen sein, die Sie zeitverzögert scheitern und Frust einsacken lässt.
Genauso kann es Ihr Anteil sein, wenn Sie viel zu lang in einer vollkommen inakzeptablen Situation verharren, bis Sie vom Totalschaden erschlagen werden. Sie können auch einfach nur zu Ihren Kollegen
permanent unfreundlich sein und Entsprechendes ernten. Auch dann
wäre Ihr Anteil an Ihrer Unzufriedenheit klar. Unzufrieden werden
Sie auch, wenn Sie einen schlechten Job machen und dafür Kritik ernten. Es ist trivial zu erkennen, dass zwar Ihre Unzufriedenheit von der
unerwünschten Kritik herrührt, aber der Grund dafür eher in der Tatsache liegt, dass Sie sich zuvor nicht bemüht haben, Ihren Job vernünftig zu machen. So ist die erste Erkenntnis in diesem Zusammenhang:

*Sie haben viele Möglichkeiten, dazu beizutragen,
im Job unglücklich zu werden!*

Natürlich, Gott sei Dank, gilt das Ganze auch umgekehrt. Für viele, die
im Job unzufrieden sind und sich bisher als Opfer gesehen haben, ist
es vielleicht eine bahnbrechende Erkenntnis: Sie können einen Beitrag
dazu leisten, in Ihrem Job zufrieden zu werden!

Und es gilt auch – und das ist noch viel wichtiger:

*Sie haben viele Möglichkeiten, dazu beizutragen,
selbst glücklich zu werden!*

Leisten Sie also einen Beitrag zur Ihrem Jobglück: Sehen Sie zum einen
Ihren Anteil an Ihrer Unzufriedenheit und ändern ihn. Zum anderen
begünstigen Sie Ihr Jobglück, indem Sie aktiv etwas dazu beitragen.
Wie? Das werde ich Ihnen umfassend im nächsten Kapitel vorstellen.
Zunächst erwartet Sie noch eine zweite Erkenntnis.

Wie kann es sein, dass es Menschen gibt, die im Job zufrieden sind, obwohl sie in einem Unternehmen arbeiten, das unten in der Glückspyramide steckt? Das muss dann wohl etwas mit ihrem eigenen Verhalten zu tun haben, oder? Offensichtlich haben sie an ihrer Arbeitszufriedenheit einen Anteil. Dieser Zusammenhang sollte uns eigentlich nicht mehr überraschen.

Genauso kann es umgekehrt passieren. Da arbeitet jemand in einem Unternehmen, das oben in der Glückspyramide steht, und ist dennoch unzufrieden. Wir kommen nicht darum herum festzustellen, dass er wohl mit seinem eigenen Unglück etwas zu tun haben muss. Er muss zu dieser Unzufriedenheit einen Beitrag geleistet, also einen Anteil haben.

Die zweite bahnbrechende Erkenntnis konfrontiert Sie unmissverständlich mit Ihrer eigenen Verantwortung für Ihr Jobglück, mit Ihrem eigenen Anteil an Ihrer Zufriedenheit oder Unzufriedenheit:

Je höher Ihr Unternehmen in der Glückspyramide steht, desto größer ist Ihr eigener Anteil an Ihrer Unzufriedenheit!

Dieser Satz hat es in sich. Lesen Sie ihn ruhig noch ein zweites Mal. Zur Erklärung: Wenn Sie sich oben in der Pyramide befinden, wenn also alles wie im Schlaraffenland ist, Sie aber dennoch unzufrieden sind, dann müssen Sie unweigerlich einen großen Anteil an Ihrer Unzufriedenheit haben. Mit anderen Worten: Wenn alles um Sie herum traumhaft ist, die Rahmenbedingungen passen, die Vorgesetzten und die Kollegen sich vorbildlich verhalten, von wem sollte dann die Unzufriedenheit im Job herrühren, wenn nicht von Ihnen selbst?

Um es einmal platt zu sagen:

Wenn Sie unglücklich sind, obwohl Sie hoch oben in der Glückspyramide arbeiten, haben Sie es wahrscheinlich selbst vergeigt!

Das klingt hart. Am Anfang klingt so etwas immer hart. Aber weniger hart wird das Berufsleben für Sie sein, wenn Sie Ihren Eigenanteil zum Unglück erkennen und das Unglück reduzieren. Sie sollten ehrlich zu sich sein und sich Folgendes fragen: An welcher Stelle schießen Sie sich vielleicht selbst ins Knie, ohne dass hierbei eine Führungskraft hilft oder ungünstige Rahmenbedingungen es verursachen?

Ich habe meinen Mitarbeitern stets gesagt, dass ich sie nicht glücklich machen kann. Meine Aufgabe ist es, die Rahmenbedingungen zu schaffen und Menschen zu finden, die sich gemeinsam mit mir nach unseren Werten ausrichten und verhalten wollen. Wenn Sie hingegen als Mitarbeiter einen Beruf ausüben, der überhaupt nicht Ihren Fähigkeiten und Interessen entspricht, dann kann ich machen, was ich will, Sie werden im Job nicht wirklich zufrieden werden. Die Entscheidung, diesen Beruf auszuüben, trifft nicht der Arbeitgeber, sondern der Mitarbeiter selbst. Es ist zu 100 Prozent sein Anteil an seinem Unglück. Über Folgendes müssen Sie sich im Klaren sein: Jeder trägt die Verantwortung für sein eigenes Jobglück!

Ich weiß, das nimmt Sie ganz schön in die Verantwortung. Ich sage das auch nur, weil Sie durch Annahme der Verantwortung sehr viel Glück zu gewinnen haben! Bedenken Sie auch:

Niemand auf der Welt hat eine größere Verantwortung für Sie als Sie selbst!

Wir haben gerade Ihren Anteil an Ihrer Unzufriedenheit betrachtet. Wir können die Betrachtungsweise auch umdrehen und uns Ihren Anteil an Ihrer Zufriedenheit ansehen:

Je niedriger Sie mit Ihrem Unternehmen in der Pyramide sind, desto größer ist Ihr eigener Anteil an Ihrer Arbeitszufriedenheit!

Zur Erklärung: Wenn Sie in einem Unternehmen arbeiten, das irgendwo unten in der Pyramide rangiert, wissen Sie, dass Ihre Chance auf Jobglück geringer ist. Die Rahmenbedingungen sind vielleicht ungünstig, Führungskräfte verhalten sich komisch und manche Kollegen eigenartig. Wenn Sie es aber dennoch schaffen, in so einem Unternehmen zufrieden zu sein, haben Sie offensichtlich eine ganze Menge dazu beigetragen. Ihr Einfluss auf Ihre Zufriedenheit im Job war groß! Es war Ihr Beitrag und damit Ihr Anteil an Ihrem Jobglück.

Und vor diesem Hintergrund und all den Einsichten, die Sie bis hierher über Jobzufriedenheit gesammelt haben, stimmen Sie mir vielleicht zu, wenn ich folgende revolutionäre Äußerung mache, die die Botschaft dieses Buches ist:

Jobglück ist für jeden möglich – in fast jedem Unternehmen!

Und weil eben die Zufriedenheit im Job selbst unter schwierigen Bedingungen möglich ist, ist es jetzt an der Zeit, sich mit dem „Wie mache ich es konkret mit meinem Jobglück?" zu beschäftigen. Im nächsten Kapitel erwartet Sie das Trainingsprogramm mit den 50 besten Tipps, um sich in Ihrem Job selbst glücklich zu machen. Es wird Ihr Beitrag und damit Ihr Anteil an Ihrem Jobglück!

5 SO VERBESSERE ICH KONKRET MEIN JOBGLÜCK

Erinnern Sie sich noch an das Bildnis mit den Sonnenblumen, die auf dem verseuchten Boden einfach nicht wachsen wollten? Ich habe es im zweiten Kapitel als Bild verwendet, um aufzuzeigen, dass mit den kritischen Einstellungen zur Arbeit, die viele Menschen verinnerlicht haben, kein Jobglück gedeihen kann. Darüber hinaus habe ich im dritten Kapitel aufgezeigt, dass sich viel zu wenige Glücksfaktoren auf unserem Radar befinden und sich zu viele Unglücksfaktoren in unser Arbeitsleben eingeschlichen haben. Bildlich gesprochenen war das kein gutes Saatgut für die Sonnenblumen. Im vierten Kapitel haben Sie die Glückspyramide kennengelernt. Das Instrument, mit dem Sie feststellen können, ob in Ihrem Unternehmen kleine zarte Glückspflänzchen wieder zertrampelt werden oder ob es Zufriedenheitswachstum sogar begünstigt.

Nun ist alles vorbereitet. Es beginnt die praktische Arbeit. Sie erhalten im Folgenden die 50 besten Tipps für die Steigerung Ihrer Zufriedenheit im Job. Weil das Bild des Sonnenblumenfeldes sehr anschaulich ist, besteht das Trainingsprogramm aus sechs entsprechend bezeichnenden Schritten:

1. **Bodensanierung** (Kapitel 5.1):
   Ändere deine Überzeugung über die (Arbeits-)Welt (Tipp 1–4)
2. **Saatgut auswählen und aufbringen** (Kapitel 5.2):
   Suche dir eine Tätigkeit, die zu dir passt (Tipp 5–12)
3. **Düngen** (Kapitel 5.3):
   Investiere in dein tägliches Jobglück (Tipp 13–27)
4. **Pflegen** (Kapitel 5.4):
   Erkenne deinen eigenen Anteil (Tipp 28–42)

5. Schutz deines Sonnenblumenfeldes (Kapitel 5.5):
Achte auf dich (Tipp 43)
6. Die Wachstumsgeschwindigkeit realistisch einschätzen
(Kapitel 5.6): Pass deine Erwartungshaltung an (Tipp 44–50)

Können Sie sich bei so einem Programm, bei einer solchen Kernsanierung, vorstellen, dass da noch etwas mit Ihrem Jobglück schiefgeht? Unmöglich: Wer so vorgeht, wird unvermeidlich glücklich.

Beginnen Sie zunächst mit der Bodensanierung, mit der Änderung Ihrer Grundeinstellung:

5.1 Ändere deine Betrachtung der Arbeitswelt!

Tragen Sie erst einmal den „verseuchten Boden" ab und beschaffen Sie sich „fruchtbaren Mutterboden" für das „Feld". Es geht als erstes um Ihre Überzeugungen zum Thema Arbeit. Denn Arbeit darf ja auch ein positiver Teil Ihres Lebens sein und sollte sich gut anfühlen dürfen.

Tipp 1: Betrachte Arbeit als Teil deines Lebens und entscheide dich dafür, ab jetzt im Job glücklicher zu werden!

Wie Sie im zweiten Kapitel gelesen haben, ist es eine Frage Ihrer Betrachtungsweise, wie Sie die Arbeitswelt sehen möchten. Werfen Sie Ihre Skepsis über Bord. Entwickeln Sie für sich den berechtigten, tief gefühlten Anspruch, dass Sie zukünftig in Ihrem Job wirklich zufrieden sein wollen und werden! Alles andere wollen und werden Sie nicht mehr akzeptieren.

Arbeit muss eben nicht immer blöd sein. Nein, sie darf auch angenehm sein! Diese Betrachtungsweise ist Voraussetzung für Veränderung. Wenn Sie Ihre Betrachtungsweise nicht ändern, beschwören Sie den alten Frust immer wieder aufs Neue herbei. Ich bin überzeugt, dass Sie diesen Schritt innerlich schon beim Lesen des zweiten Kapitels vollzogen haben, denn sonst hätten Sie schon längst aufgehört, dieses Buch zu lesen. Es ging in Kapitel zwei aber nur um die Vorstellung, ob Jobglück möglich ist oder nicht. Jetzt und hier wird es verbindlich. Jetzt steht Ihre Entscheidung an, es sich nicht nur vorstellen zu können, sondern den Weg auch tatsächlich zu gehen. Treffen Sie nun voller Überzeugung die Entscheidung, sich auf den Weg zu mehr Jobglück zu machen! Ändern Sie Ihre Grundhaltung, Ihre Überzeugung!

Wenn es Ihnen schwerfällt, lesen Sie ein zweites Mal das zweite Kapitel. Dort habe ich beschrieben, wie unglücklich wir in Bezug auf das Thema Arbeit programmiert sind und wie unnötig und schädlich solche Überzeugungen für unser Jobglück sind. Dieser Schritt ist wichtig für Sie!

Tipp 2: Ändere deine Überzeugung mit einem Paukenschlag!

Weil das Gehirn an seinen festgefahrenen Routinen festhalten möchte, ist es nicht möglich, die eigenen Überzeugungen nur ein bisschen zu verändern. Es muss ein Ruck durch Ihr Bewusstsein gehen. Nur so können Sie eine wirkliche Änderung Ihrer Überzeugung erreichen. Alles oder nichts! Das ist die Devise bei der Änderung Ihrer Grundhaltung.

Also kündigen Sie die Entscheidung über Ihre neue Überzeugung Ihrem Partner, der Familie und den Freunden an. Tun Sie es mit einem Paukenschlag! Berichten Sie auch den Arbeitskollegen von Ihrem neuen Denken und motivieren Sie diejenigen zum Mitmachen, von denen Sie glauben, dass sie für so ein Vorhaben offen sind. Erzählen Sie möglichst vielen Menschen, dass Sie Ihre Arbeit ab sofort mit mehr Freude angehen werden.

Sagen Sie es vor allem auch täglich Ihrem eigenen Gehirn. Vergessen Sie es nicht! Ihr Gehirn müssen Sie als erstes überzeugen und somit umprogrammieren. Denn wenn Sie es nicht mit einbeziehen, wird es Ihr größter Widersacher sein.

Sich nur einmal kurz vorzunehmen, seine Überzeugung zu ändern, reicht nicht, um eine so tief verankerte Überzeugung zu löschen. Sie wissen, Ihr Gehirn möchte recht behalten. Es möchte für Beständigkeit sorgen, an seiner Überzeugung unbedingt festhalten. Wenn Ihnen das bewusst ist, sorgen Sie doch dafür, dass es umdenkt und dann damit recht haben möchte, dass Arbeit in Ordnung ist! Mit dieser neuen

Überzeugung „Arbeit ist okay und Teil meines Lebens!" wird Ihnen Ihr Gehirn dann immer wieder Beweise liefern, dass Ihre Arbeit gut und richtig ist und Freude bereitet. Selbst dann noch, wenn es einmal nicht so gut läuft.

Im zweiten Kapitel hieß es noch: Ihr Gehirn hat lieber recht, als dass es Sie im Job glücklich werden lässt! Ab sofort heißt es: Ihr Gehirn hat gerne recht, und deshalb sorgt es dafür, dass Sie im Job glücklich werden!

Im Ergebnis werden Sie sich nicht mehr so häufig durch nörgelnde Kollegen anstecken lassen. Sie werden lernen, bestimmte Umstände, die Sie früher auf die Palme gebracht haben, unaufgeregter zu betrachten. Vor allem aber werden Sie häufiger erfreuliche Erlebnisse haben und schätzen lernen. Also: Überzeugen Sie sich selbst zuerst!

Tipp 3: Bleib dran!
Wie gesagt: Ihre Hauptaufgabe ist es zunächst, Ihre „implantierten" Überzeugungen nachhaltig zu verändern. Gerade in der Umstellungsphase brauchen Sie Ausdauer, Geduld und Kontinuität. Denn die Gefahr, dass Sie unter Stress ruckzuck in Ihre alten Denkgewohnheiten im Sinne Ihrer alten Arbeitsmuster zurückfallen, ist groß. Nach dem Paukenschlag benötigen Sie also unbedingt Durchhaltevermögen.

Sagen Sie sich immer wieder, dass eine positivere Haltung und ein wohlwollenderes Verhalten früher oder später zu einem guten Resultat führen werden. Sie können es sich im Auto, wenn Sie alleine unterwegs sind, laut und deutlich vorsagen. Beim Fahrradfahren, Spazierengehen oder wo auch immer Sie Zeit für eigene Gedanken haben. Machen Sie bei sich selbst Werbung für Ihre neue Überzeugung. Nur die stete Wiederholung programmiert Ihr Gehirn sukzessive um.

Ihrem Umfeld müssen Sie dies alles zwar nicht täglich predigen, Sie können aber Ihre Umgebung an Ihren positiven Erlebnissen dennoch teilhaben lassen, indem Sie hin und wieder von Ihrem Vorhaben und den kleinen und großen Erfolgen erzählen. Auch das ist förderlich für den Veränderungsprozess. Zu den größten Kritikern Ihrer neuen Überzeugung würde ich allerdings, wenn es irgendwie möglich ist, den Kontakt reduzieren oder besser ganz vermeiden. Auch deren Gehirn möchte nämlich schlüssig bleiben, und deshalb würden deren Äußerungen Ihren Prozess der „Betrachtungsänderung" stören.

Falls sich ein Kontakt mit solchen Blockierern nicht vermeiden lässt, versuchen Sie nicht länger, die anderen von Ihrem neuen Kurs zu überzeugen. Reagieren Sie auf die Versuche von Blockierern, Sie vom Schlechten zu überzeugen, gelassen und lassen Sie sich auf keine Überzeugungskämpfe ein. Hören Sie auf, in Gesprächen recht bekommen zu wollen, denn es kommt nicht auf das geschicktere Formulieren von Argumenten an. Sie erreichen mehr Glück im Job und Privatleben, indem Sie sich selbst beibringen, sich anders zu ver-halten, eine neue Haltung einzunehmen. Sie werden die Früchte dieser neuen Seinsart bald ernten, was auch immer ein Bedenkenträger Ihnen sagt.

Damit Sie sich täglich an Ihr Projekt erinnern, empfehle ich Ihnen, kleine Erinnerungshelfer zu nutzen. Sie helfen, Ihre neue Überzeugung zu leben. Das kann so etwas Banales wie ein kleiner Stein in Ihrer Hosentasche sein oder kleine Zettel mit Ihrer Message, die Sie an verschiedenen Stellen aufkleben. Auch Smileys, die Sie hier und da drapieren, helfen Ihnen, sich den neuen Kurs zu merken. Welchen Merker auch immer Sie wählen, Sie müssen im Alltag über ihn stolpern.

Schaffen Sie sich zudem neue Rituale. Ändern Sie etwa ab heute den Weg zur Arbeit. Nehmen Sie sich vor, Menschen auf dem Weg zur Arbeit und im Job morgens noch freundlicher zu begrüßen als früher, und erinnern Sie sich an die schönen Momente des Tages (mit Kollegen oder Kunden), wenn der Arbeitstag endet. Schaffen Sie sich selbst eine neue Struktur, die Sie immer daran erinnert, anders zu denken.

Sie erreichen dadurch eine andere Resonanz. Ihr Gehirn wird lernen, andere (schönere) Aspekte des Arbeitstages wahrzunehmen und abzuspeichern (und nicht wie früher zu verdrängen). Bleiben Sie fleißig und diszipliniert in Ihrem neuen, gesünderen und damit glücklicheren Denken und Wahrnehmen. So werden Sie ganz automatisch die eigene Arbeit viel positiver und erfüllender erleben. Bleiben Sie bitte am Ball – täglich!

Tipp 4: Akzeptiere es: Alle haben eine Meise – auch du!

„Was, ich etwa auch?", denken Sie vielleicht. Ja, Sie auch! Betrachten wir dies einmal von einer rein praktischen Seite: Wenn Sie akzeptieren, dass jeder Mensch Schwächen hat (auch Sie selbst), die uns manchmal zum persönlichen Nachteil werden können, wäre es wesentlich einfacher, mit diesen Schwächen umzugehen, als davon auszugehen, dass sich alle Menschen Ihnen gegenüber immer perfekt verhalten müssen. Nachsicht und Wohlwollen sich selbst und den anderen gegenüber hilft.

Auch Ihre Führungskräfte sind Menschen. Dies sollten Sie akzeptieren. Auch sie haben Schwächen. Vielleicht hilft es Ihnen beim nächsten Mal, wenn Sie sich über Ihren Chef ärgern wollen, sich bewusst zu machen, dass der Vorgesetzte dieses und jenes einfach nicht besser machen konnte. Er konnte es einfach nicht besser! Auch in diesem Fall hilft die Nachsicht, um die eigene gute Laune zu behalten. Lassen Sie es sich auf der Zunge zergehen: Nachsicht gegenüber anderen hilft uns selbst, glücklicher zu sein!

Die häufigsten Kritikpunkte an Führungskräften sind mangelndes Lob und die fehlende Anerkennung ihrer Mitarbeiter. Angenommen, Sie selbst würden stark unter Arbeitsdruck stehen, dann können Sie sich sicher vorstellen, wie schwierig es ist, wahrzunehmen, wer wie engagiert ist. So passiert es, dass schon einmal das Lob und die Anerkennung anderer auf der Strecke bleiben.

Natürlich ist die Enttäuschung nachvollziehbar, wenn das berechtigte Lob und die Anerkennung verwehrt bleiben. Zu verstehen, warum man Lob und Anerkennung nicht im gewünschten Maße bekommt, lindert das Leiden aber erheblich.

Stellen Sie sich bitte auch vor, Sie müssten mal den Job Ihrer Führungskraft machen. Würden Sie dann wirklich ausnahmslos allen Ansprüchen Ihrer Mitarbeiter, Vorgesetzten und den eigenen Vorgaben gerecht werden? Könnten Sie immer alles für alle leisten und alle zufriedenstellen, selbst wenn die Vorgaben, die Sie erfüllen müssen, gegen die Wünsche Ihrer Mitarbeiter verstoßen? Sie merken, es ist nicht immer leicht für eine Führungskraft, allen gerecht zu werden. Es ist vor allem für Ihre Zufriedenheit verheerend, von allen anderen stets Perfektion zu erwarten.

Liebe Leserinnen und Leser, die ersten vier Tipps hören sich vielleicht theoretisch simpel an, aber genau das sind sie nicht. Aus meiner Sicht stellen sie die schwierigste Herausforderung dar, Unzufriedenheit in Zufriedenheit umzuwandeln. Sie bekommen an dieser Stelle des Umbruchs nichts geschenkt. Sie müssen sich, sofern Sie im Job glücklicher werden wollen, diesem radikalen Prozess des Umdenkens unterziehen. Es gilt, um im Bild des Sonnenblumenfeldes zu bleiben, den verseuchten Boden komplett auszutauschen. Das ist harte Arbeit. Aber es geht nur so, weil auf einem „verseuchten Boden" keine Freude wachsen kann.

Aber keine Sorge, die nächsten Tipps bieten Ihnen einige Tricks, wie Sie Ihr Ziel sicher erreichen können. Bleiben wir zunächst bei der Grundlagenarbeit für Ihr Jobglück und richten unsere Aufmerksamkeit nun auf das Saatgut. Beginnen wir mit der Auswahl des richtigen Saatgutes für Ihre Zufriedenheit im Job.

5.2 Suche dir eine Tätigkeit, die zu dir passt!

Tipp 5: Suche dir eine Tätigkeit, die du gerne machst!

Hand aufs Herz: Machen Sie das, woran Ihr Herz hängt? Wenn Sie nicht das tun, was Ihnen wirklich liegt und was Sie gut können, wird ist es mit der Zufriedenheit im Job schwierig. Ich muss nicht betonen, dass es großartig für Sie wäre, wenn Sie Ihre Berufung auch in Ihrem Job ausleben könnten. Erinnern Sie sich noch an die Anfänge in Ihrem Beruf? Was hat Sie in diesen Beruf gezogen, was hat Sie begeistert?

Pocht Ihr Herz immer noch für Ihre Tätigkeit? Sie kennen sicher den Spruch: „Suche dir einen Job, den du liebst, und du wirst nie wieder arbeiten müssen!"

Erinnern Sie sich noch an die Bewerbungsgespräche, von denen ich Ihnen berichtet und die ich als Unternehmer geführt habe? Ich machte jedem Bewerber unmissverständlich deutlich, dass ich nur die Rahmenbedingungen für einen zufriedenstellenden Arbeitsplatz anbieten kann. Der Bewerber muss für sich selbst intensiv prüfen, ob dieser Job ihm wirklich gefällt, zu ihm passt, ihm die Tätigkeit leichtfällt und ob er Freude dabei empfindet. Man kann niemanden glücklich machen, erst recht nicht jemanden, der seinen Job nicht gerne macht!

Ich bin ein begeisterter Leser der Bücher von John Strelecky.[50] Der Autor erzählt Geschichten, die allesamt mit der Suche und dem Finden des eigenen „Zwecks-deiner-Existenz" – kurz ZDE – zu tun haben. Unser Glück entsteht dadurch, den Zweck der eigenen Existenz zu entdecken und ihm zu entsprechen. Die Erfüllung (das Glück) stellt sich ein, wenn wir zum einen unseren Zweck (ZDE) erkennen und anschließend all unsere Tätigkeiten so ausrichten, dass sie genau dieser Bestimmung entsprechen.

Wenn es Ihnen schwerfällt, Ihren ZDE zu finden, können Sie Ihren Traumjob auch mithilfe eines anderen Konzepts versuchen zu finden. Stellen Sie sich einen Pinguin vor. An Land ist er nur bedingt einsatzfähig. Er kann nicht schnell gehen und mit seinen Flügeln auch nicht greifen. Wenn dieser Pinguin nun zum Beispiel „berufsbedingt" einen Baum hinaufklettern soll, wird er unweigerlich frustriert versagen. Im Wasser hingegen ist er wahrlich in seinem Element und kann ohne eine größere Anstrengung, mit geringstem Energieverbrauch hunderte von Kilometern freudvoll schwimmen.

Einem Kater fällt es leicht, Mäuse zu fangen, und einer Biene, die Blüten zu bestäuben. Wie viele Menschen arbeiten aber als Biene und versuchen verzweifelt, Eier zu legen, Milch zu produzieren oder Mäuse zu fangen?

Schauen Sie also, dass Sie als Pinguin im Rahmen Ihrer Arbeit im Wasser eingesetzt werden. Dort fällt es Ihnen leicht zu agieren, und Sie können ohne Anstrengung und mit Freude etwas bewirken. Und haben Freude dabei.

Sollten Sie aber auch mit diesem Bild nicht sofort Ihren uneingeschränkt erfüllenden Job finden, sollten Sie sich bis dahin zumindest einen Job suchen, der besser zu Ihren Fähigkeiten und Eignungen passt, als der, der Sie fortwährend unglücklich sein lässt.

Machen Sie sich – erst recht, wenn Sie im Beruf nicht glücklich sind – klar, dass alles seinen Preis hat. Wie hoch ist der Preis, den Sie zahlen, wenn Sie einem Job nachgehen, der Sie unglücklich macht? Haben Sie sich schon einmal bewusst gemacht, was Sie zahlen, wenn Sie täglich frustriert zum Job humpeln und abends mies gelaunt nach Hause kriechen, Ihre Lebenszufriedenheit darüber verlieren und vielleicht sogar Ihre Gesundheit oder Beziehung auch noch draufgeht? Das ist ein sehr hoher Preis!

Tipp 6: Sortiere mal deinen Bauch und lege Prioritäten fest!

Welche Glücksfaktoren aus dem dritten Kapitel sind Balsam für Ihre Seele? Welche sind für Sie wirklich wichtig? Sie haben ja gelesen, dass es neben Geld, den Arbeitszeiten und Arbeitsaufgaben noch viel wichtigere Faktoren für Ihre tägliche Zufriedenheit gibt. Aber welche sind es? Welcher Faktor ist für Sie wichtiger als der andere? Sammeln Sie für sich alles, was für Sie von Bedeutung ist.

Skizzieren Sie Fred mit seinem (noch) leeren Bauch und schreiben Sie die Glücksfaktoren und Unglücksfaktoren hinein. Wie wichtig sind Ihnen etwa Verantwortung, Anerkennung, Hierarchie, Mobilität, Reisezeiten, Ortswechsel, Aufstiegschancen oder was auch immer? Sortieren und notieren Sie dazu in die linke Bauchhälfte Ihre Glücks- und in die rechte Hälfte Ihre Unglücksfaktoren.

Wenn Sie momentan etwa Single sind: Was ist, wenn sich dieser Status ändert? Vielleicht werden Sie Mutter, vielleicht werden Sie Vater? Was ist mit Kindern? Wächst Ihr Job mit Ihnen? Oder anders: Ist Ihre Aufgabenstellung flexibel genug, um sich Ihrem Leben anzupassen? Ist Ihnen ein flexibler Job überhaupt wichtig?

Sortieren Sie nach Priorität. Das Wichtigste zuerst. Und machen Sie sich bitte klar: In wahrscheinlich keinem Unternehmen können Sie alle Ihre angestrebten Glückfaktoren realisieren und müssen vielleicht auch so manchen kleinen Unglücksfaktor akzeptieren. Das Ideal gibt es selten.

Tipp 7: Suche ein Unternehmen, das zu dir passt!

Angenommen, Sie sind sich über Ihre Berufung im Klaren. Sie haben eine Vorstellung, für welche Tätigkeit Ihr Herz pocht und zu der Ihre Fähigkeiten passen. Darüber hinaus haben Sie sich die Mühe gemacht herauszufinden, welche Ihre Glücksfaktoren sind und welchen Unglücksfaktoren Sie in Zukunft aus dem Weg gehen wollen. Dann wäre es doch wunderbar, wenn Sie ein Unternehmen fänden, in dem Sie dies realisieren könnten.

Nun werden mir die Skeptiker unter Ihnen natürlich vorwerfen, dass so etwas wohl zu idealtypisch ist. Mag sein, aber sich die Mühe zu machen, darüber überhaupt nachzudenken, weil man es als möglich erachtet, ist schon ein Riesenschritt in die richtige Richtung. Der Rest ist Feinarbeit. Es ist der Versuch, dem Ideal möglichst nahezukommen, auch wenn das Optimum vielleicht nicht zu erreichen ist.

Viele Unternehmen lassen Bewerber vor der Einstellung zunächst zur Probe arbeiten. Viele Bewerber wiederum sehen das als Pflicht an, um in dieser Zeit ausschließlich dem Unternehmen die Möglichkeit zu bieten, sie auf Herz und Nieren zu prüfen. Die wenigsten Bewerber haben im Sinn, diese Situation auch für sich selbst zu nutzen, um zu prüfen, ob die häufig vollmundigen Versprechungen der Unternehmen auf ihrer Internetseite, in den Hochglanzbroschüren oder in den Bewerbungsgesprächen überhaupt stimmen.

Denn wenn Ihnen etwa ein gutes Arbeitsklima wichtig ist (ein wichtiger Glücksfaktor) und versprochen wird, Sie aber bei Ihrem Probearbeiten eine tiefe Kälte zwischen den Agierenden erleben, dann sollten Sie dies ernst nehmen. Es ist ja nicht so, dass Sie sich nur bei dem Unternehmen bewerben. Das Unternehmen sucht neue Mitarbeiter und bewirbt sich letztendlich auch bei den Mitarbeitern. Nur deshalb erstellen Firmen solch teuren Hochglanzbroschüren und gaukeln eine schönere Welt vor, als man vorfindet. Stellen Sie also auch das Unternehmen auf die Probe und prüfen, welche Ihrer Glücksfaktoren es gewährleistet und welche Unglückfaktoren Sie vielleicht erwarten werden. Sie wissen ja, die Glücksfaktoren, die nicht in Ihrem Vertrag stehen, sind meist diejenigen, die Ihre eigentliche Zufriedenheit ausmachen.

Hilfreich ist es, in den sozialen Medien über das Unternehmen zu recherchieren. Was berichten (Ex-)Mitarbeiter über die Firma, was kann man in Blogs lesen? Noch besser ist es, wenn Sie jemanden in der Firma kennen, der Ihnen aus erster Hand schildern kann, was Sie erwarten wird. Wenn Sie niemanden kennen, werden Sie kreativ und versuchen, jemanden zu finden. Je mehr Informationen aus erster Hand Sie erhalten, desto sicherer können Sie abwägen, ob Sie eine Bewerbung abschicken möchten.

Damit Sie treffsicher „Ihr" Unternehmen finden, habe ich Ihnen die Glückspyramide vorgestellt. Anhand der vielen Beispiele, die ich dargestellt habe, haben Sie alle Kriterien kennengelernt, die Sie brauchen, um Unternehmen in der Glückspyramide einzuordnen. Sie wissen ja: Ganz unten in der Pyramide sieht es mit Ihrer Zufriedenheit im Job meist übel aus. Solche Unternehmen sollten Sie möglichst nicht als Arbeitgeber auswählen. In allen darüber ist das Erreichen der Zufriedenheit möglich, nur unterschiedlich anstrengend. Bedenken Sie immer: Welchen Preis zahlen Sie, wenn Sie in einem Unternehmen arbeiten, in dem man Sie nicht mag?

Übrigens, wenn Sie zwei tolle Unternehmen gefunden haben, die zu Ihnen passen, und Sie sich nicht zwischen ihnen entscheiden können, was können Sie dann machen? Ein kleiner Tipp: Werfen Sie eine Münze.[51]

Das ist kein Witz. Natürlich geht es nicht um das Wurfergebnis, das Sie in Ihrer Entscheidung weiterbringt, sondern einzig um Ihre Reaktion und Ihr Gefühl, das sich bei dem Ergebnis einstellt. Ist es a) das Gefühl: „Okay mit dem Ergebnis kann ich gut leben", dann sollten Sie es annehmen. Oder ist es b) „Ach, ich werfe die Münze lieber noch einmal", dann sollten Sie das Unternehmen nicht wählen. So einfach ist das, funktioniert im Übrigen in allen Lebenslagen.

Tipp 8: Schaffe die Voraussetzungen für die Tätigkeit in deinem Wunschunternehmen!

Das hört sich einfach an: „Such dir einen Job, der zu dir passt." Die Voraussetzungen, den richtigen Job zu ergattern, sind teilweise vielfältig und bedürfen manchmal eines Anlaufs und einer gewissen Vorbereitung. Natürlich können Sie sich einen besseren Job „vom Universum" wünschen. Sie kommen aber nicht darum herum, tatsächlich auch etwas an Vorbereitung zu leisten. Versuchen Sie einmal, Autoentwickler zu werden ohne eine technische Ausbildung. Für viele Berufe ist eine Ausbildung Grundvoraussetzung. Manchmal ist sogar ein Studium notwendig. Heutzutage gibt es glücklicherweise viele Möglichkeiten, entsprechende Abschlüsse an Universitäten, Fernuniversitäten, privaten Universitäten oder über ein vom Unternehmen unterstütztes duales Studium zu erreichen. Das Weiterbildungsangebot ist genauso unerschöpflich. Industrie- und Handelskammern, öffentliche und private Bildungseinrichtungen und viele weitere Bildungsträger geben Ihnen die Möglichkeit, durch Weiterqualifizierung Ihre Einstiegschancen zu verbessern.

Tipp 9: Bleib fit in deinem Job und bilde dich weiter!

Wenn es nicht um einen neuen, sondern um den Erhalt des Jobs geht, sollten Sie sich Folgendes vor Augen führen: Die Welt und besonders die Arbeitswelt verändern sich permanent. Halten Sie sich deshalb fit in Ihrem Job und bilden Sie sich weiter. So wichtig es ist, mit Vorbereitung die Grundvoraussetzungen für Ihren Traumjob zu schaffen, so wichtig ist es, im Tagesgeschäft permanent am Ball zu bleiben. Die Entwicklung von Technik und Kommunikation schreitet in einem rasanten Tempo voran. Das verlangt permanent Ihre Bereitschaft, sich weiterzubilden. Besprechen Sie mit Ihren Vorgesetzten, welche Fertigkeiten Sie hinzulernen möchten, besser, bevor er Sie auf Defizite anspricht.

Weiterbildung ist Ihr Verantwortungsbereich! Das gilt erst recht, wenn Ihr Arbeitgeber keine besonderen Anforderungen an Sie stellt. Denken Sie beispielsweise an ein Unternehmen, das Sie im Büro mit 20 Jahre alten Computern arbeiten lässt. Hier wäre es ohne Frage eine Pflicht für Sie, eigenständig Computerkurse zu besuchen, um sich fit für die neueste Software zu machen. Ähnliches gilt für Fremdsprachen und Seminare zu Zeit-, Konfliktmanagement und Kommunikation. Stellen Sie sich weiter vor, dass ein solch rückständiges Unternehmen (natürlich überhaupt nicht überraschend) in die Insolvenz gerät. Wer würde Sie dann einstellen, wenn Sie kein neues Betriebssystem kennen? Wohl dem, der vorbereitet ist.

Tipp 10: Stell deinen derzeitigen Job immer wieder mal infrage!

Niemand hat jemals gesagt, dass Sie ein Leben lang im selben Unternehmen, an denselben Aufgaben, in derselben Abteilung oder an demselben Schreibtisch arbeiten müssen. Solange alles gut ist, kann es auch so bleiben. Wenn Sie aber in Ihrem Job zunehmend frustriert sind, dann nehmen Sie diese Frustration zum Anlass und hinterfragen Sie ihn.

Üben Sie noch die richtige Tätigkeit aus? Haben Sie nach all den Jahren noch immer Freude daran? Die Abteilung, in der Sie arbeiten, war früher ein klasse Team. Großartiger Zusammenhalt, fairer Umgang und Loyalität waren selbstverständlich. Ist es das heute noch?

Ist das Unternehmen für Sie heute noch so attraktiv, wie es das früher war? Oder wackelt es im Fundament? Steckt es gerade in einer Krise, und glauben Sie daran, dass es diese Phase überwinden wird? Sind die Produkte noch marktfähig? Wie schätzen Sie das ein? Stellen Sie sich beispielsweise einen Handyhersteller vor, der Mobiltelefone auf den Markt bringen will, die den Smartphone-Standard nicht erfüllen und keine Apps kennen.

Damit dies nicht in den falschen Hals gerät: Ich bin immer für Loyalität. Wenn ich Sie mit solchen Gedankenspielen und Tipps versorge, so ist es mir aber in erster Linie wichtig, Ihnen zu mehr Lebensfreude im Job zu verhelfen. Wenn Sie loyal und glücklich im Beruf sind, beglückwünsche ich Sie, Sie brauchen dann keinen Jobwechsel zu planen. Sie könnten aber auch loyal und unglücklich sein. Wenn es so ist, sollten Sie etwas ändern!

Tipp 11: Stelle sogar deinen erlernten Beruf infrage!

Ich gebe zu: Den erlernten Beruf infrage zu stellen kostet sehr viel Kraft und Mut. Aber wie wir eben schon gesehen haben, kann heute niemand mehr davon ausgehen, dass sein in Jugendzeiten erlernter Beruf noch derselbe sein wird, mit dem er später in die Rente verabschiedet wird. Wer das glaubt, denkt unrealistisch.

Wer sagt Ihnen, dass es Ihren Beruf in Zukunft überhaupt noch geben wird? Auch Berufsbilder kommen und gehen, und dieser Zyklus scheint sich zu beschleunigen. Denken Sie an die Herstellung von Schreibmaschinen oder Röhrenfernsehern oder an die Berufe im Steinkohlebergbau.

Angenommen, Ihr derzeitiger Job langweilt Sie mehr und mehr. Weiter angenommen, es gibt keine Weiterentwicklungschancen oder Herausforderungen und Ihre Arbeit gleicht einer endlosen, zermürbenden Dauerschleife. Wäre es da nicht segensreich, wenn Sie eine zweite Option prüfen würden?

Prüfen Sie, ob Ihr Herz immer noch für Ihren Beruf schlägt. So habe ich beispielsweise von einer über Jahre unzufriedenen Bankkauffrau in · gut bezahlter Anstellung gehört, die inzwischen als selbstständige Kosmetikerin arbeitet und bis zum heutigen Tag mit ihrer Entscheidung sehr glücklich ist.

Gehen Sie einmal in sich: Können Sie den Job auch in Zukunft noch mit Freude bewältigen? Haben Sie dazu Lust? Wenn es ein körperlich anstrengender Beruf ist, reicht die Kraft, bis zur Rente durchzuhalten? Ist das vorstellbar? Wenn es ein nervenaufreibender Beruf ist, hält Ihr Nervenkostüm bis zu Ihrem 67. Lebensjahr? Sind Sie mit Ihrer Ausbildung und Ihrem Beruf in Zukunft am Arbeitsmarkt noch marktfähig?

Tipp 12: Schaffe die Voraussetzungen für deine neue Tätigkeit!

Besonders diejenigen, die mehr als die Hälfte ihrer „Arbeits-Lebens-Zeit" hinter sich haben, kommen bei Tipp 11 ins Grübeln. Wollen Sie das, was Ihnen schon jetzt keine Freude mehr bereitet, noch weitere 20 Jahre bis zur Rente machen? Halten Sie das körperlich, nervlich oder von der Motivation her durch?

Die Antwort ist häufig ein entschiedenes: „Nein, das halte ich auf keinen Fall bis dahin aus!" Diese Überzeugung stellt sich meistens schnell und mit großer Vehemenz ein. Dann kommt allerdings das große *Aber:* „Das kann ich mir nicht leisten", „die Risiken des Wechsels sind viel zu groß" oder „das traue ich mich nicht, ich weiß nicht, ob ich jemals wieder so einen guten Arbeitsvertrag bekomme".

Für all diese Einwände habe ich vollstes Verständnis. Natürlich gehen Sie bei so einem grundlegenden Wechsel von dem einen in den anderen Beruf ein Risiko ein. Selbstverständlich sind mit so einem Risiko auch Existenzängste verbunden. Deshalb ist es umso wichtiger, dass Sie sich frühzeitig mit so einem Richtungswechsel beschäftigen, um dann genügend Zeit zu haben, die Voraussetzungen dafür zu schaffen.

Sie brauchen Zeit, um sich für diese neue berufliche Tätigkeit aus- und weiterzubilden, und vor allen Dingen benötigen Sie finanzielle Reserven, um etwaige Übergangsturbulenzen verkraften zu können. Beides hilft Ihnen, die Risiken zu verringern. Der Mut zum Sprung in den neuen Beruf steigt, je mehr Sie Ihre vorbereitenden Hausaufgaben gemacht haben.

Bedenken Sie: Sie sparen und schränken sich in Ihrem Konsumverhalten nicht aus dem Grund ein, damit Sie sich einen weiteren zweiwöchigen Urlaub leisten können. Nein, Sie wollen für die nächsten zehn, 15 oder sogar 20 Jahre wieder eine Erfüllung in Ihrem Beruf finden – wie zu Beginn Ihrer Berufstätigkeit. Dies sollten Sie sich immer wieder bewusst machen, dann steigt die Motivation, den Wechsel zu planen und vorzubereiten. Ohne diese Vorbereitungsphase bringen die meisten den dazu nötigen Mut nicht auf. Dann bleibt es beim Dauerfrust, und das Ganze für zehn, 15 oder sogar 20 Jahre! Machen Sie sich bewusst, wie hoch der Preis ist, den Sie täglich zahlen, wenn Sie etwas tun, an dem Sie keine Freude mehr haben.

5.3 Investiere in dein tägliches Jobglück!

Wir haben alle Grundlagen für Ihre Zufriedenheit im Job gelegt. Jetzt kann die Saat auf dem fruchtbaren Boden austreiben. Als nächstes betrachten wir das tägliche Arbeiten und die Möglichkeiten, sein Jobglück zu erhöhen. Wir sprechen über einen guten „Dünger", der sowohl im Jobglück als auch in allen anderen Lebenslagen ein gutes Gefühl bei Ihnen hervorbringt. Er erhöht Ihre tägliche Zufriedenheit und kostet Sie vor allen Dingen keinen Cent!

Wie heißt es so schön: Wenn du wissen willst, wer du sein wirst, dann schaue dir an, was du denkst, sagst und tust!

Mit anderen Worten: Lernen Sie, etwas Gutes zu säen. Bringen Sie Dünger auf Ihr „Lebensfeld". Dieses Motto finden Sie in vielen weisen Schriften: Je mehr Sie sich dieses Motto zu eigen machen, nämlich Gutes zu denken, gut zu sprechen und demzufolge auch gut zu handeln, desto größer wird die Chance sein, dieses ausgesäte „Gute" in Form von Glück wieder zu ernten!

Tipp 13: Mach deinen Job vernünftig!

Es klingt so selbstverständlich und wirkt banal: Arbeiten Sie gewissenhaft und zuverlässig! Auf Sie darf und soll man sich verlassen können. Praktisch gesehen können Sie zumindest damit rechnen, dass Sie zukünftig weniger Gemecker abbekommen werden, oder?

Hand aufs Herz: Wie kann man selbst den Anspruch auf Lob und Anerkennung erheben, wenn man seinen Job nicht vernünftig macht oder ihn in einer freizeitorientierten Schonhaltung betreibt? Wie soll das gehen?

Bedenken Sie: Wir alle genießen Arbeitsschutzrechte, okay. Aber wo Rechte sind, da gibt es auch Pflichten. Werden Sie Ihren Pflichten gerecht? Bitte erinnern Sie sich an die Gehaltsirrtümer und die Irrtümer in der Beurteilung der eigenen Arbeitsleistung (Kapitel 2). Sie haben gelesen, dass wir zehnmal seltener unsere eigenen Fehler wahrnehmen, als die der anderen. Sie dürfen also durchaus etwas kritischer mit sich und Ihrer Arbeitsleistung sein. Entwickeln Sie eine realitätsnahe Einschätzung Ihrer Arbeitsleistung und sorgen Sie dafür, dass Sie Ihren Job vernünftig machen. Das hilft allen Beteiligten, auch Ihnen.

Tipp 14: Sei freundlich!

„Wie du in den Wald hineinrufst, so schallt es auch wieder heraus." Wetten, dass Sie auch mit diesem Spruch groß geworden sind? Oder: „Der Ton macht die Musik." Beide Redewendungen beschreiben eine essenzielle Wahrheit des menschlichen Miteinanders: Freundlichkeit ist infektiös, sie steckt andere an, fast immer. Im durch und durch positiven Sinn.

Sie können freundlich sein und erleben mit hoher Wahrscheinlichkeit, dass man Ihnen freundlich begegnet. Gut, manchmal begegnet man Ihnen unfreundlich, obwohl Sie doch freundlich waren. Selten bis niemals aber wird man Ihnen freundlich begegnen, wenn Sie von vorne herein unfreundlich auftreten.

Von anderen Menschen freundlich behandelt zu werden ist sicher eher ein Glücks- als ein Unglücksfaktor. Wenn Sie in Ihrem Job glücklicher werden wollen, also auch freundlich behandelt werden möchten, dann ist es schon aus ganz egoistischen Gründen schlau von Ihnen, andere Menschen freundlich zu behandeln. Sie haben die Wahl!

Tipp 15: Denk mal an das Wohlergehen der anderen und bereite ihnen eine Freude!

Ja, Sie haben richtig gelesen. Während sich bisher vielleicht noch alle Tipps für Sie normal und nachvollziehbar anhörten, fange ich jetzt an, Ihr Gehirn wieder zu strapazieren. Langsam geht es ans Eingemachte! Vielleicht denken Sie jetzt empört: „Wie, ich soll mir über das Wohlergehen meiner Kollegen oder sogar meiner Führungskraft auch noch Gedanken machen?"

Aber ja, machen Sie das ruhig einmal. Sie werden überrascht sein, welche guten Ideen Ihnen da in den Sinn kommen. Wenn Sie nur einige in die Tat umsetzen, werden Sie noch viel mehr darüber überrascht sein, wie positiv Ihr Umfeld darauf reagiert. Und dann werden Sie wiederum überrascht sein, welch schönes Gefühl dies bei Ihnen auslöst. Schon wieder sind Sie um einen Glücksfaktor reicher. Wer hat das noch mal gleich bewirkt? Ihr Chef, der Kollege oder Sie selbst? Sie haben es in der Hand!

Mag sein, dass sich dies für Sie unbedeutend und trivial anhört, aber ich weiß noch, wie sehr ich mich einmal in der Weihnachtszeit an einem Nikolaustag über einen kleinen Nikolaus aus Schokolade gefreut habe, den ich von einer Mitarbeiterin einfach so geschenkt bekam. Was habe ich mich über diese kleine Geste gefreut! Sie war so klein und doch so groß.

Tipp 16: Biete mal Unterstützung an!

Tun Sie es: Bieten Sie einfach mal uneigennützig Ihre Hilfe an! Sie bekommen schnell mit, wer Sie versucht, chronisch auszunutzen, und können sich wieder zurückziehen. Aber alle anderen werden es Ihnen im liebevollsten Sinne wirklich „heimzahlen" wollen.

Eine solche gegenseitige Unterstützung beschreibt man auch mit dem Prinzip der Reziprozität.[52] Es ergibt sich plötzlich und ganz unerwartet für Sie. Da kommt jemand auf Sie zu und bietet seine Hilfe an. Die meisten Menschen haben glücklicherweise ein gutes Empfinden für den Ausgleich von solchen Nettigkeiten.

Ich spreche übrigens nicht vom plumpen Prinzip „Eine Hand wäscht die andere". Das gibt es natürlich auch. Ich spreche hier von einem Verhalten, das Sie anderen zugutekommen lassen, ohne dass Sie dabei auf Ihren eigenen Nutzen abzielen. Sie tun es aus freien Stücken und ohne die konkrete Erwartung, eine Rückzahlung im selben Umfang zu erhalten. Auch bei diesem Verhalten werden Sie überrascht sein, was Sie an Positivem ernten.

Damit Sie mich aber nicht falsch verstehen: Wenn Sie „Glück" säen, so bedeutet dies nicht, dass Sie sich permanent ausnutzen lassen sollten. Auch bedeutet es keinesfalls, dauerhaft den Kopf hinzuhalten, wenn jemand Sie schikanieren möchte.

Tipp 17: Lächle mal!

„A smile is the prettiest thing you can wear"[53], es lässt sich nichts Schöneres tragen als ein Lächeln, und die Leute lächeln tatsächlich meistens zurück. Es fühlt sich gut für Sie an, wenn Sie einen Glücksmoment verteilen. Und nichts anderes ist ein verschenktes Lächeln. Ein Glücksmoment für den anderen und für sich selbst!

Wussten Sie, dass das eigene Lächeln nicht nur auf die Außenwelt eine positive Wirkung hat, sondern auch auf Sie selbst? Es heißt, dass wenn Sie gerade einmal 15 Sekunden lächeln, sich Ihre eigene Stimmung nachhaltig aufhellt. Sie können es sofort testen: Schauen Sie auf Ihre Uhr und beginnen einfach mal zu lächeln. 15 Sekunden lächeln, Mundwinkel nach oben und lächeln. Los geht's.

Und? Sind die 15 Sekunden nun vorbei? Lächeln Sie noch immer, obwohl die Zeit abgelaufen ist? Vielen passiert es, dass sie nach den 15 Sekunden einfach das Lächeln im Gesicht behalten. Da sehen Sie, es steckt nicht nur andere, sondern sogar Sie selbst an. Ist das nicht großartig? Lächeln ist absolut stimmungsaufhellend.

„Bitte lächeln Sie täglich morgens, mittags und abends vor und nach den Mahlzeiten." So würde ich zumindest die Gebrauchsanweisung eines Lächelns in der Verpackungsbeilage beschreiben. Ergänzen würde ich noch den Fall der „Fehleinnahme" und erläutern mit: „Sollten Sie eine höhere Dosis einnehmen, ist das sogar förderlich. Nur die seltenere Einnahme eines Lächelns gefährdet den Glücks-Heilungsprozess".

Sie können es natürlich auch lassen und sich selbst diese Art der Glücksspritze vorenthalten. Auch das ist Ihre Entscheidung.

Tipp 18: Gib den Menschen Lob, Anerkennung und Wertschätzung!

Noch eine Glücksspritze für den Verabreichenden wie auch für denjenigen, der die Glücksspritze verabreicht bekommt: Lob, Anerkennung und Wertschätzung. Ein dreifach wirkendes „Medikament". Hierzu möchte ich Ihnen eine kleine Geschichte erzählen:

Meine Kinder gingen in einen sehr gut geführten Kindergarten. Es war eine Freude mitzuerleben, wie dort motivierte und qualifizierte Erzieherinnen ihrer Berufung nachgingen. Meine Kinder waren in besten Händen. Eines Morgens, als ich die Kleinen im Kindergarten ablieferte, sprach ich eine zusammenstehende Gruppe von Erzieherinnen an. Ich fragte in die Gruppe hinein, ob ich einmal etwas anmerken dürfte. „Ja, natürlich", war die Antwort.

An der Mimik und Gestik jeder Einzelnen der Gruppe bemerkte ich allerdings sofort, dass sie einen meckernden Vater erwarteten und darauf offensichtlich überhaupt keine Lust hatten. Was die Damen aber nicht wissen konnten: Es kam anders und die väterliche Beschwerde blieb aus. Ich schoss eine Lobeshymne auf diese Gruppe ab und brachte die Freude meiner Frau und mir darüber zum Ausdruck, dass unsere Kinder so gut betreut sind und sie sich bei ihnen sehr wohlfühlen. Sie hätten mal die Gesichter der „Betroffenen" sehen sollen. Von der anfänglichen Skepsis, die nicht zu übersehen war, ging es über in einen überraschten Gesichtsausdruck, über ein allgemeines Staunen bis zum anschließenden freudvollen Lächeln. Sie strahlten alle und bedankten sich herzlich für die wohltuenden Worte.

Und raten Sie mal, wer auch gestrahlt hat? Wer auch einen Glücksmoment hatte? Ja, genau: ich selbst!

An dieser Stelle können Sie selbst entscheiden, ob Sie mich als Schleimer abstempeln (und darum geht es mir wahrhaftig nicht) oder aber als jemanden ansehen wollen, der ehrlich und authentisch aus seiner Grundüberzeugung heraus agiert.

Es ist schon komisch, wie viele Menschen die Erwartungshaltung haben, Anerkennung und Wertschätzung zu bekommen, doch selbst nicht bereit sind, diese zu geben.

Voraussetzung ist natürlich, Sie meinen es wirklich ehrlich und es entspricht Ihrer Überzeugung. Andernfalls würde es irgendwann als Unehrlichkeit und Schleimerei entlarvt. Das wäre peinlich.

Lassen Sie also Ihren Kollegen Anerkennung und Wertschätzung zukommen, denn sie sind Menschen wie Sie und ich und haben genau so einen „Bauch" wie wir, der durstet genauso wie unserer nach Anerkennung, Wertschätzung und Respekt.

Falls Sie selbst Führungskraft sind, geben Sie Ihren Mitarbeitern Anerkennung und Wertschätzung. Warum? Auch für sie gilt: Die Mitarbeiter sind auch Menschen wie Sie und ich und haben genau so einen „Bauch" wie wir, der genauso wie unserer nach Anerkennung, Wertschätzung und Respekt durstet.

Natürlich, und bei diesem Gedanken wird Ihr Gehirn hoffentlich nicht mehr wie zu Beginn dieses Buches rebellieren, geben auch Sie als Mitarbeiter Ihren Vorgesetzten Anerkennung und Wertschätzung, denn Sie …. ja, ja, Sie wissen schon. Sie sollten es aber immer wirklich ehrlich meinen!

Sie werden sehen, es schwingt zurück und erhellt auch Ihren Tag.

Tipp 19: Bedank dich doch mal!

Wenn Sie erkennen, dass manches im Leben und vor allen Dingen im Arbeitsleben nicht selbstverständlich ist, fällt es Ihnen leichter, Dankbarkeit zu leben. Dankbarkeit ist eine Haltung, die uns befähigt, all die guten Dinge zu erkennen, die unser Leben reich und kostbar machen. Umgekehrt ist es meist so, dass eine unterlassene Danksagung zu einer Enttäuschung auf der anderen Seite – der Ihres Gegenübers – führt.

Wie schön ist es hingegen, sich zu bedanken, wenn der andere es gar nicht erwartet. Das führt immer zu einer großen Freude. Probieren Sie es unbedingt aus. So werden Sie feststellen, dass nicht nur Ihr Gegenüber etwas davon hat. Dankbarkeit macht (vor allem Sie) glücklich!

Glücksmomente durch Freundlichkeit und Wertschätzung, durch Lächeln oder durch Hilfeangebote zu versprühen, ist einfach. Glücksmomente zu verteilen sind großartige Möglichkeiten, andere, und vor allem sich selbst, glücklicher zu machen.

Fangen Sie nach Möglichkeit sofort mit einem Programm zur Verteilung von Glücksmomenten an. Was wäre, wenn Sie sich vornehmen würden, mindestens einmal am Tag an Ihrem Arbeitsplatz ganz bewusst einen Menschen damit zu beschenken? Wäre das nicht ein wunderbares Ritual für Sie?

Tipp 20: Sei friedvoll!

Uns allen ist klar, was passiert, wenn wir unser Umfeld anfeinden, angreifen, bekriegen oder anderweitig terrorisieren. Wir säen Unfrieden und werden ihn mit allergrößter Sicherheit auch ernten. Wir erfahren Unfrieden, Krieg und ein entsprechendes Unglücksgefühl.

Eine wirkliche Zufriedenheit stellt sich dann erst ein, wenn wir anfangen, mit uns selbst zufrieden zu werden und mit anderen friedvoll umgehen. Überhaupt sollte ein friedvoller Umgang unser angestrebtes Ziel sein. Zufrieden zu sein bedeutet auch, mit sich selbst und seiner Umwelt im Frieden zu sein.

Selbst wenn Sie in einem Unternehmen arbeiten, das ganz unten in der Pyramide steckt, und Sie sich diesem kriegerischen Gegeneinander fast nicht entziehen können, verbessert eine friedvolle Grundhaltung

Ihre Arbeits- und Lebensqualität. Bei denjenigen hingegen, die sich permanent im Krieg befinden, produziert der Körper pausenlos Stresshormone. Die helfen wahrhaftig nicht beim Glücklichwerden.

Zeigen Sie die Größe, Ihr (Arbeits-)Leben zu befrieden. Glauben Sie mir, das macht Ihr Leben harmonischer und vor allem zu-frieden-er.

Tipp 21: Entschuldige dich!

Dieser Tipp hat es in seiner Brisanz in sich. Auf den ersten Blick ist es eine Selbstverständlichkeit, für seine Fehler einzustehen. Der Tipp, sich zu entschuldigen, ist aber einer der wenigen, der davon abhängig ist, wo Ihr Unternehmen in der Glückspyramide steckt.

Sie müssen bedenken, dass eine Entschuldigung, so ehrenwert sie auch immer ist, ausgesprochen in Unternehmen, die ganz unten in der Glückspyramide zu finden sind, auch eine potenzielle Gefahr für Sie bedeutet.

Diese Unternehmen suchen Schuldige und müssen sanktionieren. In so einer Welt würde ich niemandem den Rat geben, sich für sein Verhalten zu entschuldigen, wenn er sich dadurch belastet und in seiner Existenz gefährdet. Das ist sehr schade. Es zeigt aber umso deutlicher auf, wie wichtig es ist, das Modell der Glückspyramide zu kennen und die Fähigkeit zu entwickeln, sein Unternehmen dort einzuordnen.

In oben angesiedelten Unternehmen ist es nicht nur eine Selbstverständlichkeit, sich für sein Fehlverhalten zu entschuldigen, sondern die Menschen haben auch begriffen, dass es für sie tatsächlich eine Entschuldung und damit eine Verbesserung ihres eigenen Wohlbefindens bedeutet. Ihr (schlechtes) Gewissen wird dadurch wieder entlastet.

Und was machen Sie in Unternehmen, die in der Mitte der Glückspyramide sind? Auch hier hat eine Entschuldigung einen entlastenden Effekt. Wenn Sie der Einschätzung sind, dass eine Entschuldigung nicht nur Ihnen guttut, sondern auch dem Gegenüber, und die Beziehung zueinander wieder stärkt, dann machen Sie es, andernfalls lieber nicht.

Tipp 22: Lerne zu verzeihen!

Ich kann auf drei unterschiedliche Arten reagieren, wenn ich mich über Äußerungen oder Verhalten anderer ärgere:

1. Ich spreche das Verhalten oder die Äußerung an und versuche, diese Angelegenheit aus der Welt zu schaffen.
2. Ich spreche meine Verärgerung nicht an, und bestehe darauf, an meiner Enttäuschung und Verletzung festzuhalten.
3. Ich trage es der Person nicht nach. Ich verzeihe ihr.

Natürlich sagen die meisten, dass Möglichkeiten eins und drei schlau und konstruktiv sind. Wie aber reagieren Sie, wenn Sie jetzt tatsächlich der Betroffene sind? Haben Sie dann immer noch die Souveränität, Möglichkeit eins zu wählen und sprechen das Thema sachlich an? Oder können Sie in Ihrer Betroffenheit Variante drei wählen? Könnten Sie so großherzig und großzügig sein und verzeihen?

Wenn ich Sie das frage, dann nicht, um Sie bloßzustellen oder klüger zu erscheinen. Mir geht es nur darum, überhaupt eine solche Frage zu stellen! Mir fällt es natürlich auch nicht in den Schoß, eben nicht die zweite Variante zu wählen.

Beim Verzeihen wird übrigens immer beiden Beteiligten die Last genommen: Zunächst nehmen Sie sich die Last, indem Sie entscheiden, sich über den Sachverhalt nicht mehr zu ärgern. Sie wollen nicht mehr angespannt oder verspannt sein. Großzügig über die Enttäuschung hinwegzusehen, nimmt Ihnen die Spannung, es ent-spannt Sie.

Ihr Gegenüber, dem meist durchaus bewusst ist, dass sein Verhalten nicht in Ordnung war, erfährt genauso Entlastung, indem er Ihr entspanntes Verhalten ihm gegenüber wahrnimmt. Auch ihm nimmt es die Verspannung.

Tipp 23: Steh morgens als Frau oder Herr Sonnenschein auf!

Als meine Kinder noch klein waren, habe ich für sie Geschichten von „Karl Motzki" und „Susi Sonnenschein" erfunden und abends im Bett erzählt. Sie ahnen, dass in den Geschichten die Namen der Personen auch ihr Gemüt und damit ihr charakterliches Programm beschreiben. Karl Motzki war derjenige, der schon beim Aufstehen den sprichwörtlich falschen Fuß wählte und mit schlechter Laune zum Frühstück kam. Egal wie das Wetter war, es war ihm zu heiß, zu kalt oder zu regnerisch. Auf dem Weg zur Schule stänkerte er miesepetrig herum und verscherzte es sich bei allen Schulfreunden. Mit so jemandem wollte keiner mehr zur Schule gehen. Sein Tag wurde immer ein blöder Tag. Susi Sonnenschein hingegen strahlte schon morgens Freude aus. Kein Wunder, dass ihre Tage netter waren.

Nun hört sich diese Geschichte, die im Original natürlich noch viel facettenreicher ist, für Sie vielleicht trivial an. Dennoch gilt auch für Sie dasselbe Prinzip. Wenn Sie einen schöneren Arbeitstag haben wollen, dann sollten Sie ihn morgens auch mit einer schöneren Einstellung beginnen.

Sie haben Tipp 3 („Bleib dran") schon gelesen und wissen, wie wichtig Durchhaltevermögen ist. Dann fangen Sie doch bitte morgens mit dem Aufstehen schon an. Beginnen Sie Ihr Tagesprogramm mit netten Gedanken über den beginnenden Tag. Treffen Sie morgens die Entscheidung darüber, ob Sie als Herr/Frau Motzki oder Herr/Frau Sonnenschein aufstehen möchten. Dass das Ihren Tagesverlauf beeinflussen wird, steht fest.

Also, sehr geehrte Frau Sonnenschein, sehr geehrter Herr Sonnenschein, legen Sie los!

Tipp 24: Betrachte deine Beziehungen zu Kollegen und Vorgesetzten als wertvoll und pflegebedürftig!

Betrachten Sie Ihre Beziehung zu Ihren Kollegen, Ihren Vorgesetzten und Ihren Mitarbeitern als wichtig, wertvoll und pflegebedürftig, denn Sie verbringen mit ihnen in der Regel mehr Zeit als mit Ihrem Partner zu Hause! Mindestens genauso wichtig wie ein guter Haussegen sollte Ihnen also die Stimmung an Ihrem Arbeitsplatz sein. Es müsste Ihr Anliegen sein, diese Beziehungen genauso zu pflegen wie mit Menschen, die Ihnen privat nahestehen.

Nun sind manche Kollegen vielleicht anders als Sie. Anders als Sie selbst und anders als Ihre Freunde, die Sie sich ausgesucht haben. Ihre

Kollegen haben Sie sich hingegen meistens nicht ausgesucht. Dennoch müssen Sie stunden-, tage-, wochen- und jahrelang Zeit mit ihnen verbringen.

Jetzt können Sie diese Andersartigkeit ablehnen und versuchen, sie zu bekämpfen. Hat Ihnen das jemals etwas gebracht? Sie können aber auch alternativ anerkennen, dass Ihr Kollege anders ist. Anders heißt nicht automatisch schlechter als Sie, sondern nur anders.

Wenn Sie diese Beziehungen für Sie als wertvoll, erhaltenswert und damit pflegebedürftig ansehen, fällt es Ihnen leichter, die Tipps 13 bis 25 anzuwenden. Es sind alles Tipps mit dem Ziel, mit den Menschen in Ihrem Umfeld eine gute Beziehung zu pflegen, unnötigen Ärger zu vermeiden und zu mehr Arbeitszufriedenheit zu gelangen. Das funktioniert natürlich genauso im Privatleben.

Tipp 25: Vermeide es, anderen zu schaden!

Zugegeben, auch dieser Tipp hört sich ein wenig simpel und viel zu selbstverständlich an. Es setzt aber voraus, dass Sie sich über Ihr Verhalten und wie es auf andere wirkt Gedanken machen. Sie erinnern sich sicher noch an das Prinzip, das für Unternehmen oben in der Pyramide typisch ist: „Denk darüber nach, was dein Verhalten und auch dein Unterlassen für den anderen bedeutet!"

Wenn Sie sich die Mühe machen, Ihr Verhalten derart zu reflektieren, werden Sie den anderen tatsächlich nicht schaden. Das richtige Verhalten beginnt damit, zu vermeiden, einem anderen zu schaden.

Nun wissen wir aber auch, dass die Entwicklung unserer gesellschaftlichen Werte eher in Richtung Egoismus und Dreistigkeit geht. Lassen Sie sich also nicht von diesen wertezerfallenden Tendenzen einnehmen und achten Sie darauf, anderen nicht zu schaden. Sie „produzieren" dann in Ihrem Umfeld weniger enttäuschte Menschen und erleben von daher auch weniger Ärger. Weniger (selbstverursachten) Ärger zu haben, verbessert auch Ihre Arbeitszufriedenheit.

Tipp 26: Du musst keinesfalls zu allem Ja sagen, aber formuliere dein Nein freundlich!

Ich gebe gerade Tipps, die – hoffentlich – wie Dünger auf Ihr Jobglück wirken. Zufriedenheit „säen" heißt aber nicht, alles mit sich machen lassen. Sie müssen nicht alle Schlechtigkeiten der Kollegen schlucken und erst recht nicht für die faulen Kollegen permanent deren Arbeit machen. Immer die Aufgaben der anderen zu stemmen ist ein klassischer Unglücksfaktor. Das gilt es zu vermeiden.

Für Ihre Zufriedenheit ist es somit auch wichtig, zu den Dingen Nein zu sagen, die deutlich über das Maß der Hilfsbereitschaft und des Gefallens hinausgehen.

Um dies zu trainieren, sollten Sie im ersten Schritt die Sensibilität entwickeln, ein Ihnen gegenüber wiederholt ungerechtes Verhalten zu identifizieren. Im zweiten Schritt heißt es dann, eine Absage zu erteilen, ohne blöd dazustehen. Manchmal reicht dazu schon ein freundliches „Nein" oder „Ne, das kann ich leider nicht für dich machen". Wenn das nicht ausreicht, hilft es häufig, Transparenz in die Situation zu bringen. Dazu müssen Sie Ihr Gegenüber nicht angreifen oder bloßstellen. Es reicht, das Verhalten des anderen zu spiegeln und als Frage zu formulieren.

Das kann sich so anhören: „Ich bin mir nicht ganz sicher, ob ich es so verstanden habe, wie du es gemeint hast. Möchtest du, dass ich auch noch nächste Woche für dich diese (deine) Arbeit mache, genauso wie ich es schon diese Woche für dich gemacht habe?"

Sie können es noch offensiver oder etwas zurückhaltender formulieren. Hauptsache, Sie sprechen die Aufgabe an, die Ihr Kollege Ihnen mehr oder weniger verschleiert als Aufforderung unterjubeln möchte.

Bitte denken Sie daran, es muss unbedingt freundlich und ohne jedweden Vorwurf formuliert sein, einfach als ernst gemeinte freundliche Verständnisnachfrage.

Dann ist es ausgesprochen. Dann liegt die Situation transparent auf dem Tisch. Lassen Sie sich überraschen, wie Ihr Kollege nun reagiert. Ist er außergewöhnlich dreist, wie das besonders in Unternehmen vorkommt, die unten in der Pyramide stecken, so wird er bei Ihnen Druck aufbauen. Dann wissen Sie zumindest, woran Sie sind und können sich für das nächste Mal eine für den Kollegen passendere Strategie überlegen.

Nach meiner Erfahrung ziehen allerdings die meisten Kollegen ihren „Vorschlag" zurück, erkennen Ihr verändertes Verhalten und akzeptieren, dass sie mit Ihnen nicht mehr so umspringen können.

Selbst bei Vorgesetzten wirkt eine freundlich und diplomatisch formulierte Verständnisnachfrage so manches Mal Wunder. Angenommen, Sie werden mit einem Auftrag konfrontiert, der Ihnen wenig durchdacht erscheint. Dann können Sie Ihre Bedenken bei den wenigsten Vorgesetzten direkt ansprechen, ohne Gefahr zu laufen, in Ungnade zu fallen.[54]

Wenn Sie es aber unaufdringlich in Form einer Verständnisnachfrage formulieren, bieten Sie der Führungskraft eine Chance zur Reflexion. Das führt nicht selten zu einer Korrektur oder Konkretisierung des Arbeitsauftrages. Konkret könnte sich das zum Beispiel so anhören:

„Damit ich Sie nicht falsch verstehe und es richtig machen kann, haben Sie es so gemeint ... oder eher so ...?" In diesem Fall geben Sie Ihrem Vorgesetzten noch einmal die Chance, seinen Arbeitsauftrag zu überprüfen und ihn im Zweifel ohne Gesichtsverlust zu konkretisieren oder zu ändern.

Aufgaben zu erledigen, die zu Ende gedacht sind, sind für Ihre Arbeitszufriedenheit besser als Aufgaben, die Sie für sinnlos erachten und vergeudete Zeit bedeuten. Versuchen Sie es mal. Mit ein bisschen Training finden Sie den Weg zu Ihrem Vorgesetzten und damit zu besser durchdachten Aufträgen. Das schont Ihre Nerven.

Tipp 27: Schütze dich vor Arbeitsklima-Verschmutzern!

Überall in Ihrem Leben, so auch an Ihrem Arbeitsplatz, gibt es „Karl Motzkis". Das sind diejenigen, die häufig schlecht gelaunt sind und über alles meckern. Es sind die, die schlechte Laune verbreiten und die ersten, die alles und jeden kritisieren müssen. Solche „Motzkis" sind schwer zu ertragen. Diese „toxischen Kollegen"[55] vergiften das Klima, saugen unsichtbar die Energie aus einem Team und vor allem aus Ihnen.

Manche von denen sagen wiederum nie etwas laut, sie meckern nicht offen, aber sie treiben hinterrücks einen Keil zwischen die Menschen und schaden somit dem ganzen Team. Da bleibt tatsächlich nur eine Lösung für Sie: Halten Sie Abstand zu den Arbeitsklima-Verschmutzern!

Das gleiche gilt für Solidargemeinschaften, die sich permanent über alles und jeden auslassen und alles schlecht reden. Solche „Motzki-Gruppen" ziehen Sie mit großer Überzeugung in den Arbeitsfrust (zurück). Also, halten Sie besser Abstand! Sie können bei solchen Menschen nur (Ihre gute Laune) verlieren.

Ziehen wir mal ein kleines Zwischen-Resümee: Sie haben in den ersten Kapiteln dieses Buches die Erkenntnis gewinnen können, dass Ihnen eine glückbringendere Grundhaltung gegenüber Ihrer Arbeit hilft, im Job zufriedener zu werden. Auch ist klar geworden, dass Sie Ihre Chance auf Jobglück deutlich erhöhen, wenn Sie die Verantwortung für und zudem aktiv Einfluss auf Ihre Zufriedenheit nehmen.

Vor diesem Hintergrund dürften Ihnen die Tipps 13 bis 27 zur Verbesserung Ihres täglichen Jobglücks gar nicht mehr überraschend erscheinen, oder? Kommen Sie Ihnen beinahe trivial vor? Richtig! Viele Tipps könnten aus Omas Weisheiten-Schublade stammen. Die meisten hat man schon oft gehört. Dennoch beherzigen die meisten Menschen die wenigsten von ihnen.

Wenn Sie Ihre Haltung verändert haben, also wenn Ihr Denken über Arbeit sich geändert hat, dann ist die Frage, wie Sie nun im Job zufrieden werden, keine Herausforderung mehr – nein, mit den Tipps ist das möglich. Sie wissen, wie Sie eine gute Grundlage für Ihr Jobglück schaffen können (Kapitel 5.1 und 5.2) und wie Sie es täglich vergrößern können (Kapitel 5.3). Sie werden sogar feststellen, wie Sie mit Ihrer neuen Haltung andere anstecken.

Die wirkliche Herausforderung besteht darin, jetzt ernst zu machen und damit anzufangen, sein Denken, seine Haltung und sein Verhalten zu ändern. Die Tipps nicht nur zu lesen, sondern auch umzusetzen, das ist die wirkliche Herausforderung. Wie heißt es so schön: Das Können liegt im Wollen!

Deshalb beginnen Sie bitte Ihre Herausforderung mit einem Paukenschlag! Geben Sie sich dadurch selbst einen Schubs in die glückbringende Richtung.

5.4 Erkenne deinen eigenen Anteil!

Ich habe das Thema „Mein eigener Anteil an meinem Jobglück" bereits gegen Ende des vierten Kapitels angesprochen. Wenn wir bei der Analogie des Sonnenblumenfeldes bleiben, wäre Ihr Anteil an Ihrem Jobglück gut vergleichbar mit der Pflege des Sonnenblumenfeldes. Zum Einstieg in das Pflegeprogramm konfrontiere ich Sie zunächst mit ein paar grundsätzlichen Fragen:

Wer bestellt eigentlich Ihr „Sonnenblumenfeld der Arbeitszufriedenheit"? Wer verteilt die „Saat" und bringt den „Dünger" auf? Wer pflegt die kleinen Setzlinge, und wer kümmert sich um die Pflanzen, bis sie prächtig in der Blüte stehen?

Sie selbst? Ja, Sie selbst! Bitte sehen Sie mir diese rhetorischen Fragen nach. Natürlich ist Ihnen klar, dass Sie den größten Einfluss darauf haben. Wir sprechen doch auch von Ihrer eigenen Überzeugung hinsichtlich Ihrer Arbeit (Nährboden) und nicht von der Ihres Nachbarn. Wir sprechen von Ihrer Entscheidung, welchen Job Sie machen möchten (Saat), und wir sprechen davon, dass Sie selbst Ihre Zufriedenheit täglich durch glückbringendes Denken und Verbreiten von Glücksmomenten steigern können (Dünger). Wenn all das „sonnenklar" ist, können wir uns den nächsten Tipps zuwenden:

Tipp 28: Glaub an deinen eigenen Einfluss auf dein (Job-)Glück!
Im Buch „Glück. The World Book of Happiness" wird dieser Aspekt in einem Artikel schön zusammengefasst: „Menschen, die dazu neigen, an ihren eigenen Einfluss auf die Ereignisse des Lebens zu glauben, sind glücklicher."[56]

Wenn Sie aber nach wie vor davon überzeugt sind, dass das Leben eben so ist, wie es ist, Ihre Arbeit ebenso ist, wie sie ist (nämlich schrecklich), dass Sie keinen Einfluss auf den Verlauf Ihres Arbeitslebens haben und dem Schicksal weiterhin die Schuld an Ihrer Unzufriedenheit geben wollen, dann wird es mit Ihrer Zufriedenheit bei der Arbeit schwierig.

Wenn Sie sich selbst gegenüber jedoch die – zugegeben suggestiven – Fragen zu Beginn dieses Kapitels ehrlich beantwortet haben, stellen Sie unweigerlich fest, dass Sie ganz erheblichen Einfluss auf Ihr Arbeitsleben und damit auch auf Ihre Zufriedenheit haben können! Deshalb muss ich es an dieser Stelle noch einmal betonen:

Sie haben großen Einfluss auf Ihre Zufriedenheit im Job!

Mit den bisherigen Tipps habe ich Ihnen schon 27 Beweise geliefert, wie viel Macht Sie über Ihre eigene Arbeitszufriedenheit haben. 23 weitere folgen.

Vielleicht werden Sie jetzt zu Recht einwenden, dass wir doch im Zusammenhang mit der Glückspyramide feststellen mussten, dass es Unternehmen gibt, die im Bodensatz der Pyramide kleben. Dies sollten doch Unternehmen sein, in denen man schlicht nicht glücklich werden kann. Beginnen wir also mit diesem Fall. Beginnen wir mit den Unternehmen, in denen Sie tatsächlich in Sachen Jobglück ziemlich schlechte Karten haben:

Tipp 29: Wenn du in einem Unternehmen arbeitest, das ganz unten in der Glückspyramide steckt, dann kündige!

Wenn Sie in einem Unternehmen gelandet sind, das tatsächlich ganz unten im Bodensatz der Glückspyramide steckt, ist es kaum überraschend, dass Sie in Ihrem Job vollkommen unzufrieden sind.

Dann gibt es nur eine Lösung: Kündigen Sie! Stellen Sie sich dem Problem. Sofort! Hauen Sie möglichst schnell ab. Es wird nicht besser. Sie werden weiterhin täglich Schikanen erleben und unter dem schrecklichen Verhalten der Führungskräfte und Kollegen leiden.

Wenn Ihr Unternehmen tatsächlich im Bodensatz der Pyramide steckt und einem Irrenhaus gleicht, ist die Aufgabe der Jobzufriedenheit wirklich eine Herkulesaufgabe und fast nicht zu schaffen.[57]

Aber für *alle* anderen Unternehmen gilt:

Tipp 30: Mache dir deinen eigenen Anteil an deinem Frust bewusst und ändere ihn!

In Kapitel 4.6 habe ich Ihnen zwei Beispiele nahegebracht, in denen die Beteiligten erheblichen Frust einsackten. Der eine, weil ihm keiner helfen wollte und der andere, weil er an der unbefriedigenden Arbeits- und Lebenssituation unbedingt festhalten wollte, bis hin zum Totalschaden in seinem Leben. Erinnern Sie sich?

Die Beteiligten waren so mit der Schuldfrage beschäftigt, dass sie nicht erkannten, welchen eigenen Anteil sie an der unglückbringenden Situation hatten. Sie sahen sich als Opfer und kamen nicht auf die Idee, ihr Verhalten zu ändern. Das ist für Sie jetzt anders. Sie haben verstanden, dass Sie an Ihrer Unzufriedenheit durchaus einen Anteil haben können.

Sollten Sie also in Zukunft in Ihrem Job unzufrieden sein, ist es Ihre Aufgabe, Ihren Anteil an dem Entwicklungsprozess zu erkennen, der dazu geführt hat, dass Sie unzufrieden geworden sind. Erkennen Sie sich selbst gegenüber an, dass es wohl ein für Sie selbst „unglückliches" Verhalten war, und ändern Sie es.

Eigene Anteile zu sehen ist gut für die Verarbeitung und Analyse der Vergangenheit. Mit der Untersuchung Ihrer eigenen Anteile an einem Entwicklungsprozess, der zu einem unbefriedigenden Ergebnis geführt hat, können Sie viel über sich und Ihre Zufriedenheit lernen.

Auf aktive Art Beiträge für mehr Jobzufriedenheit zu leisten, fällt Ihnen mit dem Wissen über Ihre eigenen Anteile leichter. Schauen Sie sich meine Ideen, wie Sie auf Ihren Job einwirken können, gerne immer wieder an. Es gilt nach wie vor: Wir lernen nicht durch einmalige Erkenntnisse, sondern durch die Wiederholung und mehrmalige Bewusstmachung einmaliger Erkenntnisse. Insofern bedeutet „nach der Lektüre" auch „vor der Lektüre".

Im Ergebnis sehen Sie, dass es nicht ausreicht, nur daran zu glauben, dass Sie einen eigenen Einfluss auf Ihr (Job-)Glück haben, Sie müssen auch aktiv etwas dazu beitragen! Bei diesem Beitrag kann es sich auch um das Treffen einer (folgenträchtigen) Entscheidung handeln.

Tipp 31: Bring möglichst selbst den Mut zum Wechsel auf!

Sie haben anhand der Geschichte mit dem Mitarbeiter, der an einen fernen Arbeitsplatz versetzt wurde, gesehen, wie viel Leid dadurch für ihn und seine Familie entstehen kann. In diesem Fall war der Unglücksfaktor die immense Entfernung zum Arbeitsplatz. Vielleicht erinnern Sie sich noch an die Killer-Unglücksfaktoren. Es sind die Faktoren, die Ihre Zufriedenheit so fundamental zerstören, dass Sie sie nicht langfristig hinnehmen dürfen. Es hieß: Der Killer-Faktor zerstört alles! Er muss verändert werden, sonst gibt es für Sie kein Jobglück!

Es funktioniert bei den Killer-Faktoren nicht nur nicht mit Ihrer Zufriedenheit, sondern Sie gehen auch noch das große Risiko ein, dass sowohl Ihr Privatleben als auch Ihre Gesundheit erheblichen Schaden nehmen. Den Zusammenhang zwischen Arbeitsunglück und Krankheit habe ich Ihnen zu Beginn dieses Buches aufgezeigt.

Zudem führt dauerhafter massiver Arbeitsfrust zu stetig sinkender Arbeitsqualität und -quantität. Das wiederum verursacht Kritik. Sie zerstört die letzte Motivation, und schon flattert die Kündigung ins Haus.[58] Das sind alles Szenarien, die Sie unbedingt vermeiden sollten.

Nun müssen Sie nicht immer sofort das Unternehmen wechseln. Manchmal reicht es schon, sich nach einer anderen Abteilung, Sparte oder Filiale umzuschauen.

Dieser Tipp zielt darauf ab, dass Sie unbedingt wachsam mit sich und Ihrer Zufriedenheit bleiben. Warten Sie nicht auf erste Katastrophen. Dann ist es meistens schon zu spät. Wenn Sie einen Killerfaktor identifizieren, sollten Sie unbedingt aktiv werden. Bedenken Sie: Lieber ein geplanter als ein geschubster Wechsel!

Tipp 32: Hör auf, anderen die Schuld zu geben!

Haben Sie schon einmal glückliche Opfer gesehen? Ich nicht! Sofern Sie dazu tendieren, eine Opferhaltung einzunehmen, lassen Sie das dringend sein. Sie müssen raus aus der Opferrolle. Erinnern Sie sich noch an den „Opferhaltungs-Irrtum" (Kapitel 2.3)? Dort hatte ich es schon einmal angesprochen. Machen Sie sich bewusst, dass Sie in fast jeder Lebenssituation und erst recht im Arbeitsleben Alternativen haben, wie Sie Dinge sehen wollen und sich verhalten können. Sie müssen sich nicht jede Woche, 52 Wochen im Jahr vom Vorgesetzten oder Kollegen „verprügeln" lassen und mit dem Gefühl des Verprügeltseins leben! Sie müssen nicht mit Ihrem Schicksal hadern und auch nicht die Schuldfrage diskutieren. Bei Unzufriedenheit im Job lautet Ihre Aufgabe: Hören Sie auf, anderen die Schuld zu geben, finden Sie Ihren Anteil und ändern Sie ihn!

Tipp 33: Hör auf, Dinge ändern zu wollen, die du nicht ändern kannst!

Haben Sie mal versucht, als Mitarbeiter ein Unternehmen grundlegend zu ändern oder einen cholerischen Chef zu ausgewogenem Verhalten zu bewegen? Ist es Ihnen schon einmal gelungen, einen Karl Motzki zum Glücklichsein zu bekehren oder einen Intriganten zu einer offenen und ehrlichen Person zu machen? Wahrscheinlich nicht, denn Ihnen ist völlig klar, es wäre ein hoffnungsloses Unterfangen.

Es macht keinen Sinn, sich an unmöglichen Aufgaben zu reiben und Kräfte zu verschwenden. Andere Menschen können wir nicht ändern, nur uns selbst können wir in Gedanken, Einstellungen und Verhalten ändern. Hier liegt der größte Hebel zu Ihrer Zufriedenheit. Prüfen Sie also gut, welches Fass Sie aufmachen und an welcher Front Sie kämpfen wollen.

Tipp 34: Ändere das, was du ändern kannst!

Nehmen Sie sich lieber das vor, worauf Sie wirklich Einfluss haben: auf Ihre Einstellung und auf Ihr Verhalten. Hier ist der größte Hebel zur Verbesserung Ihrer Welt in Richtung Jobglück.

Wie heißt es so schön: „Gott, gib mir die Gelassenheit, Dinge hinzunehmen, die ich nicht ändern kann, den Mut, Dinge zu ändern, die ich ändern kann, und die Weisheit, das eine vom anderen zu unterscheiden." Vielleicht kennen Sie dieses Gelassenheitsgebet des US-amerikanischen Theologen Reinhold Niebuhr. Es ist genauso hilfreich, wenn man es nicht an Gott, sondern an das Leben richtet.

Dieses Gebet bringt es wunderbar auf den Punkt. Ist eine Situation wirklich änderbar, so setzen Sie sich dafür ein. Wenn nicht, dann nehmen Sie es lieber gelassen hin und ändern Sie Ihre Erwartungshaltung (siehe Kapitel 5.6).

So gesehen gibt es nur zwei echte Möglichkeiten, mit Ärgernissen umzugehen: Ändere sie oder akzeptiere sie! Ändern Sie den Teil, den Sie ändern können und ärgern Sie sich nicht über den, den Sie nicht ändern können!

Tipp 35: Pflege gerade in schwierigen Situationen deine Arbeitsbeziehungen!

Ist Ihnen schon einmal aufgefallen, dass in beruflichen Beziehungen Turbulenzen immer im Kleinen beginnen? Oft genug reicht schon ein kleines Missverständnis aus. Erst mit der Zeit schaukelt es sich zum größeren Ärgernis hoch. Dann sind wir enttäuscht und eventuell böse, und wieder einmal können wir uns die Frage stellen, welchen Anteil wir an diesem ganzen Dilemma tragen.

Wenn Sie die Fähigkeit, nach Ihrem eigenen Anteil zu fragen, weiterentwickeln und es zu Ihrem Selbstverständnis wird, dann wird Ihre Welt friedlicher und Sie damit zufriedener.

Es wird Ihnen immer leichter fallen, Turbulenzen zu beseitigen und eine Beziehung wieder in die Balance zu bringen.

So betrachtet können Sie selbst in schlechteren Zeiten für Ihre Zufriedenheit etwas Gutes tun. Mit Gelassenheit, etwas mehr emotionalem Abstand und der Einsicht in Ihren Anteil können Sie Krisen deutlich besser bewältigen und sich danach vielleicht sogar über eine verbesserte Beziehungsqualität freuen. Das ist hundertmal besser, als permanent auf dem eigenen Standpunkt zu beharren.

Die nächsten vier Tipps helfen Ihnen dabei, solche Turbulenzen mit Kollegen, Mitarbeitern und Vorgesetzten souveräner zu lösen. Natürlich setzen Sie da an, wo Ihr eigener Anteil in den jeweiligen Situationen liegen könnte.

Tipp 36: Bei Ärger mit jemand anderem: Spule dein Lebensvideo weiter zurück, als nur bis zum letzten Fehler des anderen!

Bei Ärger mit anderen haben wir die Angewohnheit, unsere eigene Erinnerung nur so weit zurückzuspulen, bis wir an die Stelle kommen, an der wir den Angriff oder die Verletzung durch unser Gegenüber erfahren haben. Oft genug fällt uns aber gar nicht auf, dass es schon deutlich vor einem solchen Ärgernis zu einer Entwicklung kam, die zur Entstehung einer Eskalation geführt hat. Wir haben, im Bild eines Videorekorders gesprochen, beim Zurückspulen also zu früh die Stopp-Taste gedrückt. Wir hätten einfach noch ein wenig weiter zurückspulen sollen.

Wenn Sie bis an die Stelle zurückgehen, an der die Beziehung noch in Ordnung war, können Sie im Langsamlauf Schritt für Schritt analysieren, wer wann welchen Anteil an der Entstehung der Krise hatte. Sie können Gesprächssequenz für Gesprächssequenz rekonstruieren, welche Äußerung welche Wirkung auf den anderen Beteiligten hatte, und wie er wiederum darauf reagiert hat. So ist die Wirkung jeder Äußerung oder Handlung wiederum die Ursache für die nächste Wirkung und so weiter.

Jede Äußerung oder Handlung hat also ihre Ursache in einer vorherigen Äußerung oder Handlung. Machen Sie sich also die Mühe und suchen Sie die vielen Ursachen für die jeweilige Schieflage, beginnend ab der Situation, als noch alles in Ordnung war.

Verdeutlichen lässt sich dies auch wunderbar am Beispiel eines Ehestreites innerhalb einer Ehekrise. Ein Partner ist enttäuscht und wirft im Streit dem anderen seine letzten ein bis drei Äußerungen vor. Gleiches passiert in umgekehrter Richtung, und schon ist der Streit perfekt. Nun sind die genannten Vorwürfe meist nicht das eigentliche Problem, sondern es sind viele vorher entstandene Schäden durch Streitigkeiten und Enttäuschungen der Beteiligten innerhalb der letzten Jahre. Sie machen den gemeinsamen Problemberg aus. Deshalb stehen sich nun zwei mit Überdruck gefüllte Erwachsene gegenüber und werfen sich gegenseitig die letzten Äußerungen vor. In so einem Fall sollte man zur Lösung eher mal ein paar Jahre zurückspulen.

Im Job müssen wir meistens nicht Jahre zurückblicken. Häufig sind es nur Äußerungen oder Handlungen, die vor Minuten, Stunden oder Tagen jemanden verletzt haben. Aber auch da gilt: Zurückspulen bis zum einwandfreien (oder glücklichen) Zeitpunkt.

Wenn das Rückspulen des Videos nicht ausreicht, um Ihrer Enttäuschung Herr zu werden, gibt es noch weitere Methoden zur Verbesserung Ihrer Beziehungssituation. Wie gesagt: Es geht bei all dem hier um die Pflege einer Beziehung – für den Fall, dass es einmal nicht so gut läuft und Sie die Situation korrigieren möchten.

Tipp 37: Wechsel doch einmal den Stuhl und betrachte die Situation aus der Sicht des anderen!

Die unterschiedlichsten Situationen können uns verärgern, unsere Souveränität ankratzen oder die klare Sicht versperren. Dies führt häufig zu affektartigen, wenig reflektierten und schon gar nicht souveränen Reaktionen. Durch solch eine Reaktion „unter Druck" verschlimmert sich in der Regel eine Situation – sie entwickelt sich zu einer Eskalation.

Im zweiten Kapitel haben Sie einiges über die Funktionsweise unseres Gehirns gelesen. Es tendiert dazu, nach seinen eigenen altbekannten Mustern Sachverhalte wahrzunehmen, den bekannten Sachverhalt zu bevorzugen und den ungewohnten Sachverhalt direkt wieder zu „löschen". Sie haben gelesen, wie selbst die wahrgenommene Realität relativ ist und wie stark sie von seinen verinnerlichten und versteckten Überzeugungen beeinflusst wird.

Insofern müssen wir (sicherheitshalber) immer davon ausgehen, dass wir im Rahmen einer Auseinandersetzung nicht die nötige Objektivität haben, um die Situation entsprechend zu beurteilen. Wenn wir uns dies bewusst machen, ist der Tipp, sich einmal die Betrachtungsweise des Gegenübers näher anzuschauen, nicht überraschend.

Wechseln Sie einfach hierzu den Stuhl, auf dem Sie sitzen, und betrachten die Situation aus der Sicht desjenigen, der Sie vermeintlich verärgert hat. Mit „Stuhl wechseln" meine ich tatsächlich auch den physischen Vorgang, sich auf den Stuhl des anderen zu setzen.

Sie kennen Ihre eigene Betrachtungsweise. Stehen Sie wirklich auf und setzen sich auf einen anderen Stuhl. Versetzen Sie sich in die Lage des anderen und überlegen Sie, warum sich der andere so verhalten hat und was seine Beweggründe gewesen sein könnten. Betrachten Sie auch Ihr Verhalten aus der Sicht des „Ärger-Partners" und überlegen, was Ihr Verhalten wohl zu dem Fortgang der Ereignisse beigetragen und wie Ihr Gegenüber das wahrgenommen haben könnte.

Dieser Perspektivwechsel macht es Ihnen möglich, den Standpunkt des anderen einzunehmen und nachzuempfinden. Sie werden das Problem wortwörtlich von beiden Seiten aus besser betrachten können.

Das ist garantiert besser, als wenn Sie an Ihrer Betrachtungsweise standhaft festhalten, diese für allein richtig halten und unreflektiert dem anderen die Schuld geben.

Sie werden feststellen, wie wundersam sich durch diese Methode Enttäuschungen und Ärger förmlich in Luft auflösen.

Tipp 38: Betrachte es aus der Sicht deines besten Freundes!

Apropos Stühle rücken. Wenn Sie schon einmal beim Sitzplatz- und Standpunktwechsel sind, können Sie bei schwierigen Themen auch noch einen Platz weiterrücken und einen dritten Stuhl einnehmen: den Ihres besten Freundes. Sie rücken einfach einen weiter und fragen sich, wie Sie das Verhalten beurteilen würden, wenn sich Ihr bester Freund so wie Ihr Ärger-Partner verhalten hätte.

Wenn Sie zu der Auffassung kommen, dass Ihr bester Freund sich so niemals verhalten würde und Sie schon zuvor auf dem zweiten Stuhl für Ihr Gegenüber keine Entlastung gefunden haben, dann war das Verhalten des anderen wohl tatsächlich nicht okay.

Kommen Sie aber zu dem Ergebnis, dass sich Ihr bester Freund auch so verhalten könnte, Sie es ihm aber wohlwollend nicht verübeln würden (er hatte wohl mal seine schrägen fünf Minuten), dann sollte Ihnen klar werden, dass Sie das Erlebte mit zweierlei Maß bewerten. Dann dürfen Sie auch mit Ihrem Kollegen etwas wohlwollender sein und es ihm nachsehen.

Die Klarheit, die mithilfe dieser Methoden entsteht, hilft unweigerlich beim Abbau der negativen Energie und ermöglicht, sich mit mehr Souveränität eine für die Situation passendere Verhaltensweise zu überlegen. So verschwinden viel schneller Ärgernisse des Tages und Ihr (Arbeits-)Leben wird friedlicher.

Tipp 39: Fass dir an die eigene Nase und überlege, welche deiner Macken die anderen nerven könnte und wie sie zu deinen Beziehungsproblemen beitragen!

Jeder kennt die Macken seines Vorgesetzten und seiner Kollegen. Sie können diese persönlichen Eigenarten nicht nur exakt beschreiben, sondern sogar punktgenau voraussagen, wann, wie und wodurch der andere sie zeigen und ausleben wird.

Stellen Sie sich vor, Sie regen sich über die Meisen Ihrer Kollegen und Vorgesetzten ständig auf. Das wäre doch anstrengend, oder? Stellen Sie sich aber auch einmal vor, den anderen geht es mit Ihnen genauso. Welche Macken wären das wohl, womit Sie die anderen nerven? Daher gilt wie bei Tipp 4: Akzeptiere es: Alle haben eine Meise – auch du!

In diesem Kapitel betrachten wir Ihre Macken genauer. Hier interessiert nicht nur, welche es sind, sondern wie sie auf Ihre Beziehungskrisen mit den Kollegen Einfluss genommen haben. Analysieren Sie also die Wirkung Ihrer persönlichen Eigenarten auf Ihre Kollegen und schauen, welchen Anteil diese bei Eskalationen haben.

Jeder hat seine Macken. Jeder nervt damit andere – Sie tun es auch! Machen Sie sich dies besonders in Beziehungskrisen bewusst!

Tipp 40: Lerne durch Kritik – ärgern können sich die anderen!

Ärgern Sie sich nie wieder über Kritik! Sondern schauen Sie sich den Sachverhalt hinter einer Kritik an. Häufig können Sie daraus lernen. Man kann das mit der Kritik nämlich auch so sehen: „Entweder kann man etwas ändern, dann braucht man nicht ärgerlich werden, denn man kann ja etwas ändern! Oder man kann nichts daran ändern, dann braucht man auch nicht ärgerlich zu werden, denn man kann sowieso nichts daran ändern! Also braucht man niemals ärgerlich werden."[59]

Im Gegenteil: Bei berechtigter Kritik sollten wir uns bedanken, denn wir erhalten die Gelegenheit, besser zu werden.

Ich weiß sehr wohl, dass unser Gehirn eine solche Einstellung nicht gern zulassen möchte. Es fühlt sich viel gewohnter an, sich angegriffen zu fühlen, oder? Bei Kritik, insbesondere auf unangebrachte Art, wittert das Gehirn erst mal einen Angriff und übersieht den sachlichen Anteil, um den es eigentlich geht.

Erinnern Sie sich an das Beispiel, in dem drei Mitarbeiter vom Chef eine Standpauke erhielten? Der erste reagierte mit großem Ärger. Er reagierte wütend auf seinen Chef, und der Tag war für ihn gelaufen. Sie haben sicherlich noch vor Augen, dass es die schlechteste von den drei Reaktionen war. Der dritte hingegen trennte den Beziehungs- vom Sachanteil, sah die Kritik sachlich und nahm sich vor, sein Verhalten in Zukunft dahingehend zu verbessern.

Wie kann eine Führungskraft mit Ihnen über Ihre Fehler sprechen, ohne dass Sie sich angegriffen fühlen? Geht das überhaupt? Stellen Sie sich vor, Sie könnten beim nächsten Mal – und es gibt sicher ein nächstes Mal – die Sachlage ganz ruhig betrachten. Das wäre schon mal ein echter Gewinn. Den Ärger, den Sie vielleicht sonst gehabt hätten, haben Sie dann nicht mehr.

Also, nehmen Sie die Kritik als Aufforderung, besser zu werden. Das erspart Ihnen künftig weitere Kritik und vor allen Dingen viel Ärger.

Arbeiten Sie in einer klassischen Macht- und Druckwelt, so muss Ihr Radar auch darauf eingestellt sein, dass die Kritik Ihrer Führungskraft nicht primär auf eine sachliche Verbesserung abzielt, sondern darauf, Macht und Druck auszuüben. In diesem Fall denken Sie sich einfach: „Herzlich willkommen in der Druckwelt. Diese Kritik hat keinen Sachanteil, sondern dient nur dazu, mich zur Arbeit anzutreiben." Sie wissen, warum Ihre Führungskraft das macht. Im Zweifel muss sie es sogar. Wollen Sie sich in Zukunft über so etwas noch aufregen? Es lohnt nicht. Lassen Sie es und suchen die Kritik, die Ihnen wirklich weiterhilft.

Tipp 41: Verzichte auf Neid!

Neid ist im wahrsten Sinne des Wortes ein unglückliches Gefühl. Er ist destruktiv und zieht jeden herunter. Das Schlimmste ist: Neidische Menschen sind nie zufrieden! Sie werden immer wieder durch den Neid in den Frust gezogen.

Wenn wir in unserem Bild vom Sonnenblumenfeld bleiben wollen, können wir es auch mit einer bekannten Metapher ausdrücken: „Viele neiden dem Nachbarn seinen schönen Garten, sehen aber nicht den Spaten, der in ihm steckt." Sehen Sie den Preis, den andere für das gezahlt haben, worauf Sie neidisch sind. Und sehen Sie auch, dass Sie vielleicht selbst nicht bereit sind, diesen Preis dafür zu zahlen!

Wenn Sie also in der nächsten Zeit einmal von Neidgefühlen heimgesucht werden und Sie dadurch Ihre gute Laune verlieren sollten, so suchen Sie bitte den „Spaten des Nachbarn" und fragen Sie sich, ob Sie hierfür wirklich so hart hätten arbeiten wollen. Wenn ja, dann sollten Sie sofort loslegen. Und wenn Sie nicht bereit wären, eine solche Last hierfür in Kauf zu nehmen, dann lassen Sie es auch mit dem Neid, denn er schadet Ihnen nur und vernichtet Ihre Zufriedenheit.

Tipp 42: Trainiere täglich!

Die Tipps 28 bis 41 waren im übertragen Sinn zur Pflege des „Sonnenblumenfeldes" bestimmt. Es wurde, so hoffe ich, unmissverständlich deutlich, dass derjenige, der auf das erfolgreiche Wachstum seines Sonnenblumenfeldes am meisten Einfluss hat und vor allen Dingen auch dafür verantwortlich ist, Sie selbst sind.

Diese Art, Sachverhalte zu betrachten, hat nicht nur den Vorteil, dass man so manche Enttäuschung oder problematische Beziehungssituation besser bearbeiten kann, sondern vor allem auch, dass Sie solche Situationen viel seltener erleben müssen.

Es ist eine Grundsatzentscheidung, ob Sie daran festhalten möchten, dass immer die anderen schuldig sind oder ob Sie das tun, womit Sie am meisten erreichen können: Nehmen Sie sich Ihren eigenen Anteil vor, hier können Sie am meisten Verbesserung erzielen! Die große Herausforderung besteht darin, sich dies als neues Selbstverständnis anzugewöhnen. Es erfordert tägliches Training.

5.5 Achte auf dich!

Im vierten Kapitel habe ich Ihnen die Glückspyramide vorgestellt. In diesem Zusammenhang mussten wir voller Erschrecken feststellen, dass es Unternehmen gibt, in denen die Rahmenbedingungen, das Führungsverhalten und das destruktive Verhalten der Mitarbeiter untereinander so schrecklich sind, dass wir – ausgehend von unserem Bild vom Sonnenblumenfeld – von Sabotage sprechen müssten. Hier wird „Müll" auf Ihr „Feld" gekippt und auf Ihren kleinen zierlichen Sonnenblumen-Setzlingen herumgetrampelt. Vor diesem Hintergrund gibt es den nächsten Tipp:

Tipp 43: Pass auf dich auf!

Stellen Sie sich das bitte mal konkret vor: Da haben Sie sich eine gesunde Grundhaltung zum Thema Jobzufriedenheit angeeignet und damit fruchtbaren Boden für Ihr Jobglück geschaffen (Kapitel 5.1). Sie haben sich eine Stelle gesucht, die Ihnen Freude bereitet und die Sie ausfüllt. Damit haben Sie gute Saat ausgesät (Kapitel 5.2). Auch haben Sie mit guten Taten Dünger auf Ihr Glücksfeld aufgebracht (Kapitel 5.3). Darüber hinaus entwickelten Sie die Fähigkeit, Ihren eigenen Anteil zu sehen und haben dadurch Ihr Feld gepflegt (Kapitel 5.4).

Und dann werfen irgendwelche Menschen Müll auf Ihr Feld oder zertrampeln hemmungslos Ihre Setzlinge! Na, wie fühlt sich das für Sie an? Genau um dieses Gefühl geht es bei diesem Tipp.

Was Sie in so einem Fall machen können, haben Sie schon bei Tipp 29 („Wenn du in einem Unternehmen arbeitest, das ganz unten in der Glückspyramide steckt, dann kündige!") und bei Tipp 30 erfahren („Mach dir deinen eigenen Anteil an deinem Frust bewusst und ändere ihn!").

Die Tipps zu realisieren setzt allerdings voraus, dass Ihnen der Missstand wirklich auffällt. Sie müssen dieses schlechte Gefühl auch als solches tatsächlich wahrnehmen und nicht übersehen, weil Sie es als normal oder als nicht so wichtig ansehen. Deshalb auch meine Frage: „Wie fühlt sich das für Sie an?"

Sie können sich (und Ihr Sonnenblumenfeld) erst schützen, wenn Ihnen auffällt, dass Ihre Zufriedenheit in Gefahr ist. Stellen Sie also Ihr Zufriedenheitsradar, das alle Glücks- und Unglücksfaktoren scannt, ruhig noch etwas schärfer ein. Nehmen Sie in Zukunft Ärger nicht mehr als Ärger, sondern als (Warn-)Hinweis wahr. Dann klappt es auch besser mit dem Schutz Ihrer Zufriedenheit.

5.6 Passe deine Erwartungshaltung an!

In Kapitel 2.3 habe ich Ihnen mit der Jobglücks-Formel $Z = R - E$ (Zufriedenheit = Realität – Erwartungshaltung), verdeutlicht, wie Ihre eigene Erwartungshaltung maßgeblich auf Ihre Jobzufriedenheit Einfluss nimmt. Gleich darauf mussten Sie dann aber lesen, wie relativ so eine Erwartungshaltung sein kann. Vor diesem Hintergrund ist es wichtig, seine Erwartungen bezüglich seiner Jobzufriedenheit korrekt einzustellen. Im Bild unseres Sonnenblumenfeldes gesprochen heißt die Frage: Wie schnell wachsen eigentlich Sonnenblumen? Welche Erwartungshaltung darf ich im Zusammenhang mit meinem Job aufbauen, damit ich nicht enttäuscht und damit frustriert werde? Betrachten wir also nun Ihre Erwartungen ganz allgemein an Ihre Arbeitsrealität und danach im Speziellen an Ihr Unternehmen, an Ihren Chef und an Ihre Kollegen.

Tipp 44: Pass deine Erwartungshaltung an deine Arbeitsrealität an!

Stellen Sie sich vor, Sie haben einen großartigen Job gefunden. Das Unternehmen rangiert in dem oberen Pyramidenbereich, und Ihr Bauch platzt vor Freude. Das klingt alles so ideal, besser geht es nicht. Da müssen Sie zufrieden sein. Wenn Sie es nicht sind, sind Sie selbst schuld oder besser gesagt, Sie haben einen hohen Anteil an Ihrem Unglück.

Aber: Können Sie die Erfüllung all Ihrer Jobwünsche zu 100 Prozent erwarten? Können Sie erwarten, dass alle Ihre Glücksfaktoren im Bauch vollständig erfüllt werden, auch wenn klar ist, dass es eine riesige Anzahl an Faktoren gibt? Nein, das können Sie natürlich nicht! Seien Sie realistisch mit Ihrer Arbeitswelt. Passen Sie Ihre Erwartungen der Arbeitsrealität an.[60]

Tipp 45: Pass deine Erwartungshaltung an dein Unternehmen an!

Wenn Sie in einem Unternehmen arbeiten, das im Bodensatz der Glückspyramide steckt, hatten wir schon festgestellt, dass Sie nur Terror erwarten können. Da können Sie Ihre eigene Erwartungshaltung gar nicht tief genug herunterschrauben. Wenn Sie allerdings in einem Unternehmen arbeiten, das oberhalb dieses Bodensatzes steckt, erwarten Sie dennoch nicht zu viel von diesem Unternehmen.

Wie bei Ihrem Gehalt wartet auf Sie auch hier der Gewöhnungseffekt. Sie haben ihn schon im Zusammenhang mit den Gehaltsirrtümern kennengelernt. Sie gewöhnen sich an ein gewisses Niveau, nehmen die positiven Dinge irgendwann als selbstverständlich an und nehmen sie nach einiger Zeit schon gar nicht mehr wahr. Und schon besteht die Gefahr der Unzufriedenheit.

Den krassesten Fall habe ich in diesem Zusammenhang mit dem „Luxusarbeitsplatz" beschrieben. Obwohl hier alles perfekt ist, nimmt der Mitarbeiter irgendwann den Luxus als selbstverständlich an (Gewöhnungseffekt). Auf diesem Niveau des Selbstverständnisses besteht wiederum die Gefahr der Anspruchsinflation. Man gibt sich mit dem Erreichten nicht mehr zufrieden und will mehr. Der Gewöhnungseffekt und die Anspruchsinflation sind beides Gründe für unsere Tendenz zur permanenten Unzufriedenheit.

Der dritte Grund, der Ihre Erwartungshaltung tendenziell zu hoch steigen lässt, wird von den Unternehmen verursacht. Viele von ihnen versprechen in ihren Hochglanzbroschüren und Internetseiten im Rahmen der Mitarbeiteranwerbung ein prächtiges Unternehmens- und Arbeitsklima sowie interessante, abwechslungsreiche Tätigkeiten und perfekte Rahmenbedingungen. Nehmen Sie das nicht alles für bare Münze. Versuchen Sie vielmehr, das Unternehmen so zu durchleuchten, dass Sie es in der Glückspyramide verorten können. Dann sind Sie auch imstande, Ihre Erwartungshaltung besser auf dieses Unternehmen einzustellen.

Tipp 46: Pass deine Erwartungshaltung auch an deinen Chef an!

Wenn Sie sich das Modell der Glückspyramide vor Augen führen, brauchen Sie sich über manches schlimme Verhalten von Führungskräften nicht mehr zu wundern oder darüber zu empören. In einigen Unternehmen ist es gewünscht, dass sich Führungskräfte so schrecklich verhalten. In manchen müssen sie es sogar, oder die Vorgesetzten kennen und können es nicht anders.

Mit diesem Wissen ist das Führungsverhalten zwar immer noch schlimm, aber es bringt Sie nicht mehr so sehr auf die Palme. Es zieht Sie nicht mehr so herunter und zerstört nicht mehr Ihre gute Laune.

Jeder weiß, dass kein Mensch zu 100 Prozent fehlerfrei ist. Niemand ist immer souverän, ausgeglichen, umsichtig und weise. Dennoch sind viele bei dem kleinsten Fehlverhalten ihrer Führungskraft empört und regen sich auf. Dabei sollte jedem klar sein, dass auch Vorgesetzte Menschen sind. Sie haben gute und schlechte Tage und sind mehr oder weniger Stress- und Drucksituationen ausgesetzt. Auch bei ihnen läuft im Privatleben nicht immer alles rund. Vorgesetzte dürfen auch mal idiotisch sein und schlechte Laune haben.

Tipp 47: Erwarte nicht dauernd und von allen Spitzenleistungen!

Wenn Führungskräfte von ihren Mitarbeitern dauerhaft Spitzenleistungen erwarten, ist das unrealistisch. Unangemessen ist es aber auch, von mir selbst oder den Kollegen permanent Spitzenleistungen zu fordern.

Im Zusammenhang mit den fünf Gehaltsirrtümern haben wir bereits festgestellt, dass wir Menschen dazu tendieren, unsere eigene Arbeitsleistung als vielfach besser zu bewerten als die Leistung der anderen. Mit anderen Worten: Die wenigsten von uns behaupten, nur mittelmäßige, geschweige denn schlechte Arbeit abzuliefern.

Fast alle glauben, dass sie mit ihren eigenen Arbeitsleistungen deutlich über dem Durchschnitt liegen. Ihnen fällt natürlich sofort auf, dass rein mathematisch betrachtet nicht alle über dem Durchschnitt liegen können. Denn dann wäre der Durchschnitt kein Durchschnitt mehr.

Die durchschnittliche Arbeitsleistung ergibt sich, wenn man die Leistungen aller Mitarbeiter nimmt und sie durch die Anzahl aller Mitarbeiter teilt. Statistisch ist das Ergebnis Mittelmaß. Es sagt nichts über die schlechtesten Leistungen und auch nichts über die besten Leistungen aus. Aber es ist genau die Leistung, die im Durchschnitt abgeliefert wird, und das kann niemals eine Spitzenleistung sein!

Aus diesem Grund muss ich es so deutlich sagen: Entschuldigung, aber es regiert das statistische Mittelmaß. Deshalb erwarten Sie nicht dauernd und von allen ein Spitzenverhalten und eine Spitzenleistung!

Tipp 48: Pass deine Erwartungshaltung an deine Arbeitskollegen an!

Erinnern Sie sich noch an die Tatsache, dass einige schlimme gesellschaftliche Lebensprinzipien auch in die Unternehmen Einzug gefunden haben? Das waren Prinzipen wie „Dreistigkeit siegt" oder „der Ehrliche ist der Dumme". Seien Sie also künftig nicht überrascht, wenn Sie keine Spitzenleistungen erleben, und auch noch mit den unschönen neuen Lebensprinzipien konfrontiert werden, die einige Ihrer Kollegen ausleben. Bezüglich Ihrer Erwartungshaltung gegenüber Ihren Kollegen haben Sie nur eine Aufgabe: Lernen Sie, Ihre Kollegen besser einzuschätzen, und erwarten Sie nur so viel, wie Sie meinen, dass Sie von ihnen erwarten können!

Tipp 49: Wie viel Jobglück darfst du erwarten?
Pass deine Erwartungshaltung daran an!

Im zweitletzten Tipp geht es nicht mehr um Ihre Erwartungshaltung an andere und auch nicht um die an Sie selbst. Jetzt betrachten wir abschließend, wie viel Erwartungen Sie an Ihre eigene Jobzufriedenheit haben sollten. Wieviel Jobglück dürfen Sie erwarten?

Hierfür möchte ich noch ein letztes Mal das Bild des Sonnenblumenfelds aufgreifen: Fragen Sie sich bitte selbst, wie es um Ihre Bereitschaft steht,

- den verseuchten Boden vollständig zu entsorgen und neuen Mutterboden aufzutragen,
- eine hochwertige Saat in den Boden einzubringen,
- diese Saat und die sprießenden Pflanzen gut zu düngen,

- das Feld regelmäßig zu pflegen und
- sich davor zu schützen, dass niemand Müll auf Ihr Feld kippt oder Ihre Pflanzen zertrampelt.

Genau in dem Ausmaß, in welchem Sie bereit sind, Ihr Sonnenblumenfeld zu bearbeiten, in diesem Maße sollten Sie auch Ihre Erwartungshaltung dosieren. Nicht höher!

Also Hand aufs Herz und konkret gefragt: In welchem Maße sind Sie bereit,

- Ihre Überzeugungen vom kritischen Denken über die Arbeit zu einer offenen und positiven Haltung zu verändern,
- den Aufwand zu betreiben, sich den für Sie passenden Job zu suchen, zu finden und später auch wieder in Frage zu stellen,
- täglich Gutes in Ihrem Job zu säen,
- sich in den für Sie frustrierenden Situationen zu fragen, worin Ihr eigener Anteil an dieser Problemsituation liegt und wie Sie ihn ändern können,
- sich sowohl vor schrecklichen Unternehmen und deren Führungskräften als auch vor üblen Kollegen zu schützen und
- sich permanent damit zu beschäftigen, was Sie von wem (und von sich selbst) erwarten dürfen?

Schlucken Sie gerade? Ist bei Ihnen beim Lesen dieser Fragen das Gefühl entstanden, dass Sie, wenn Sie nicht alle Tipps sofort akribisch umsetzen, unglücklich bleiben oder werden? Ich hoffe, Sie haben jetzt nicht das Gefühl, ich möchte Ihnen auf den letzten Seiten dieses Buches noch Ihr Jobglück streitig machen. Ich kann Sie beruhigen. So ist es keinesfalls!

Gemäß unserer Jobglücks-Formel (Jobzufriedenheit = Jobrealität – Erwartungshaltung) ist Ihre Erwartungshaltung nämlich nur eine der beiden Variablen, die auf Ihre Zufriedenheit Einfluss nehmen. Geringere Erwartungen an etwas zu stellen ist gut für Ihre Zufriedenheit. Je geringer Ihre Erwartungshaltung ist, desto größer ist Ihre Zufriedenheit. Sie erinnern sich? Erwarten Sie lieber etwas weniger und investieren Sie fleißig in Ihr Jobglück, dann werden Sie *garantiert* zufrieden.

Wie war das bei Ihnen, bevor Sie dieses Buch gelesen haben? Waren Sie im Job unzufrieden? War dies der Grund für den Kauf dieses Buches?

Während des Lesens wurde deutlich, dass Sie auf Ihre Arbeitszufriedenheit erheblichen Einfluss nehmen können. Mit diesem Wissen aber nichts anzustellen, also nicht seine Betrachtungsweise zur Arbeit zu verändern und auch keinen Tipp zu befolgen, wäre schade. Ihre Unzufriedenheit würde bleiben. Zufriedenheit zu erwarten wäre falsch.

Zu Beginn dieses Buches habe ich behauptet, dass viele Menschen sich bezüglich ihres Jobglücks selbst ein Bein stellen. Jetzt ist klar, wie es gemeint war. Übertrieben hohe Erwartungen stürzen einen unweigerlich ins Tal der Unzufriedenheit. Wenn Sie an unrealistischen und zu hohen Erwartungen festhalten, stellen Sie sich selbst ein Bein, stolpern darüber und humpeln deshalb mies gelaunt zur Arbeit. Um dies zu vermeiden, betone ich es noch einmal: Erwarten Sie etwas weniger und investieren Sie in Ihr Jobglück, dann werden Sie auch im Job zufrieden!

Tipp 50: Mit Gelassenheit und Mitgefühl geht's leichter!

Ich habe schon erläutert, dass typische (Arbeits-)Beziehungskrisen stets im Kleinen beginnen. Wenn aber alles in Ordnung ist, dann können Sie an einer Äußerung eines Kollegen, über die Sie sich gerade ärgern, nicht erkennen, ob es nur ein einmaliges ungeschicktes Verhalten war oder der Beginn einer Krise. Bevor Sie sich nun sofort aufregen und damit den potenziell nächsten Schritt hin zur Eskalation gehen, empfehle ich Ihnen: Machen Sie es, wie Sie es im Erste-Hilfe-Kurs gelernt heben. Bewahren Sie Ruhe! Versuchen Sie es mit einer Portion Gelassenheit und Mitgefühl für die Menschen, mit denen Sie sich umgeben.

Sie werden sehen, wie ruhig Ihr Leben wird. Sie lassen einfach Ihren Anteil an der potenziell entstehenden Eskalation weg. Sie gehen mit kleinen Entgleisungen gelassen um und schenken dem anderen eine Portion Mitgefühl. Schon haben Sie dazu beigetragen, eine weitere Krise in Ihrem (Arbeits-)Leben zu verhindern.

6 LOS GEHT'S – FANG AN, DANN KLAPPT ES AUCH MIT DEINEM JOBGLÜCK!

Zu Beginn dieses Buches habe ich von einer neuen Mitarbeiterin erzählt, die voller Überzeugung ihrem Partner von unserer Unternehmenskultur und ihrer Freude über den Job bei uns berichtete. Erinnern Sie sich? Der Mann kommentierte ihre begeisterten Ausführungen skeptisch mit: „Schatz, du bist in einer Sekte gelandet!"

Nicht nur bei diesem Partner, sondern vielmehr bei einem großen Teil der arbeitenden Bevölkerung besteht eine ausgeprägte Skepsis gegenüber der Zufriedenheit im Berufsleben. Die Überzeugung „Arbeit ist irgendwie doof" ist nicht nur sehr verbreitet, sondern wird von vielen als Normalzustand angesehen. Deshalb wird diese Unzufriedenheit auch so selten hinterfragt, geschweige denn verändert. Bei vielen löst die Vorstellung, im Job glücklich sein zu können, sogar Großalarm im Gehirn aus.

Paradoxerweise haben viele aber dennoch hohe Erwartungen an ihre Arbeit, ihre Vorgesetzten und Kollegen. Vorgesetzte sollen ihre Mitarbeiter häufiger loben, Anerkennung und Wertschätzung für ihre Arbeitsleistung zeigen, und Kollegen sollen sich immer korrekt verhalten.

Und so prallen hohe Erwartungen auf eine unbefriedigende Realität. Gemäß unserer Jobglücks-Formel (Zufriedenheit = Realität – Erwartungshaltung) führt genau das zur Unzufriedenheit.

Wir mussten feststellen, dass wir bezüglich des Jobglücks tatsächlich im wahrsten Sinne des Wortes „unglücklich programmiert" waren. Die versteckten und tief in unserem Bewusstsein implantierten Überzeugungen bezüglich der Unzufriedenheit im Job zu erkennen und die Irrtümer darüber aufzudecken, ließ bei Ihnen die Ahnung entstehen, dass Zufriedenheit im Job wohl doch möglich sein könnte.

Ihr Zufriedenheitsradar sensibler einzustellen und die Vielzahl an Glücks- und Unglücksfaktoren zu erkennen, hat vermutlich dazu beigetragen, dass Sie nicht nur zur Überzeugung gelangt sind, dass Jobglück möglich ist, sondern dass Sie offensichtlich auch etwas damit zu tun haben und dass Sie darauf Einfluss haben.

Spätestens im Zusammenhang mit der Glückspyramide und der Einsicht in den eigenen Anteil am Jobglück und -unglück wurde deutlich, dass Ihre Ahnung richtig ist:

Jobglück ist für jeden möglich!

Natürlich ist das nicht immer ein Kinderspiel. Sie benötigen Engagement und vor allem Durchhaltevermögen. Aber es geht und lohnt sich sehr, sich mit den 50 Tipps zum Jobglück zu beschäftigen. Nehmen Sie sich die Tipps vor, die Ihnen in Ihrer jetzigen Situation am meisten helfen und erhöhen Sie Ihr Job- und damit auch Ihr Lebensglück.

Apropos Lebensglück: Ihnen ist sicherlich bereits klar, dass die meisten Tipps genauso gut auf Ihr Privatleben übertragbar sind. In Ihrem Job können Sie Fähigkeiten entwickeln und trainieren, die Ihnen im Privatleben ebenfalls weiterhelfen werden.

Auch hatte ich zu Beginn dieses Buches die Devise verkündet:

Wer es im Job schafft, glücklich zu sein, schafft es überall;
sogar in seinem Privatleben!

Wie Sie lesen konnten, können Sie durch dieses Buch Ihre Lebenszufriedenheit tatsächlich in zweierlei Hinsicht verbessern: zum einen, indem Sie lernen, wie Sie Ihre Arbeitszufriedenheit erhöhen und zum anderen, indem Sie die erworbene Jobglücks-Kompetenz auch in Ihrem Privatleben nutzen!

Und so, sehr geehrte Frau oder Herr Sonnenschein, kommen wir zum Schluss. Es ist alles gesagt. Wenn Sie jetzt wirklich Ihre Arbeitszufriedenheit erhöhen wollen, dann verabschieden Sie sich von Ihrem Arbeitsfrust mit einem Paukenschlag, legen nun los und …

… werden Sie endlich glücklich im Job!

DIE GESCHICHTE HINTER DEM BUCH

Seit vielen Jahren verfolge ich die Mission, Menschen für mehr Job- und damit mehr Lebensglück zu begeistern. Auch unterstütze ich Unternehmer darin, ihre Unternehmen glücklich-erfolgreich zu führen, so dass ihre Mitarbeiter eine größere Chance auf Jobzufriedenheit haben. Viele Beschäftigte kann ich für diese glücksorientierte Haltung begeistern. Allerdings wurde ich von Anfang an für meine Art, „Arbeit zu denken", auch belächelt und begegne bis heute Skepsis. Diese vielen Menschen können sich so eine Art zu arbeiten einfach nicht vorstellen. Und so habe ich über die Jahre viel Häme und Spott geerntet.

Ich machte die Erfahrung, dass es Menschen gibt, die offensichtlich lieber im Job unzufrieden bleiben, als sich eine Haltung anzueignen, die wirkliches Jobglück ermöglicht. Obwohl sie selbst die größten Gewinner in ihrem eigenen „Glücksspiel" wären, wollten sie an ihrer Glücksreise nicht teilnehmen.

Vor acht Jahren wurde mir klar, dass ich meine Botschaft „Jobglück ist für jeden möglich" mit Hilfe eines Buchs in die Welt tragen muss. Ich konnte es nicht nicht schreiben! Ich musste es zu Papier bringen, es musste raus aus mir!

Vier Jahre dauerte die Vorbereitung. Ich recherchierte intensiv und führte unzählige Gespräche mit Jobfrust-Menschen aus den unterschiedlichsten Branchen und in Unternehmen verschiedenster Größen.

Die meisten Ratgeber zum Thema Jobglück waren und sind nach folgendem Strickmuster aufgebaut: Zunächst präsentieren sie die aktuellen Studien zum Thema Zufriedenheit im Job und dann folgen die Tipps. Erst kommt also die intellektuelle Arbeit, dann die praktische. Meine Erfahrungen der letzten 20 Jahre zeigen aber eindrucksvoll, dass es beim Thema Jobglück gar nicht primär um das theoretische Wissen über die Zufriedenheit im Job geht, sondern um die Haltung gegenüber seiner Arbeit. Wie kann ein auf Theorie basierender Ratgeber jemanden zum Jobglück führen, wenn der Leser sich Jobglück nicht nur nicht vorstellen kann, sondern sogar davon überzeugt ist, dass das sowieso nicht möglich ist, weil Arbeit nun mal schrecklich ist? Eine glückbringende Grundhaltung zu entwickeln ist meines Erachtens die große Herausforderung in dieser Thematik.

Es musste also ein Buch entstehen, das den Leser darin begleitet, seine eigene, in seinem Unterbewusstsein verankerte Haltung zum Jobglück kritisch zu überprüfen und das ihn anschließend darin unterstützt, sie zu entwickeln. Dies war die größte Herausforderung dieses Buchprojektes. Hierfür eine Lösung zu finden, hat drei weitere Jahre gebraucht.

Um sicherzugehen, dass alle Leser auf ihrer persönlichen Reise zu ihrem Jobglück erfolgreich ankommen, hatte ich neben den vielen inhaltlichen Unterstützern auch zahlreiche (im Job unzufriedene) Testleser. Sie hatten die Aufgabe, mir genau zu berichten, was mit ihnen an welcher Stelle geschieht und welche Gefühle wann und wo auftreten. Erst als mich nach dem gefühlt tausendsten Feintuning des Textes ein neuer, „unverbrauchter" Probeleser fragte: „Hey, Achim, wie hast du das gemacht? Ich bin gerade mal bei der Hälfte des Manuskriptes angekommen, habe noch keinen einzigen Tipp gelesen. Wie kann es sein, dass ich schon jetzt zufriedener zur und von der Arbeit gehe als früher?" – da war mir klar, dass mein Buch jetzt endlich fertig ist. Jetzt kann ich meine Botschaft in die Welt tragen. Es war ein großartiges Gefühl.

Das verpuffte allerdings schnell, als ich für mein Buchprojekt einen Verlag suchte. Man muss wissen, dass innerhalb eines Jahres in Deutschland eine Millionen Manuskripte zu den Verlagen eingesendet werden. Ca. 70 000 werden veröffentlicht. Das heißt, es landen 93 Prozent im Müll bzw. erscheinen nicht. Das war eine niederschmetternde Erkenntnis. Wie schaffe ich es nun als Erstautor, mit einem Ratgeber, der von dem bekannten und bewährten Strickmuster abweicht, einen Verlag zu finden? Welcher Verlag nimmt einen Autor, der einen Ratgeber für unzufriedene Arbeitnehmer schreibt aber selbst Arbeitgeber ist? Das passt doch beim ersten Hinsehen nicht zusammen!

Und so habe ich viele Exposés (das Bewerbungsschreiben an einen Verlag) versendet. Leider erhielt ich in den meisten Fällen nicht einmal eine Absage, geschweige denn eine mit einer Begründung, aus der ich hätte lernen können. Dabei hatten die Lektoren nicht einmal das Manuskript angefordert. Auch hier schlug mir wohl die mir leider bekannte Skepsis entgegen. Und so rauschte ich in meine nächste Krise. Doch, siehe da, die Buchmesse war schon Wochen her, da wurde mein Manuskript angefordert. Endlich hatte ich die ernsthafte Chance, meine Botschaft vorzustellen. Es fragten sogar die Verlage an, die oben auf meiner Wunschliste standen. Im Ergebnis wollten es mehrere Verlage herausbringen. Was war das für eine große Freude und Entlastung für meine strapazierte Seele, die doch einfach nur mehr Zufriedenheit in die Arbeitswelt bringen möchte.

Nun haben Sie es gelesen. Wenn es Ihnen so ergangen ist, wie all meinen Probelesern und -leserinnen, dann haben Sie Ihre Zufriedenheit im Job und damit in Ihrem Leben insgesamt steigern können. Das freut mich sehr. Häufig höre ich von Lesern, dass ihnen beim Lesen viele Freunde einfallen, denen dieses Buch helfen kann. Geben Sie es ruhig an sie weiter. Sie wissen ja, Sie verschenken Lebensglück, besser geht es gar nicht.

Helfen Sie mir bitte bei meiner Mission, unsere (Arbeits-)Welt ein bisschen zu-Frieden-er zu machen, und empfehlen Sie dieses Buch all denjenigen, die in ihrem Job unzufrieden sind. Es gewinnen alle. Das ist die beste aller Lösungen!

Herzlichen Dank!

Ihr
Achim Pothmann

P.S. Senden Sie mir auch gerne Ihre Kommentare und Geschichten, was das Lesen dieses Buches bei Ihnen bewirkt hat. Meine Mailadresse ist: Info@DrPothmann.de

DANKSAGUNG

Meinen lieben Freunden und Beraterkollegen Paul Reinhold Linn und Stefan Osthaus danke ich von ganzem Herzen. Stefan Osthaus war mir eine große Hilfe bei der Konzeption dieses Buchprojektes. Paul Reinhold Linn hat mich an seinem riesigen Erfahrungsschatz aus 17 veröffentlichten Büchern teilhaben lassen. Auch hat er zur Erarbeitung der ersten Fassung des Manuskripts mit seiner besonderen Wortgewandtheit umfangreich beigetragen und mitgeholfen, aus den Konzeptideen ein Manuskript zu zaubern.

Großer Dank gilt auch den Menschen, die mich bei der Fertigstellung des Manuskripts unterstützt haben. Dieser Dank gilt besonders Gisela Küster und Annika Führer, die unzählige hilfreiche Anregungen zur Verbesserung gegeben haben. Zudem bedanke ich mich bei den vielen weiteren Korrektur- und Probelesern, wie Nina Drees, Martina Rütershoff, Claudia und Christof Schulte, Maria Kuthning und Dorothea Letmate. Durch ihre Hinweise konnte dieses Buch erst seine Qualität erlangen.

Mit meinem Lektor, Dr. Peter Schäfer, zusammenzuarbeiten hat mir große Freude bereitet und meinen Ausdruckshorizont erheblich erweitert. Er hat sich mit großem Engagement auf dieses Buchprojekt eingelassen und mir unzählige Hinweise zur Verbesserung des Manuskriptes gegeben. Für seine intensive und außerordentlich professionelle Unterstützung möchte ich mich herzlich bedanken. Ich danke auch Dr. Ruediger Dahlke, der das Manuskript geprüft und mich in der Phase der Verlagssuche unterstützt hat.

Darüber hinaus danke ich all denjenigen, die mich in den letzten 20 Jahren an ihrem Arbeitsleben haben teilhaben lassen. Hunderte von Menschen aus Unternehmen der unterschiedlichsten Branchen und Unternehmensgrößen sowie aus verschiedensten hierarchischen Ebenen haben mir ihre Geschichten, Dramen und auch berührenden Glücksmomente aus ihrem Arbeitsleben geschildert. Erst durch diese

Vielzahl an Erfahrungsberichten konnte ich mir ein umfassendes Bild von der Arbeitswelt machen und dieses mit den Erkenntnissen aus den unterschiedlichsten wissenschaftlichen Fachgebieten konfrontieren.

Besonders am Herzen liegt mir ein riesiges Dankeschön an all meine Mitarbeiterinnen und Mitarbeiter des SchuhHouse. Wenn es um die Zufriedenheit im Job geht, durfte ich durch, mit und von ihnen viel lernen. Alles, was ich über die zwei Jahrzehnte entwickelt habe, war von der Vision geprägt, dass ich mit Menschen in einem Unternehmen zusammenarbeiten möchte, in dem auch sie in ihrem Job glücklich werden können. Konkrete Konzepte und Methoden zu (er-)finden, sodass so eine neuartige Unternehmenswelt entsteht, geht nur mit Menschen, denen es genauso wie mir ein Bedürfnis ist, in einer glücklichen Arbeitswelt ihr Werk zu tun. Durch und mit ihnen konnte ich diese Konzepte und Instrumente erst entwickeln, und dafür möchte ich mich bei allen herzlich bedanken.

Am allermeisten danke ich meiner Ehefrau Andrea Pothmann. Sie hat mir den Freiraum gegeben, um dieses Buchprojekt, das mir seit vielen Jahren eine Herzensangelegenheit ist, umsetzen zu können. Nur durch ihre Unterstützung konnte ich meine Vision eines friedvolleren und glücklicheren Arbeitslebens für jeden Einzelnen mithilfe dieses Buches in die Welt tragen.

LITERATUR

Albert, Mathias/Hurrelmann, Klaus/Quenzel, Gudrun/TNS Infratest Sozialforschung: „Shell-Jugendstudie Jugend 2015", Fischer Verlag, 2015.

Alwardt, Ines: „Die wichtigste Eigenschaft eines idealen Chefs ist das Aussprechen von Anerkennung für gute Arbeit." Textilwirtschaft Nr. 17-2016, S. 49.

Bauer, Eva Gesine/Schmidt-Bode, Wilhelm: „Glück ist kein Zufall", Gräfe und Unzer Verlag, 2000.

Bormans, Leo/Blind, Sofia: „Glück. The World Book of Happiness", DUMONT Verlag, 2012.

Brahm, Ajahn: „Der Elefant, der das Glück vergaß", Lotos Verlag, 6. Auflage, 2015.

Cialdini, Robert B.: „Die Psychologie des Überzeugens", Verlag Hans Huber, 1997.

Conley, Chip: „Emotional Equations: Simple Truth for Creating Happiness + Success in Business + Life", Atria Books, 2013.

Dahlke, Ruediger: „Das Schattenprinzip. Die Auslösung mit unseren verborgenen Seiten", Arkana Verlag, 2010.

Gallup Beratungsunternehmen: „Engagement Index 2016", www.gallup.de/183104/engagement-index-deutschland.aspx [aufgerufen am 23.05.2018]

GKV „Sicherheit und Gesundheit bei der Arbeit 2013", Quelle: www.baua.de/de/Publikationen/Fachbeitraege/Suga-2013.html [aufgerufen am 23.05.2018].

Horx, Matthias: „Das Buch des Wandels", Pantheon Verlag, 2011.

Kahnemann, Daniel: „Schnelles Denken, langsames Denken", Siedler Verlag, 6. Auflage, 2012.

Kals, Ursula: „Von Beruf unzufrieden", FAZ, Nr. 233 Seite C1 vom 7./8.10.2017.

Keese, Christian: „Silicon Deutschland", Knaus Verlag, 2016.

Kitz, Volker/Tusch, Manuel: „Das Frustjobkillerbuch", Campus Verlag, 2008.

Kitz, Volker: „Feierabend. Warum man für seinen Job nicht brennen muss", Fischer Verlag, 2017.

Köcher, Renate/Raffelhüschen, Bernd: „Glücksatlas Deutschland 2011",
    Knaus Verlag, 2011.
Langosch, Nele: „Der Jobmotor: Was uns antreibt", in: Psychologie heute
    01/2017, S. 72.
Layard, Richard: „Die glückliche Gesellschaft", Campus Verlag, 2005.
Linn, Paul Reinhold: „Die Kunst des Erfolges", Linn Verlag, 2014.
Lohmann-Haislah, Andrea: „Stressreport Deutschland 2012",
    Bundesanstalt für Arbeitsschutz, 2012.
Lyumbomirsky, S./King, L. A./Diener, E.: „The benefits of frequent
    positive affect: Does happiness lead success?", in: Psychological
    Bulletin, 131, 2005, S. 803–855.
Osthaus, Stefan: „Why life is about more than work – the end of
    Work-Life-Balance", 2014.
Roach, Geshe Michael/McNally, Lama Christie/Gorden, Michael:
    „Karmic Management – Erfolg durch Spiritualität", Blumenau Verlag,
    2009.
Seegers, Manfred: „Aspekte zeitloser Weisheit", zeitlose Werte Verlags-
    gesellschaft, 2013.
Schlinkert, Reinhard/Raffelhüschen, Bernd: „Glücksatlas Deutschland
    2016", Knaus Verlag, 2016.
Schaffer-Suchomel/Joachim, Krebs Klaus: „Du bist, was du sagst.
    Was unsere Sprache über unsere Lebenseinstellungen verrät",
    mvg Verlag, 8. Auflagr, 2011.
Scheier, Christian/Held Dirk: „Was Marken erfolgreich macht. Neuro-
    psychologie in der Markenführung", Rudolf Haufe Verlag, 2007.
Stieber, Ralph: „How To Survive Scheißjobs: Wie man die miesesten
    Jobs überlebt und den Traumberuf findet", Schwarzkopf Verlag, 2016.
Straub, Andreas: „Aldi – Einfach billig: Ein ehemaliger Manager packt
    aus", Rowohlt Taschenbuch Verlag, 2012.
Strelecky, John: „Das Café am Rande der Welt", dtv Verlag, 2003.
Ders.: „The Big Five for Life", dtv Verlag, 2007.
Ders.: „Wiedersehen im Café am Rande der Welt", dtv Verlag, 2015.
Wehrle, Martin „Ich arbeite in einem Irrenhaus. Vom ganz normalen
    Büroalltag." Econ Verlag, 18. Auflage, 2011.

ANMERKUNGEN

1 Im Rahmen der oben genannten Studie ermittelt das Gallup Beratungs-unternehmen den „Gallup Engagement Index 2016" für die Arbeitnehmer in Deutschland (ab 18 Jahren). Sie finden weitere Informationen online unter www.gallup.de/183104/engagement-index-deutschland.aspx. Zahlen für 2015 finden Sie auch in: Psychologie heute, 01/2017, S. 71.

2 Vgl. Lohmann-Haislah, Andrea: „Stressreport Deutschland 2012", Bundesanstalt für Arbeitsschutz, 2012, S. 178.

3 Vgl. ebd., S. 178.

4 Unzufriedene Mitarbeiter klagen öfter über körperliche und psychische Beschwerden und fehlen häufiger im Betrieb. Darauf weist der „Fehlzeiten-Report 2016" des Wissenschaftlichen Instituts der AOK hin. Siehe: Langosch, Nele: „Der Jobmotor: Was uns antreibt", in: Psychologie heute 01/2017, S. 72.

5 Köcher, Renate/Raffelhüschen, Bernd: „Glücksatlas Deutschland 2011", Knaus Verlag, 2011, S. 15.

6 Vgl. ebd., S. 149.

7 Vgl. Horx, Matthias: „Das Buch des Wandels", Pantheon Verlag, 2011, S. 121.

8 Vgl. zum Beispiel Straub, Andreas: „Aldi – Einfach billig: Ein ehemaliger Manager packt aus", Rowohlt Taschenbuch Verlag, 2012.

9 Die Generation „Y", sprich die Jahrgänge ab ca. 1993 – anderen Schätzungen zufolge ab 1980 –, sind meines Erachtens die erste Generation, der am wenigsten diese Programmierung einverleibt wurde. Sie entwickelte in diesem Zusammenhang die größte Freiheit zu denken. Dann ist das Ergebnis auch nicht überraschend. Wir werden später noch mehr von den „Ypsilonern" hören.

10 Mehr über die Irrtümer der Work-Life-Balance-Bewegung bei: Osthaus, Stefan: „The End of Work-Life Balance: 75 Invaluable Tips for More Life Balance ", 2014.

11 Ganz im Gegenteil wissen die Autoren Eva Gesine Bauer und Wilhelm Schmidt-Bode („Glück ist kein Zufall", Gräfe und Unzer Verlag 2000) von einer Untersuchung von dem Glücksforscher Csikszentmihalyi zu berichten. Mit „Freizeit ist nicht unbedingt Glückszeit" verweisen sie auf die Erkenntnis, dass die meisten Menschen zwar überzeugt sind, „in der Freizeit leichter und öfter glücklich zu sein als bei der Arbeit" (S. 145).

Aber wie die Untersuchung gezeigt hat, erweist sich dies als einwandfreie Illusion: „Das Glücksgefühl, dass er (Csikszentmihalyi, Anm. d. V) Flow nannte, wurde im Durchschnitt zu 54 Prozent während der Arbeit erlebt und nur zu 18 Prozent in der Freizeit." (S. 145) Vor diesem Hintergrund erscheint die Work-Life-Balance-Literatur noch mehr daneben zu liegen. Das ist schon verrückt, wenn sie uns vor dieser Erkenntnis die Arbeit auch noch madig redet.

12 Apropos „schizophren": Warum freuen sich eigentlich viele Schüler, wenn der Unterricht ausfällt? Hierzu muss man sich bewusst machen, dass in vielen Familien die Grundidee zur Schule die ist, dass sie anstrengend und mühselig ist! Die meisten Lehrer erscheinen in diesem Bild blöd, faul und inkompetent. Betrachten Sie eine solch beinahe alltägliche Situation ein wenig näher, wird deutlich, wie verrückt es ist, dass Eltern genau die Institution demontieren, auf welche sie ihre eigenen Kinder gerade für eine gute Ausbildung geschickt haben! Wenn Schule als Mühsal „verkauft wird" und der Lehrkörper als inkompetent und faul deklariert wird, wie will oder kann man dann noch von seinen Kindern motiviertes Lernen erwarten? Da kann man mal sehen, wie man sich selbst und vor allem seinen Kindern durch seine Überzeugungen ins Knie schießen kann – ohne es mitzukriegen!

13 Eine deutsche durchschnittliche Familie besteht aus dem Ehepaar und 1,47 Kindern. Statistisch gesehen ist der Mann Hauptverdiener. In unserem Beispiel nehmen wir mal diesen noch weit verbreiteten Fall an, auch wenn sich in diesem Bereich ein Wandlungsprozess abzeichnet.

14 Solomon Asch veröffentlichte 1951 ein Konformitätsexperiment, das zeigt, wie Gruppenzwang eine Person so zu beeinflussen vermag, dass sie eine offensichtlich falsche Aussage als richtig behandelt. Ein starkes Solidaritätsgefühl, die Zugehörigkeit zu einer Randgruppe, eine Rangordnung und hohe Meinungsübereinstimmung innerhalb einer Gruppe erhöhen den Konformitätsdruck. Je mehr dieser Faktoren zutreffen, desto höher ist die Wahrscheinlichkeit einer Anpassung an die Gruppe.

15 Vgl. Bormans, Leo/Blind, Sofia: „Glück. The World Book of Happiness", DUMONT Verlag, 3. Auflage, 2012, S. 200/201.

16 Mehr dazu in: Kahnemann, Daniel: „Schnelles Denken, langsames Denken", Siedler Verlag, 6. Auflage, 2012, S. 79 und in Scheier, Christian/Held, Dirk: „Was Marken erfolgreich macht. Neuropsychologie in der Markenführung", Rudolf Haufe Verlag, 2007, S. 39ff.

17 Vgl. Bormans, Leo/Blind, Sofia: „Glück. The World Book of Happiness", DUMONT Verlag, 2012, S. 181.

18 Vgl. Köcher, Renate/Raffelhüschen, Bernd: „Glücksatlas Deutschland 2011", Knaus Verlag, 2012, S. 24.

19 Vgl. Layard, Richard: „Die glückliche Gesellschaft", Campus Verlag, 2005, S. 43f.

20 Köcher, Renate/Raffelhüschen, Bernd: „Glücksatlas Deutschland 2011", Knaus Verlag, 2012, S. 24, 82.

21 Vgl. ebd., S. 72

22 Vgl. ebd., S. 81 und vgl. Schlinkert, Reinhard/Raffelhüschen, Bernd: „Glücksatlas Deutschland 2016", Knaus Verlag, 2016, S. 11.

23 Vgl. Bormans, Leo/Blind, Sofia: „Glück. The World Book of Happiness", DUMONT Verlag, 2012, S. 28.

24 Kitz, Volker/Tusch, Manuel: „Das Frustjobkillerbuch", Campus Verlag, 2008, S. 76.

25 Ebd., S. 76.

26 Vgl. Søren Kierkegaard, (1813–1855) dänischer Philosoph.

27 Vgl. Köcher, Renate/Raffelhüschen, Bernd: „Glücksatlas Deutschland 2011", Knaus Verlag, 2012, S. 84.

28 Vgl. Kitz, Volker/Tusch, Manuel: „Das Frust Job Killer Buch", Campus Verlag, 2008, S. 41ff.

29 Vgl. auch Schaffer-Suchomel, Joachim/Krebs, Klaus: „Du bist was du sagst. Was unsere Sprache über unsere Lebenseinstellungen verrät", mvg Verlag, 8. Aufl., 2011, S. 27-52.

30 Conley, Chip: „Disappointment = Expectation – Reality", vgl. „Emotional Equations: Simple Truth for Creating Happiness + Success in Business + Life", Atria Books, 2013 S. 38-48.

31 Vgl. Bormans, Leo/Blind, Sofia: „Glück. The World Book of Happiness", DUMONT Verlag, 2012, S. 305.

32 Eine Bemerkung zum Thema Überzeugungen und Programmierungen des Gehirns: Wenn diesen Abschnitt eine Führungskraft liest und erfährt, dass ich mich bei einer Mitarbeiterin zweimal für ein und dasselbe Verhalten entschuldigt habe, was glauben Sie, was ihr Gehirn da für einen Alarm schlägt: „Ja, spinnt der denn! Man entschuldigt sich doch nicht zweimal für solche Peanuts. Der scheint ja von Mitarbeiterführung überhaupt keine Ahnung zu haben." Und? Können Sie die Überzeugung einer Führungskraft erahnen, die so reagiert?

33 Vgl. Dahlke, Ruediger: „Das Schattenprinzip. Die Auslösung mit unseren verborgenen Seiten", Arkana Verlag, 2010, S. 59.

34 In einem Artikel des Zeit-Magazins der Ausgabe Nummer 22 vom 19. Mai 2016 wird von der Harvard-Professorin Ellen Langer berichtet. Ihr

Ziel ist es, mit ihrer Forschung „das Bewusstsein der Menschen dafür zu schärfen, dass ihre Handlungen größtenteils auf Annahmen über die Welt beruhen, die ihnen im Laufe der Zeit beigebracht oder eingeredet wurden – und die im Leben nicht unbedingt weiterhelfen." (S. 16)

35 Diese Aussage bezieht sich auf die Mehrheit der Jobs, nicht aber auf die niedrigsten Einkommensgruppen. Hier ist vielleicht das Einkommen wirklich zu gering. Dies zu diskutieren würde allerdings dieses Kapitel sprengen.

36 Vgl. Roach, Geshe Michael/McNally, Lama Christie/Gorden, Michael: „Karmic Management – Erfolg durch Spiritualität", Blumenau Verlag, 2009, S. 16.

37 Vgl. Köcher, Renate/Raffelhüschen, Bernd: „Glücksatlas Deutschland 2011", Knaus Verlag, 2012, S. 42. Genauso auch in Langosch, Nele in: Psychologie heute 01/2017 S. 73: „Ein Job, der die Wünsche eines Mitarbeiters nicht erfüllt, kann diesen demotivieren und krankmachen, auch wenn ihm seine wahren Bedürfnisse gar nicht bewusst sind."

38 Vgl. Kahnemann, Daniel: „Schnelles Denken, langsames Denken", Siedler Verlag, 6. Auflage, 2012, S. 32 ff. Vgl. auch Scheier, Christian/Held, Dirk: „Was Marken erfolgreich macht. Neuropsychologie in der Markenführung", Rudolf Haufe Verlag, 2007, S. 34 ff. Vgl. auch Linn, Paul Reinhold: „Die Kunst des Erfolges", 2009, S. 179ff.

39 Die schon einmal angesprochene Generation Y hat natürlich schon aufgrund ihres Alters viel weniger „gesellschaftliche Programmierung" erfahren. Diesen jungen Menschen fällt es leichter, sich unbefangen über Jobglück Gedanken zu machen. Sie haben weniger „unglückliche" Überzeugungen im Kopf, besser gesagt im Bauch.

40 Diese Auflistung ist natürlich bei Weitem nicht abschließend oder vollständig. Sie können sie noch vielfältig weiterführen. Für unsere Zwecke reicht es aber, mehr passt grafisch auch gar nicht in den Bauch unseres exemplarischen Mitarbeiters Fred hinein. Es dient eben nur zur Veranschaulichung.

41 Köcher, Renate/Raffelhüschen, Bernd: „Glücksatlas Deutschland 2011", Albrecht Kraus Verlag, München, 2011, S. 150f., 164f.

42 Vgl. auch den Bericht der Textilwirtschaft Nr. 17-2016, von Alwardt, Ines, S. 49: „Die wichtigste Eigenschaft eines idealen Chefs ist das Aussprechen von Anerkennung für gute Arbeit." Genauso in Langosch, Nele: „Der Jobmotor: Was uns antreibt", Psychologie heute 01/2017, S. 72: „Vor allem die Loyalität des Arbeitgebers und regelmäßiges Lob sind den Beschäftigten wichtig, berichtet der „Fehlzeiten-Report 2016".

43 Laut Albert, Mathias/Hurrelmann, Klaus/Quenzel, Gudrun/TNS Infratest Sozialforschung: „Shell-Jugendstudie Jugend 2015", Fischer Verlag, 2015: 95 Prozent der Jugendlichen halten einen sicheren Arbeitsplatz für (sehr) wichtig. S. 16.

44 Köcher, Renate/Raffelhüschen, Bernd: „Glücksatlas Deutschland 2011", Albrecht Kraus Verlag, Münschen, 2011, S. 165. In Langosch, Nele: „Der Jobmotor: Was uns antreibt", Psychologie heute 01/2017, S. 71 wird auf eine Studie hingewiesen, die ermittelt hat, dass 2004 die Höhe des Gehaltes noch an Platz zwei des Rankings stand. Heute steht es „angeblich" deutlich weiter hinten. Rational hat es wohl an Wichtigkeit bei den Menschen und bei ihrer Jobwahl verloren. Wenn wir den Menschen aber im Zusammenhang mit einem Jobwechsel genau zuhören, spiegelt sich die Priorisierung noch nicht in ihrem Verhalten wider. Es entsteht der Eindruck, dass bei der Jobbeurteilung immer noch die vertraglichen Eckdaten überwiegen. Hören Sie mal den Jobsuchenden zu, was Sie an Beweggründen referieren.

45 Siehe Lyumbomirsky, King, Diener (2005).

46 Für manche Führungskraft bedeutet Vorgesetzter zu sein, sich als schlauer, besser und deshalb insgesamt wertvoller anzusehen. Dadurch ist erklärbar (aus meiner Sicht aber überhaupt nicht akzeptierbar), dass Führungskräfte sich so verhalten, als wenn ihr Mitarbeiter ein „Untergebener" sei. Da es in diesem Abschnitt um das Verhalten der Vorgesetzten gegenüber ihren Mitarbeitern in der Druckwelt geht, habe ich hier diese (völlig inakzeptable) Bezeichnung gewählt.

47 Ein aktuelles Beispiel für solche strukturellen Rahmenbedingungen von Unternehmen, die oben in der Pyramide stecken, finden Sie auch in Keese, Christian: „Silicon Deutschland", Knaus Verlag 2016, S. 167f.

48 Wenn man in einer Welt lebt und arbeitet, die wenige kennen oder die sich die meisten nicht vorstellen können, muss man Begriffe finden, mit denen man sie beschreiben kann. Der Begriff „Wattebäuschchen-Zeit" ist so einer. Mit ihm konnten wir Lebensphasen von Mitarbeitern, wie ich sie Ihnen hier beschreibe, besser durchleben – und zwar alle und vor allen Dingen der betroffene Mitarbeiter.

49 Wenn Sie noch genauer wissen wollen, wie sehr Ihr Unternehmen vielleicht einem Irrenhaus gleicht, so empfehle ich Ihnen den Irrenhaus-Test in: Martin Wehrle: „Ich arbeite in einem Irrenhaus. Vom ganz normalen Büroalltag." Econ Verlag 2011, 18. Aufl., S. 214 ff. und S. 260 ff.

50 Vgl. „Das Café am Rande der Welt" (2003): „Wiedersehen im Café am Rande der Welt" (2015) und „The Big Five for Life" (2007), jeweils von John Strelecky, dtv Verlag.

51 Vgl. Brahm, Ajahn: „Der Elefant, der das Glück vergaß", Lotos Verlag, 6. Auflage, 2015, S. 72.

52 Cialdini, Robert B.: „Die Psychologie des Überzeugens", Verlag Hans Huber 1997, S. 38–81.

53 Meines Wissens geht dieses Zitat auf Marilyn Monroe zurück. Übersetzt heißt es: „Ein Lächeln ist die schönste Sache, die Sie tragen können!"

54 Besonders in solchen Situationen ist es gut zu wissen, wo Ihr Unternehmen in der Glückspyramide steckt.

55 Kals, Ursula: „Von Beruf unzufrieden", FAZ, Nr. 233 Seite C1 vom 7./8.10.2017.

56 Bormans, Leo/Blind, Sofia: „Glück. The World Book of Happiness", DUMONT Verlag, 2012, S. 150.

57 Wie Sie den Ausbruch aus dem Irrenhaus planen und durchführen, können Sie hier lesen: Martin Wehrle: „Ich arbeite in einem Irrenhaus. Vom ganz normalen Büroalltag", Econ Verlag 2011, 18. Aufl., S. 246 ff.

58 Stellen Sie sich bitte in dem Zusammenhang einmal folgende Entwicklung vor: Da verharrt jemand im totalen Jobfrust. Er wird immer unmotivierter und macht dementsprechend seinen Job nicht mehr vernünftig. Deshalb erntet er permanent Kritik. Das ärgert ihn. Deshalb liefert er noch weniger Leistung ab und macht noch mehr Fehler. Irgendwann entfernt er sich innerlich so von seinem Job und dem Unternehmen, dass es einer inneren Kündigung gleicht. Dieser Abwärtsprozess ist vergleichbar mit einer Teufelsspirale, die nicht selten mit einer Kündigung endet. Wer hat dann eigentlich wann und wem gekündigt? Der Mitarbeiter Monate vor seiner Kündigung mit seiner inneren Kündigung oder der Arbeitgeber?

59 Seegers, Manfred: „Aspekte Zeitloser Weisheit", Zeitlose Werte Verlagsgesellschaft, Hamburg, S. 72 ff., Zitat von „Sahntideva", 685-763.

60 Volker Kitz beschreibt in seinem Buch („Feierabend – Warum man für seinen Job nicht brennen muss", Fischer Verlag 2017) ausführlich, wie die Erwartungshaltung vieler Menschen an ihre Arbeit und ihre Arbeitsrealität oftmals auseinanderklaffen. Wie sie sein müsste, fasst er auf Seite 84–86 mit deutlichen Worten zusammen.

REGISTER DER NEUEN BEGRIFFE

Die Inuit haben 100 unterschiedliche Begriffe für Schnee, weil das Thema einen hohen Stellenwert in ihrem Leben hat. Wenn es in unserer (Arbeits-)Welt noch an Worten zur Beschreibung von Zufriedenheit fehlt, dann muss man sie eben erfinden. Mit diesem Ratgeber haben Sie viele neue Begriffe zum Thema Jobglück kennengelernt. Sie sollen Ausdruck dafür sein, dass unsere Zufriedenheit im Job in unserem Leben eine größere Relevanz einnehmen darf und soll. Hier habe ich die wesentlichen Begrifflichkeiten für Sie zum Nachschlagen aufgelistet.

Arbeitsklima-Verschmutzer 184
Druckwelt 111
glücklich-erfolgreiche Führung 130
glücklich-erfolgreiche Unternehmensführung 130
glückliche Unternehmen 121, 138
Glücksfaktor 68
Glückspyramide der Unternehmen 104
Glückspyramide 104
Jobfrust 7
Jobglück 6
Jobglücks-Formel 53
Jobzufriedenheit 6
Jobzufriedenheits-Krise 64
Jobglücks-Kompetenz 63
Luxusarbeitsplatz 32
Unglücksfaktor 78
unternehmerische Glücks- und Unglücksfaktoren 104
Unzufriedenheits-Faktor 39
Vertrauenswelt 122

Stress lass nach!

- Modernes Stress-Management: Übungen für den Alltag – ohne zusätzlichen Zeitaufwand

- wingwave®: die bewährte und erprobte Erfolgsmethode für mehr Energie und Gelassenheit

- Stress-Auslöser erkennen, Auswirkungen spürbar reduzieren

- Top-Autorinnen mit zahlreichen Medienauftritten

Lola Ananda Siegmund/ Cora Besser-Siegmund

Work-Health Balance

192 Seiten
14,5 x 21 cm, Softcover
ISBN 978-3-86910-515-4
€ 19,99 (D) / € 20,60 (A)

Der Ratgeber ist auch als eBook erhältlich.

humb●ldt

...bringt es auf den Punkt.

Bibliografische Information der Deutschen Nationalbibliothek
Die Deutsche Nationalbibliothek verzeichnet diese Publikation in der Deutschen
Nationalbibliografie; detaillierte bibliografische Daten sind im Internet über
http://dnb.ddb.de abrufbar.

ISBN 978-3-86910-114-9 (Print)
ISBN 978-3-86910-115-6 (PDF)
ISBN 978-3-86910-116-3 (EPUB)

© 2019 humboldt
Eine Marke der Schlüterschen Verlagsgesellschaft mbH & Co. KG
Hans-Böckler-Allee 7, 30173 Hannover
www.humboldt.de
www.schluetersche.de

Hinweis: Aus Gründen der Lesbarkeit wurde im Text die männliche Form gewählt, nichtsdesto-
weniger beziehen sich die Angaben selbstverständlich auf Angehörige beider Geschlechter.

Autor und Verlag haben dieses Buch sorgfältig erstellt und geprüft. Für eventuelle Fehler kann
dennoch keine Gewähr übernommen werden. Weder der Autor noch der Verlag können für
eventuelle Nachteile oder Schäden, die aus den im Buch vorgestellten praktischen Hinweisen
resultieren, eine Haftung übernehmen.

Lektorat: Dr. Peter Schäfer, Gütersloh
Covergestaltung: ZERO, München
Covermotiv: shutterstock.com/Kindlena
Satz: PER MEDIEN & MARKETING GmbH, Braunschweig
Grafiken: Dr. Achim Pothmann
Autorenportrait: Lutz Tim Tölle, toelle-fotostudio.de
Druck und Bindung: gutenberg beuys feindruckerei GmbH, Langenhagen